高等学校规划教材

数字界面设计

郭荣春　编著

西北工业大学出版社

西　安

【内容简介】 本书注重提高读者数字界面设计的全面的理论素养，内容涵盖数字界面设计的含义、分类、特征、原理、心理模型、视觉表现方式、设计基本原则、其他设计要求等知识点，旨在提高读者从事数字界面类策划、创意、设计、运营和管理等工作的综合技能。

本书可作为高等院校计算机、数字媒体艺术、网络与新媒体等专业的教材，也可供设计师和其他感兴趣人员阅读参考。

图书在版编目(CIP)数据

数字界面设计/郭荣春编著.—西安:西北工业大学出版社，2020.10

ISBN 978-7-5612-7247-3

Ⅰ.①数… Ⅱ.①郭… Ⅲ.①人机界面-程序设计 Ⅳ.①TP311.1

中国版本图书馆 CIP 数据核字(2020)第 163100 号

SHUZI JIEMIAN SHEJI

数字界面设计

责任编辑: 李阿盟 王 尧　　**策划编辑:** 杨 军

责任校对: 朱辰浩　　**装帧设计:** 李 飞

出版发行: 西北工业大学出版社

通信地址: 西安市友谊西路 127 号　　邮编:710072

电　　话: (029)88491757，88493844

网　　址: www.nwpup.com

印 刷 者: 兴平市博闻印务有限公司

开　　本: 787 mm×1 092 mm　　1/16

印　　张: 15.25

字　　数: 400 千字

版　　次: 2020 年 10 月第 1 版　　2020 年 10 月第 1 次印刷

定　　价: 58.00 元

前　言

数字界面是数字化时代中信息交互的重要窗口，它既是展示信息的平台，也是接受反馈信息的系统。数字界面更加直观地向受众传递信息，与受众的日常生活紧密联系，非常简洁，方便用户完成整个交互过程，并且为用户创造新的价值。数字界面的优势显而易见，其功能已经日趋成熟，而用户对美感体验和交互设计行为则提出了更高的要求。笔者在多年教学经验和项目实践的基础上编撰了这本书。

全书分为 9 章。第 1 章介绍数字界面设计含义、分类和特征。第 2 章阐述人机交互界面的模型、方法、过程和原则。第 3 章从布局原则、文字编排、导航定位、色彩张力、动态图像和音频 6 方面分析数字界面设计的视觉表现。第 4 章分析软件界面设计应遵循的 7 个基本原则。第 5 章介绍内容编排、技术运用等其他一些设计要求。第 6 章讲述图形化的界面(GUI)。第 7 章梳理数字界面的设计程序。第 8 章介绍 Photoshop，Fireworks，Flash，Dreamweaver，Axure RP 等常用的与数字界面设计相关的软件。第 9 章为数字界面设计项目实践，选择 6 个经典常见的数字界面设计：导航界面设计、手机界面设计、电脑界面设计、房地产类网页设计、博客类网页设计和综合类网页设计，设计步骤详实完整，案例说明详细具体，并经过反复操作论证，读者可放心使用。本书配有具体步骤指导、素材、源文件、效果文件等电子资源，请通过以下方式获取：①网页端搜索"工大书苑"，输入本书书名即可获取资源包；②安卓或 IOS 用户请通过应用商店下载"工大书苑"，搜索本书即可获取相关资源包。

本书从想法创意到策划实施经历了很长的时间，感谢西安邮电大学数字艺术学院各年级的学生，从上课答疑到课后交流互动，让笔者反复思考学生在学习数字界面设计方面的重难点和突破点，反复推敲、确定内容及整理实践项目。本书结合教学实践和科研项目，也是笔者科学研究方向的最新成果。本书为陕西省社会科学基金项目(编号 13N102)、陕西省社科界 2019 年重大理论与现实问题研究项目(编号 2019Z128)、陕西省提升公众科学素质研究计划项目(陕科协发〔2019〕普字 21 号 27)、陕西省创新能力支撑计划软科学研究计划一般项目(编号 2020KRM036)的阶段性成果。

写作本书曾参阅相关文献、资料，在此，谨向其作者深表谢意。

由于笔者水平有限，书中不足之处在所难免，恳请各位读者和同行批评指正。

编著者

2020 年 7 月

前言

目　录

第1章　数字界面设计概述

1.1　含　　义

数字界面设计是人与机器之间传递和交换信息的媒介，包括硬件界面和软件界面，是计算机科学与心理学、设计艺术学、认知科学和人机工程学的交叉研究领域。近年来，随着信息技术与计算机技术的迅速发展，网络技术的突飞猛进，人机界面设计和开发已成为国际计算机界和设计界最为活跃的研究方向。

UI是User Interface（用户界面）的简称，是在人和机器的互动过程（Human Machine Interaction）中存在的一个层面，即我们所说的界面（Interface），从心理学意义来划分，用户界面可分为感觉（视觉、触觉、听觉等）和情感两个层次。

1.2　分　　类

UI设计则是指对软件的人机交互、操作逻辑和界面美观的整体设计，是一个复杂且有着不同学科参与的工程，认知心理学、设计学和语言学等在此都扮演着重要的角色。从工作内容上来说，UI设计有以下三个研究方向：

（1）研究界面——图形设计师（Graphic UI designer），这些设计师大多是美术院校毕业的；

（2）研究人与界面的关系——交互设计师（Interaction designer），一般都是软件工程师背景居多；

（3）研究人——用户测试/研究工程师（User experience engineer），心理学、人文学背景的人比较合适。

1.3　特　　征

在漫长的软件发展历程中，UI设计工作一直没有被重视起来，做界面设计的人也被贬义地称为“美工”。一方面，这表明在国内对UI的理解还停留在美术设计方面，认为UI的工作只是描边画线，缺乏对用户交互的重要性的理解；另一方面，在软件开发过程中还存在着重技术而不重应用的现象。许多商家认为软件产品的核心是技术，而UI仅仅是次要的辅助，这点从相应领域的工作人员的比例与待遇上可以体现出来。

其实UI设计就像工业产品中的工业造型设计一样，是产品的重要卖点。一个友好美观的界面会给人带来舒适的视觉享受，拉近人与电脑的距离，为商家创造卖点。界面设计不是单纯的美术绘画，它需要定位使用者、使用环境、使用方式并且为最终用户而设计，是纯粹的科学性的艺术设计。检验一个界面的标准既不是某个项目开发组领导的意见也不是项目成员投票的结果，而是最终用户的感受。因此，UI设计要和用户研究紧密结合，是一个不断为最终用户设计满意视觉效果的过程。

好的UI设计不仅会让软件变得有个性有品味，还会让软件的操作变得舒适、简单、自由，能充分体现软件的定位和特点。UI设计的应遵循置界面于用户的控制之下，减少用户的记忆负担以及保持界面的一致性三项原则。

1.4 数字界面的发展历程

市场经济需要竞争，竞争就会需要设计来提高产品竞争力。2000年以前，国内的UI设计刚开始萌芽，但当时做UI等于做平面设计，基本也体现在网页设计上。后来随着flash的流行，一部分美术设计师开始去思考人机的互动性。到了2002年，一些企业开始意识到UI设计的重要性，纷纷把UI设计部门从软件编码团队里提出来，开始有了专门针对软件产品的图形设计师和交互设计师。2004年以后，随着手机、电脑附加软件、MP3等产品的大量上市，交互设计就和UI设计越来越紧密了，UI设计也开始被提升到一个新的高度和重视程度。

这是UI设计必经的一个过程，以物质产品手机为例，当手机刚刚进入市场的时候，不但价格贵得惊人，而且除了通话以外没有什么其他功能。由于当时的主导是技术，所以大家都把精力放在信号、待机时间和寿命等方面，对于产品的造型、使用的合理性很少关心。当技术已经完全地达到用户的需求时，商家为了创造卖点，提高竞争力，开始重视产品的外观设计，除此之外还频频推出短信、彩屏、彩信和摄像头等功能。这样一来，产品的美观、个性、易用、易学和人性化等都成了产品的卖点。软件产品与物质产品的发展是相同的。过去由于计算机硬件的限制，编码设计成为软件开发的代名词，美观亲和的图形化界面与合理易用的交互方式都没有得到充分的重视，实际上这个时期的软件叫作软件程序，而不是软件产品。

现今随着计算机硬件的飞速发展，过去的软件程序已经不能适应用户的要求。软件产品在激烈的市场竞争中，仅仅有强大的功能是远远不够的，不足以战胜强劲的对手。幸运的是国内一些高瞻远瞩的民营企业已经开始意识到UI给软件产品带来的巨大卖点了，例如金山公司的影霸、词霸、毒霸、网标，由于重视UI的开发与地位，才使得金山产品在同类软件产品中首屈一指。联想软件的UI部门积极开展用户研究与使用性测试，将易用与美观相结合，推出的双模式电脑、幸福系列等成功UI范例，为联想赢得全球消费PC第三的称号。实践证明，各商家只要在产品美观和易用设计方面进行很小的投入，将会有很大产出。其投入产出比，要比在功能领先性开发上的小得多。

不得不承认现阶段中国在很多领域都与西方发达国家有相当大的差距，如何赶上并超过他们是我们这代人肩负的历史使命。软件产品领域不像物质产品那样存在工艺、材料上的限制，软件产品核心的问题就是人。提高软件UI设计师个人能力，减小人员上的差距，是中国UI发展首要关键的问题。

当前，国内各院校还没有设立相对健全的UI设计专业，因此提高UI设计师能力的关键在于提供一个良好的学习与交流的资源环境。国内已经有很多交流设计网站，介绍工业设计、平面设计、服装设计、绘画艺术和多媒体 flash 等，但是 UI 设计一直没有受到应有的关注，仅仅被放在数码设计或者平面网页设计的一个栏目里，这仅有的资源对培养优秀的设计师是不够的，必须有一个信息快捷、资源丰富、设计水平一流和专业权威的 UI 设计学习与交流的条件，才能适应日益发展的 UI 设计师们的需求。

第2章　人机交互界面

2.1　基本原理

人机交互、人机互动(Human-Computer Interface,HCI,又称用户界面或使用者界面)是一门研究系统与用户之间的互动关系的学问。系统可以是各种各样的机器,也可以是计算机化的系统和软件。人机交互界面通常是指用户可见的部分。用户通过人机交互界面与系统交流,并进行操作。小如收音机的播放按键,大至飞机上的仪表板或是发电厂的控制室。

人机界面产品由硬件和软件两部分组成,硬件部分包括处理器、显示单元、输入单元、通信接口和数据存储单元等,其中处理器的性能决定了人机接口(Human Machine Interface,HMI,也叫人机界面)产品的性能高低,是HMI的核心单元。根据HMI的产品等级不同,处理器可分别选用8位、16位和32位的处理器。HMI软件一般分为两部分,即运行于HMI硬件中的系统软件和运行于PC机Windows操作系统下的画面组态软件(如JB-HMI画面组态软件)。使用者都必须先使用HMI的画面组态软件制作"工程文件",再通过PC机和HMI产品的串行通信口,把编制好的"工程文件"下载到HMI的处理器中运行。

2.2　实现模型、表现模型、心理模型

表现模型越接近心理模型,用户就越容易了解产品功能,越容易与之交互;表现模型越接近实现模型,用户就越难理解产品,产品越难使用,如图2-2-1所示。

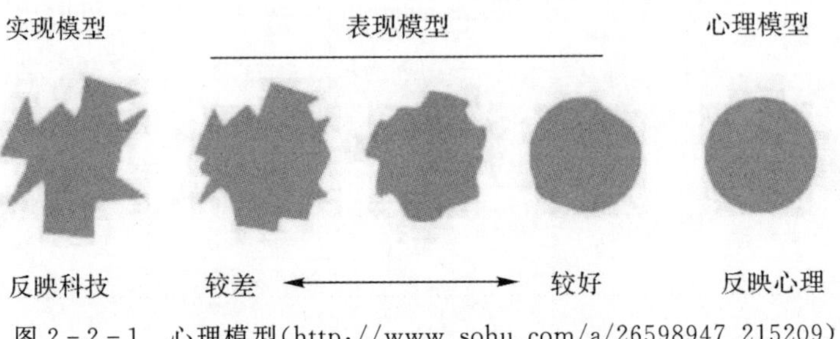

图2-2-1　心理模型(http://www.sohu.com/a/26598947_215209)

2.3　从体验到设计

用户体验并不是指产品本身是如何工作的，而是指产品如何和外界联系并发挥作用，也就是人们如何“接触”或者“使用”它。

页面中的用户体验是指用户在访问平台的过程中的全部体验，它包括平台是否有用，是否存在 bug，用户使用是否存在疑惑，功能是否易用、简约，界面设计和交互设计是否友好等方面。用户体验的核心是 UCD，即“以用户为中心的设计”。

交互设计是关于创建新的用户体验的问题，目的在于增强和扩充人们的工作、通信及交互方式，使他们能够更加有效地进行日常工作和学习。

2.4　交互设计特征

1. 设计时空观念的虚拟化

从认知角度看，人们对事物的认识和体验总是基于一定的时空经验。对空间和身体的认识是人一生中最早最基本的经历，空间观念是人们理解其他概念的基础。

虚拟时空和传统的物理时空的区别是交互设计有别于传统设计的根本所在。传统设计的时空基于传统物理学时空，是几何的、绝对的、客观的、稳定的和线性的；而交互设计的时空摆脱了物理规律的束缚，是逻辑的、关联的、关于行为的、动态的和非线性的。

从认知和体验的角度看，人之所以对空间感兴趣，其根源在于存在感和归属感。物理时空中空间所具有的遮风避雨的实质功能、交往场所的建立以及“家”给人心理空间带来的中心感，是场所感和归属感建立的重要前提。而在虚拟时空中，时空所呈现的认知和逻辑结构，以及它提供的超越性的虚拟交往时空，成为了在虚拟时空中寻找场所感的关键。

2. 设计对象的拟人化

从设计的对象看，传统设计的对象是物质的、自然的、稳定的、自明的和弱交互的，交互设计的对象是数字的、编程的、易变的、不自明的和强交互的；另外人们更容易倾向于把虚拟对象拟人化，当成社会交往的对象。

3. 设计需求的多元化

从时代的发展来看，人们对商品的要求已经跨越了满足生理需要的功能层次，而进入了更加复杂和微妙的心理世界中。对传统设计的需求重点在功能、象征和意义；而对于交互设计来说，由于其物质外表的缺失和自身的不稳定性，其展现需要更多的辅助设备才能实现，无疑限制了收藏和展示方面的能力。交互设计的侧重点和传统设计有明显区别，并呈现出更多的层次性和丰富性特征。交互设计当前的需求重点是易理解、建立信任、娱乐、审美、交往和自我表达等“体验”。

4. 设计媒介的多样化

体验总是通过一定的媒介触及人类的感官，媒介的特性很大程度上决定了我们获得体验的状况。传统设计的媒介是客观的、和内在的物质性是一致的、不变的和难移植的；交互设计的媒介是主观的、和内容分离的、可变的和可复制的。同样的一个内容，在虚拟世界中可以变换各种面貌出现，如文字、图片、视频、多媒体甚至虚拟现实。随着技术的发展，新的媒介也在不断地冲击我们的感官和心灵。

5. 体验设计的可设计化

从体验对象的特征以及体验生成的过程来看，交互设计的虚拟体验比现实体验具有更强的可设计性、目的性和可预测性。

对实在物的体验生成大多出自物质的天然属性和个体的理解结构的融合，通常是随机的、不可重复的，是可遇不可求的。

虚拟体验的出现最初很大程度上是为了以较低的代价模拟和再现现实物质的体验，同时人们又很快发现了它所具有的一种超越现实时空的能力和结构，一种"可能性"的维度，其数字化的结构特征和可编程的特征使其具有强大的可设计性、可操作性，从而可以更好地服务于特定的体验目的。

2.5 交互体验设计的结构模型

交互体验设计的结构模型体现了具体的设计方法和内容的主体。可以从概念层、要素层、交互层和表现层来探讨其结构模型，如图 2-5-1 所示。

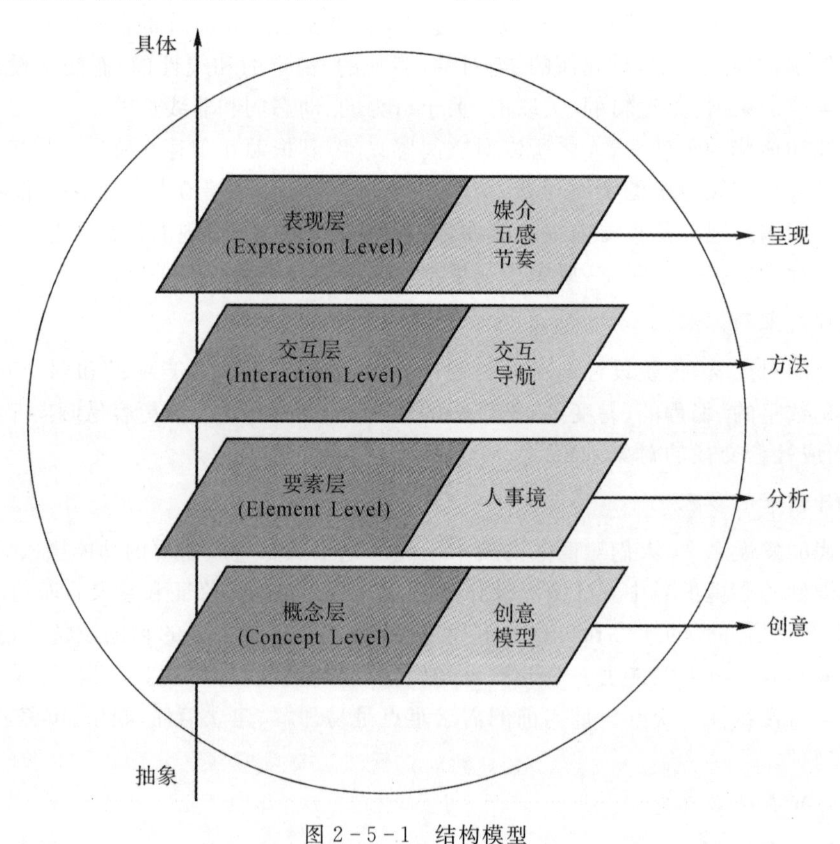

图 2-5-1 结构模型

1. 概念层

概念层是虚拟产品的核心概念、创意和系统模型的搭建，是虚拟产品设计的设计定位和出发点。概念层描述了虚拟产品的目标诉求，以及作为一个创新概念的核心特征，它有别于其他产品的灵魂部分。

复杂性、多方面的可能性引出我们对系统模型搭建的需求。搭建模型的过程也就是确定特定产品的目标价值的过程。因此这个层面的工作实际上贯穿了目标价值模型的要素层和交互层。在需求分析的基础上和总体目标价值的指引下，确定特定虚拟产品设计的功能、需求类型组合，并构建该产品的目标模型。

概念的系统性：从商业策划、商业模式的探讨到服务流程的整体规划出发的系统概念。

2. 要素层

要素层关注“人”“事”“境”三大核心要素的分析研究，它是交互层和表现层的内在结构和动因，是连接创意和实施的桥梁。

对“人”的研究要考虑人的复杂性、人的个体性和信息虚拟时空所凸显的主体间性。人的复杂性体现在人不仅是理性的经济“人”，还是社会的“人”、文化的“人”、游戏的“人”和信仰的“人”等，人性构成的多层次和多维度凸显了人的复杂性，个体的复杂性也就意味着个体之间的差异性，在满足不同用户需求的同时又要保持经济规模是虚拟经济的努力重点。而数字虚拟时空带来的主体间性的特点使我们进一步意识到产品的出售或发布不是终点，产品的最终形态是在和用户的不断交互中完成的。

虚拟的“事”的因素包括了系统、叙事和规则三个从宏观到微观的不同层面。从宏观角度看，虚拟时空的复杂性和强大的互联性使“事”的系统特征得以凸显，系统的视野是我们认识虚拟事物的出发点。从微观的层面看，虚拟时空中的“事”表现为许多离散的规则的集合体，规则是“事”的基本元素。规则在“事”的结构中占的比例越大、越抽象，则往往表现出越强的交互性和不可预知性。规则的特点在于它的限定性而不是决定性，是基于关系的，而不是基于对象的，规则形成了数字虚拟世界的基本语法。叙事是“事”的结构中的直观层面，是系统的具体化，是规则的组织化。通过叙事，使系统和规则在用户行为和体验的层面得到落实和实施。“叙事”既是交互体验设计方法的重要切入点和设计的直观对象，也是设计过程和评价的重要方法。

“境”是“人”在虚拟时空中的行为，也就是“事”所发生的“场所”和时空背景。这个场所并不是物理意义上的场所，而是一种“事”的氛围。我们可以从空间和时间两个维度来理解。空间维度的“境”是一种虚拟环境、氛围和道具，时间维度的“境”则是线索和情境。“境”是我们强化对虚拟事物的理解的时空线索和感知要素。

3. 交互层

交互层是在概念层的框架下，在对要素层进行深入剖析和组织的基础上，具体的用户行为、互动方式和过程的设计。交互是数字虚拟对象区别于其他事物的主要特征所在。交互层的设计主要涉及交互方式的设计和导航的设计两个主要的方面。交互方式定义了交互所倚赖的外部条件、技术和设施等；导航方式定义了用户和虚拟事物的关系，以及如何引导用户理解和探索虚拟时空。目前对自然界面的研究已经成为一种重要的趋势。从人的体验来看，利用自己的身体、动作、语言和外界交互是最自然、最容易理解和接受的方式，也是最容易产生动作快感和忘我的体验的方式。

4.表现层

表现层关注最终呈现的感官效果，包括对媒介、五感和节奏等直观的表现内容的设计。表现层的设计通常围绕产品本身展开，体现在交互形式、视觉表现和动效等的选择上，让用户的视、听、触等感官受到刺激，唤起用户的记忆和想象，更好地达到触动人心的效果。

2.6　交互设计的方法和过程

概念层重在创意，要素层重在分析，交互层重在方式，而表现层重在呈现。四个层次就构成了一个从抽象到具体的一个流程和架构。在这样的基础上，我们就能具体地来讨论交互设计和用户的体验问题，以及用什么工具和方法来进行设计，以满足用户的需求和体验。

2.7　交互体验设计的基本原则

1.自身认知基础

自身认知的理论揭示了我们对世界的理解的根源，也就是我们对自己的身体、动作和周围空间的意识构成了我们最深层、最基本的认知能力，构建了我们的心理图式、范畴和概念。这些能力同样延伸进了虚拟时空中，构成了虚拟时空中最基本的自然体验和认知模式。但虚拟时空中显然又呈现出了一些独特的特点。

范畴化和意象图式结构是自身理论的两个重要方面。

2.概念隐喻性

概念的隐喻性使我们有能力通过以往的经历和体验来理解虚拟时空中的结构、层次、行为和形象，虚拟时空中的隐喻包括结构隐喻、行为隐喻和形象隐喻，它们构成了我们对虚拟世界的理解的重要途径和方法。同时，我们又要以发展的眼光看待隐喻的现象，理解隐喻随着时代和人类社会的发展不断抽象和发展演化的过程。

3.无意识性

认知的生成大多是无意识的，是瞬间的感受和体悟，伴随着意义的生成。这就要求我们在设计中尽量使交互的过程简单化和直觉化，以达到流畅的交流要求。同时我们也要警惕一种过分追求感官刺激的倾向，在无意识和反思性之间取得一个平衡。逐渐成为关注热点的“严肃游戏”就是这方面的一个例子。“严肃游戏”对游戏加了一个注脚：游戏，并非为娱乐而生，而是一个严肃的人类自发活动，拥有生存技能培训和智力培养的目标。

4.共性和个性的统一

个性化的信息获取和发布是虚拟时空给我们的生活和设计带来的重要的机遇，这种个性的获得是基于共性的技术平台上的自主和协作定制的。

5.虚拟体验和现实体验的统一

虚拟体验和现实体验在虚拟时空中是相互依存、密不可分的两方面。虚实体验的相融共生是信息设计的高层次追求。

(1)可设计的“体验”。交互设计的虚拟的情感体验具有很强的可设计性、目的性和可预测性。

虚拟体验的出现,最初在很大程度上是为了以较低的代价模拟和再现现实体验,同时人们又很快发现了它所具有的一种超越现实时空的能力和结构,一种“可能性”的维度,其数字化的结构特征和可编程的特征使其具有强大的可设计性和可操作性,其设计结果可以从多维度冲击人们的感官,可以更好地服务于特定的体验目的。

(2)体验要素。“安全”和“反馈”是在虚拟时空中获得基本的人机互相信任的基础,是所有的虚拟设计所应该重视的基本元素。“便利”为用户提升了重要的价值,“群聚”则是利用互联网的优势所带来的特有的归属体验,“礼貌”反映了虚拟时空中人机“社交”的特征,让人对数字对象产生好感,“定制”体现了对个体个性的尊重。

追求快乐是人与生俱来的本能,在物质丰裕的当代社会,“娱乐”更成为人们的普遍追求。

“操纵”带来的快感源自人的本能,也是乐趣的重要组成部分,虚拟产品强大的交互特性更加提升了操纵感的重要性。

人的日常生活本身也是一种自我表演,虚拟时空则提供了更多虚实交融的舞台,人们在其中的“扮演”可以体验到各种不同的生活情境,甚至让人感觉真实的生活只不过是众多舞台中的一个;“探索”带来了知识和乐趣,也是虚拟经济获得个性需求的途径;“回忆”带来了美和反思,在柏拉图和海德格尔等许多哲人的眼中,审美的本质也是回忆的。

虚拟时空的“学习”具有了更多的灵活性和实践性,比如虚拟仿真、人机交互、远程互联成为了学习的好助手,学习价值的开发使虚拟体验设计获得了超越一般的存在,在情感满足的层面获得了更高的价值和含义。交互过程中“挑战”情境的营造激发了人的斗志和热情,使人更容易投入其中,获得心理体验,产生更高的效益;“自我表达”的自由和可能是互联网给予我们的重要手段,也是达到自我实现的重要途径之一。

第3章　数字界面的视觉表现

3.1　布局原则

3.1.1　手机界面

由于手机屏幕的物理尺寸不尽相同，在不同屏幕中，不同的图标点阵或者不同字体、大小的汉字，在人的主观感知上，会有一个最优的结果值。所以在设计的过程中，我们需要根据这个最优值来进行界面的布局及设计。

一般来说，手机显示屏的尺寸有限，布局合理、流畅会使视线融会贯通，也可间接帮助用户找到自己关注的对象。根据视觉注意的分布可知，人的视觉对左上角比较敏感，占40%，明显高于其他区域。因此，设计师应考虑将重要信息停留点安排在最佳视域，使得整个界面的设计主题一目了然。

3.1.2　网页

1. 主题鲜明

视觉设计表达的是一定的意图和要求，有明确的主题，并按照视觉心理规律和形式将主题主动地传达给观赏者，使主体在适当的环境里被人们及时地理解和接受，以满足人们的需求。这就要求视觉设计不但要简练、清晰和精确，而且在强调艺术性的同时，还要注重通过独特的风格和强烈的视觉冲击力，来鲜明地突出设计主题。

2. 形式与内容同意

任何设计都有一定的内容和形式。一方面，网页设计所追求的形式美，必须适合主题的需要，这是网页设计的前提；另一方面，要确保网页上的每一个元素都有存在的必要性，不要为了炫耀而使用冗余的技术，那样可能会适得其反。只有通过认真设计和充分考虑来实现全面的功能并体现美感，才能实现形式与内容的统一。内容决定形式，形式反作用于内容。一个优秀的设计必定是形式对内容的完美表现。

3. 强调整体性

网页的结构形式是由各种视听（视觉和听觉）要素组成的。在设计网页时，强调页面各组成部分的共性因素或者使各部分共同含有某种形式特征，是求得整体的常用方法，这主要从版式、色彩和风格等方面入手。在强调网页整体性设计时必须注意：过于强调整体性可能会使网页呆板、沉闷，这就要求设计者在注意单个页面形式与内容统一的同时，更不能忽视同一主题下多个分页面组成的整体网页的形式与整体内容的统一。

3.2　文字编排

3.2.1　手机界面

手机界面的文字编排，最重要的是要确保文字排版的清晰易读。如果用户根本看不清界面当中的文案，那么文字本身再漂亮也没有意义。针对在语义上有所区别的文本模块，可以自动指定不同的文字样式风格。一般而言，在手机界面设计中，字体的大小与界面的大小要有协调的比例，通常使用的字体中，宋体9～12号较为美观，很少使用超过12号的字体。

文字可以根据用户在动态文字及可访问性设置当中指定的字号来自动调整。通常，应用全局应该只使用一种字体，包括它的几种不同风格样式。多种字体的混合使用会使界面看上去凌乱而草率。

3.2.2　网页

版面设计是现代艺术设计的重要组成部分，网页设计可通过文字所独有的特点影响网站的效果，合理的文字编排设计在网页中的应用可以引导读者的阅读，使网站内容的思想性和艺术性达到完美和谐的统一，形成最佳的诉求效果。因此，文字运用在网站页面设计中是至关重要的。在网页设计中，网页的艺术性直接关系到信息传达的效率，必须遵循合理应用的各项设计原则。网页设计应根据文字的特点及多变的设计技巧来丰富网站的视觉效果。

文字本身也是一种艺术，文字具有俊秀、浑厚、奔放和飘逸等各种不同风格，设计者应把文字作为网站页面设计的重要构成元素来进行谋划和排布。网页设计要从标题、内文等一系列字体进行设计编排，使其表现出自身鲜明的特色与风格。在网页最关键的版面设计中的视觉形象、构成和内容等都是由文字来进行变化调整的，好的文字编排可让读者从中品味网站的精神与内涵。

在网页设计中，版面设计的质量直接关系到传达的有效性，因此，如何提高其传达效果应遵循下述原则。

1. 网页设计应遵循视觉性的原则

把视觉所发现感性的外在美与理性的内在美协调统一是网站页面设计的重要任务，提高信息的视觉识别性，使之迅速、清晰传达是视觉效果的基本作用，并使页面美观大方，产生结构紧凑的效果。使网站的内容通过艺术形式美感将图形、文字和色彩组合编排应用，通过直接或间接的抽象视觉效果传播信息，必须是十分明确、正确和有效的。

2. 网页设计应遵循整体性的原则

在网页设计中，“统一”是设计的风格，就其本质来说，即多样性的统一，也就是整体性原则。网页设计在宏观上整齐统一，微观上变化多样，达到形式与内容、布局与整体的完美一致的节奏，形成视觉艺术效果的吸引力和视觉空间秩序。网页设计中美的各种形式原理都具有共通性，而这个共同性是为了达到页面的完整性。

3. 网页设计应遵循对比性的原则

一个网站、一个页面，首先编排设计的就是空间对比，对有限的版面来说就是一个空间分配的问题，不同的版面划分，代表不同意义。如金字塔形页面具有稳定的形态，而圆形和倒三角形则给人动感和不稳定感，倾斜形则更具有动感，引人注目。这就要求被划分的空间之间有相应的主次关系、呼应关系、形式关系。页面设计元素还原以点、线、面为基础，点的形态在空间中产生轻松活泼的视觉效果，线的形态在空间中产生方向性、条理性的视觉美感，面的形态在空间中产生活泼轻松的视觉效果。因此，页面的空间对比是构成网页设计的基本原理。

3.3 导航定位

3.3.1 手机界面

在界面设计中，广义地来讲，从一组信息向另一组信息转移的过程，就称之为导航。它是对软件操作进行宏观操控的区域，随时可见，在这里它可以保存当前操作结果、切换当前操作模块、退出软件系统，实现对软件的灵活操控。针对嵌入式软件，界面版式的设定，在很大程度上需要借鉴相关手机系统界面的版式，以确保样式的相对统一，利于系统与软件的整合。当然也要考虑软件本身的应用特性，结合操作的可用性和可实施性，对版式进行合理的调整，使呈现信息的区域与区域之间协调统一，主次得当。确保用户可以方便快捷地进行功能操作。对于整个手机的操作系统界面，需要根据不同的设计需求进行成体系的风格设计。

3.3.2 网页

1. 网页完整的导航系统

(1)全局导航。从网页的最终页面到达其他页面的一组关键点。

(2)局部导航。是用户在网站信息空间中到附近地点的通路。

(3)辅助导航。提供全局和局部导航不能快速到达的相关内容的快捷途径。

(4)上下文导航。阅读的时候提供一些链接(如文字链接)。

(5)友好导航。快速有效地帮助用户。如联系信息、反馈表单和法律声明等。

(6)远程导航。独立方式存在的导航。如网站地图、网站整体结构展示。

2. 导航优化设计的目的

(1)决定用户在网站中穿梭浏览的体验，这一点是最基本的。

(2)网站导航设计合理，可以将网站的内容和服务最大程度地展现在用户面前。

(3)可以增加用户黏性，提高网站的浏览深度，从而提高网站 PV 值(Page View，即页面浏览量或点击量，通常是衡量一个网络新闻频道或网站甚至一条网络新闻的主要指标)。

(4)促进用户消费，提高网站盈利。

3. 需注意的问题及基本原则

(1)导航条的位置。主导航条的位置应该在接近顶部或网页左侧的位置。

(2)导航使用的简单性。尽可能的简单，避免使用下拉或弹出式菜单导航。

(3)面包屑导航。视觉直观指示。

(4)导航内容明显的区别。导航的目录或主题种类必须得清晰,不得让用户困惑。

(5)准确的导航文字描述。

3.4 色彩张力

3.4.1 手机界面

1. 色彩在手机界面设计中的重要性

手机界面是由标志、图像、文字、色彩和版式等诸多元素组成的协调、统一的整体。其中色彩是最先,也是最持久的影响使用者对界面印象的元素,也是有效传达信息和形成风格的重要因素。色彩搭配和谐的手机界面会给使用者以信心和良好的印象。在手机界面设计中 ,色彩与风格的和谐统一非常重要。身为设计师就必须懂得如何与色彩沟通,如何诠释、使用色彩。

2. 手机界面设计中运用色彩表达的技巧

手机界面在设计中不是单纯的配色设计,还要根据界面框架、信息内容进行合理的分配,用色彩对界面进行划分和布局,将更繁杂的信息清楚地区分。每组色彩要与其面积、位置、文字排版等其他元素相联系,给浏览者提供清晰、有序的视觉流程信息。同时要考虑界面色彩与系统界面色彩的统一。

通过调整色彩的饱和度和透明度也可以产生丰富的变化,使界面既丰富又可避免色彩杂乱,可达到色彩张力强的大冲击力效果。但应把握控制整体效果,避免使整版信息湮没在鲜艳的色彩中,喧宾夺主。处理得好会给使用者全然不同的感觉,对比色是前卫个性的年轻人偏爱的色彩搭配,在设计时一般以其中一种颜色为主色调,其他对比色作为点缀,起辅助作用。

手机界面的设计没有一成不变的规律,因此显得有趣味并且充满挑战。设计师要依靠自己的色彩感悟和能力去发掘更有新意、更和谐的色彩搭配。

3.4.2 网页

1. 色彩搭配原则

在选择网页色彩时,除了考虑网站本身的特点外还要遵循一定的艺术规律,从而设计出精美的网页。

(1)色彩的鲜明性。如果一个网站的色彩鲜明,很容易引人注意,会给浏览者耳目一新的感觉。

(2)色彩的独特性。要有与众不同的色彩,网页的用色必须要有自己独特的风格,这样才能给浏览者留下深刻的印象。

(3)色彩的艺术性。网站设计是一种艺术活动,因此必须遵循艺术规律。按照内容决定形式的原则,在考虑网站本身特点的同时,大胆进行艺术创新,设计出既符合网站要求,又具有一定艺术特色的网站。

(4)色彩搭配的合理性。色彩要根据主题来确定,不同的主题选用不同的色彩。例如,用蓝色体现科技型网站的专业,用粉红色体现女性的柔情等。

2. 网页色彩搭配方法

网页配色很重要，网页颜色搭配是否合理会直接影响到访问者的情绪。好的色彩搭配会给访问者带来很强的视觉冲击力，不恰当的色彩搭配则会让访问者产生浮躁不安的情况。

(1)同种色彩搭配。同种色彩搭配是指首先选定一种色彩，然后调整其透明度和饱和度，将色彩变淡或加深，而产生新的色彩，这样的页面看起来色彩统一，具有层次感。

(2)邻近色彩搭配。邻近色是指在色环上相邻的颜色，如绿色和蓝色、红色和黄色即互为邻近色。采用邻近色搭配可以使网页避免色彩杂乱，易于达到页面和谐统一的效果。

(3)对比色彩搭配。一般来说，色彩的三原色(红、黄、蓝)最能体现色彩间的差异。色彩的强烈对比具有视觉诱惑力。对比色可以突出重点，产生强烈的视觉效果。通过合理使用对比色，能够使网站特色鲜明、重点突出。在设计时，通常以一种颜色为主色调，其对比色作为点缀，以起到画龙点睛的作用。

(4)暖色色彩搭配。暖色色彩搭配是指使用红色、橙色、黄色、集合色等色彩的搭配。这种色调的运用可为网页营造出稳定、和谐和热情的氛围。

(5)冷色色彩搭配。冷色色彩搭配是指使用绿色、蓝色及紫色等色彩的搭配，这种色彩搭配可为网页营造出宁静、清凉和高雅的氛围。冷色与白色搭配一般会获得较好的视觉效果。

(6)有主色的混合色彩搭配。有主色的混合色彩搭配是指以一种颜色作为主要颜色，同色辅以其他色彩混合搭配，形成缤纷而不杂乱的搭配效果。

(7)文字与网页的背景色对比要突出。文字内容的颜色与网页的背景色对比要突出，底色深，文字的颜色就应浅，以深色的背景衬托浅色的内容(文字或图片)；反之，底色淡，文字的颜色就要深些，以浅色的背景衬托深色的内容(文字或图片)。

3.5 动态图像

3.5.1 手机界面

手机界面动态图像可以简单理解为平面动画的分支，界面动态图像会因为承载操作和功能而显得很低调，并不是越“炫”越好，其解决的问题是为用户交待清楚界面之间的跳转、切换关系，带来非常自然的体验，达到“无需思考”，甚至带来惊喜，自然流畅而不牵强拖沓。

3.5.2 网页

在网页上，动态图像可能会是网页的动态图标、按钮，也可能是一幅广告，甚至是一行字而已。在动画中，动作最为重要。移动的动画元素具有重要意义，它可以表达各种信息。因此设计者在屏幕上变化任何元素之前，都要思考它们要表达什么样的含义。

动画元素应当实现的目的如下：

(1)显示过渡的连续性，让用户感知各个不同部分、不同状态的变化；

(2)指出伴随时间的变化带来的影响；

(3)在同一空间显示多个信息对象；

(4)吸引用户注意力。

3.6 音　　频

声音在交互式设计中也扮演了很多角色:独白可以传递基本信息;音乐和环境声音可以加强情感,烘托气氛;当有资料正在下载或站点正在等待访问者响应时,伴奏音填补了空隙。

第4章　软件界面设计应遵循的基本原则

软件用户界面(Software User Interface)是指软件用于和用户交流的外观、部件和程序等。如果用户经常上网的话,会看到很多软件设计得很朴素,看起来给人一种很舒服的感觉;有些软件很有创意,能给人带来意外的惊喜和视觉的冲击;而相当多的软件页面上充斥着怪异的字体、花哨的色彩和图片,给用户一种网页制作粗劣的感觉。软件界面的设计,既要从外观上进行创意设计以到达吸引眼球的目的,还要结合图形和版面设计的相关原理进行设计,从而使软件设计变成一门独特的艺术。通常来讲,企业软件用户界面的设计应遵循以下几个基本原则。

4.1　用户导向(User Oriented)原则

设计网页首先要明确使用者是谁,要站在用户的观点和立场上来考虑设计软件。要做到这一点,必须要和用户沟通,了解他们的需求、目标、期望和偏好等。网页的设计者要清楚,用户之间差别很大,他们的能力各有不同。比如有的用户可能会在视觉方面有欠缺(如色盲),对很多的颜色分辨不清;有的用户的听觉也会有障碍,对于软件的语音提示反应迟钝;而且相当一部分用户的计算机使用经验很初级,对于复杂一点的操作会感觉到很费力;等等。另外,用户使用的计算机的机器配置也是千差万别,包括显卡、声卡、内存、网速、操作系统以及浏览器等都会有不同。设计者如果忽视了这些差别,设计出的网页在不同的机器上显示就会造成混乱。

4.2　KISS(Keep It Simple and Stupid)原则

KISS原则就是"Keep It Sample and Stupid"的缩写,简单地理解这句话,就是要把一个产品做得任何人都会用,因而也被称为"懒人原则",换句话说,即"简单就是美"。KISS原则源于David Mamet(大卫·马梅)的电影理论。因而简洁和易于操作是网页设计的最重要的原则。毕竟,软件建设出来是为普通用户查阅信息和使用网络服务的,没有必要在网页上设置过多的操作,堆集很多复杂和花哨的图片。该原则一般的要求是,网页的下载不要超过10 s(普通的拨号用户一般网速为56 Kb/s);尽量使用文本链接,减少大量图片和动画的使用;操作设计尽量简单,并且有明确的操作提示;软件所有的内容和服务都在显眼处向用户予以说明;等等。

4.3 布局控制

关于网页排版布局，很多网页设计者不够重视，网页排版设计得过于死板，甚至照抄他人成果。如果网页的布局凌乱，仅仅把大量的信息堆集在页面上，会干扰浏览者的阅读。一般在网页设计上所要遵循下述基本原理。

1. Miller 公式

心理学家 George A. Miller 的研究表明，人一次性接受的信息量在 7 bit 左右为宜。总结出：一个人一次所接受的信息量为(7±2) bit。这一原理被广泛应用于软件建设中，一般网页上面的栏目选择最佳在 5～9 个之间，如果软件所提供给浏览者选择的内容链接超过这个区间，浏览者在心理上就会烦躁、压抑，会让人感觉到信息太密集，看不过来，很累。例如 Aol.com 的栏目设置有 Main、MyAol、Mail、People、Search、Shop、Channels 和 Devices 共 8 个分类。Msn.com 的栏目设置有 MSN Home、My MSN、Hotmail、Search、Shopping、Money 和 People & Chat 共 7 项。然而很多国内的软件在栏目的设置远远超出这个区间。

2. 分组处理

前文提到，对于信息的分类，不能超过 9 个栏目。但如果内容实在过多，超出了 9 个，就需要进行分组处理。例如，在网页上提供数十篇文章的链接，需要每隔 7 篇加一个空行或平行线做以分组。如果软件内容栏目超出 9 个(如微软公司的软件，共有 11 个栏目，超过了 9 个)，为了不破坏 Miller 公式，在设计时应使用蓝、黑两种颜色分开。

4.4 视觉平衡

在网页设计时，各种元素(如图形、文字、空白)之间都会有视觉作用。

根据视觉原理，图形与文字相比较，图形的视觉作用要大一些。因此，为了达到视觉平衡，在设计网页时需要以更多的文字来平衡一幅图片。另外，中国人的阅读习惯是从左到右、从上到下，因此视觉平衡也要遵循这个这个道理。例如，很多的文字是采用左对齐(Align=left)，就需要在网页的右面加一些图片或一些较明亮、较醒目的颜色。一般情况下，每张网页都会设置一个页眉部分和一个页脚部分，页眉部分常放置一些横幅广告或导航条，而页脚部分通常放置联系方式和版权信息等，页眉和页脚在设计上也要注重视觉平衡。同时，也绝不能低估空白的价值。如果网页上所显示的信息非常密集，这样不但不利于读者阅读，反而会引起读者的反感，破坏该网页的形象。因此，在网页设计上，适当增加一些空白，精炼网页，会使页面变得简洁。

4.5 色彩的搭配和文字的可阅读性

颜色是影响网页的重要因素，不同的颜色给人的感觉有不同的影响，例如：红色和橙色使人兴奋并心跳加速；黄色使人联想到阳光，是一种快活的颜色；黑色显得比较庄重。考虑到网页希望对浏览者产生什么影响，设计者就要为网页设计选择合适的颜色(包括背景色、元素颜色、文字颜色、链接颜色等)。

为方便阅读软件上的信息，可以参考报纸的编排方式，将网页的内容分栏设计，甚至两栏也要比一满页的视觉效果要好。另一种能够提高文字可读性的因素是选择合适的字体，通用的字体（如 Arial，Courier New，Garamond，Times New Roman 和中文宋体等）最易阅读，特殊字体用于标题效果较好，但是不适合正文。如果在整个页面都使用一些特殊字体（如 Cloister，Gothic，Script，Westminster、华文彩云和华文行楷等），这样读者阅读起来感觉一定很糟糕。该类特殊字体如果在页面上大量使用，会使得阅读颇为费力，浏览者的眼睛很快就会疲劳，不得不转移到其他页面。

4.6 和谐与一致性

通过对软件的各种元素（颜色、字体、图形、空白等）使用一定的规格，设计良好的网页看起来应该是和谐的。或者说，软件的众多单独网页应该看起来像一个整体。软件设计上要保持一致性，这又是很重要的一点。一致的结构设计，可以让浏览者对软件的形象有深刻的记忆；一致的导航设计，可以让浏览者迅速而又有效地进入软件中自己所需要的部分；一致的操作设计，可以让浏览者快速学会整个软件的各种功能操作。破坏这一原则，会误导浏览者，并且让整个软件显得杂乱无章，给人留下不好的印象。当然，软件设计的一致性并不意味着刻板和一成不变，有的软件在不同栏目使用不同的风格，或者随着时间的推移不断地改版软件，会给浏览者带来新鲜的感觉。

4.7 个性化

4.7.1 符合网络文化

企业软件不同于传统的企业商务活动，要符合网络文化的要求。首先，网络最早是非正式性、非商业化的，只是科研人员用来交流信息的渠道。其次，网络信息是只在计算机屏幕上显示，而没有打印出来阅读的，网络上的交流具有隐蔽性，谁也不知道对方的真实身份。另外，许多人在上网的时候是在家中或网吧等一些比较休闲、比较随意的环境下，此时网络用户的使用环境所蕴涵的思维模式与坐在办公室里西装革履的时候大相径庭。因此，整个互联网的文化是一种休闲的、非正式性的、轻松活泼的文化。在软件上使用适当的幽默网络语言，创造一种休闲的、轻松愉快、非正式的氛围会使软件的访问量大增。

4.7.2 塑造软件个性

另外，软件的整体风格和整体气氛表达要同企业形象相符合，并应该很好地体现企业形象（Corporate Identity，CI）。在这方面比较经典的案例有：可口可乐个性鲜明的前卫软件“Life Tastes Good”（生活的味道很好）；工整、全面、细致的通用电气公司软件“We bring good things to life（通用带来美好的生活）”；崇尚科技创新文化的 3M 公司软件“Creating solutions for business、industry and home”（为企业、工业和家庭提供解决方案）；刻意扮演一个数字电子娱乐之集大成者的角色，要成为新时代梦想实现者的索尼软件；平易近人、亲情浓郁的通用汽车公司软件体现了“以人为本”的企业定位和营销策略；希尔顿大酒店的软件服务全面、细致、方便，处处体现着“宾至如归”的服务理念。

第5章 其他设计要求

5.1 设计要求

(1)导航清晰,布局合理,层次分明。页面的链接层次不要太深,尽量让用户用最短的时间找到需要的资料。

(2)风格统一。保持统一的风格,有助于加深访问者对网站的印象。要实现风格的统一,不一定要把每个栏目做得一模一样。举个例子来说,可以尝试让导航条样式统一,各个栏目采用不同的色彩搭配,在保持风格统一的同时为网站增加一些变化。

(3)色彩和谐,重点突出。在网页设计中,根据和谐、均衡和重点突出的原则,将不同的色彩进行组合、搭配来构成美观的页面。

(4)界面清爽。要吸引访问者长时间地停留在网站,千万不能让用户第一眼就感觉压抑。大量的文字内容要使用舒服的背景色,前景文字和背景之间要对比鲜明,这样访问者在浏览时才不会产生视觉疲劳。适当的留白可以让界面更清爽。

(5)坚持原创。在刚开始学做网页时,适当模仿别人的优秀设计是可取的,但模仿绝不等同于抄袭,一定要把握好其中的尺度。设计是这样,内容的选取也是如此,多一些原创的内容,网页才会带有更多的个性色彩。

(6)动态效果不宜太多。适当的动态效果可以起到画龙点睛的作用,但过多的动态效果会让人眼花缭乱而抓不住主题。

5.2 内容编排上应注意的一些事项

说明性信息的展示是一个比较不容易做好的方面,各种信息需要分类组合好,内容要全面但不可显得过于繁杂,否则会降低访客的兴趣度。最好是能够按照不同类型访客的思维习惯在页面之间设置一些比较便于跳转的链接,让他们以适合自己的方式接收到比较全面的信息。这里,图片文件、声音、视频媒体在吸引注意力和提高访客兴趣度方面是有着很重要作用的。

在内容的编排上要有逻辑性,每一个阶段都要有一些结论性的文字,让访客的关注点在对网站内容的浏览过程中不断向成交点靠拢,好的网站应当在潜移默化中就完成许多在后期面对面交流中需要进行的沟通。这个策略和过滤原则如果能良好地配合使用,可以产生事半功倍的效果。

5.3 技术运用中应注意的一些事项

(1)明确技术是为设计服务的,不要沉迷于技术的运用,坚决摒弃那些华而不实的特效。

(2)先为站点定义好统一的外部 CSS(Cascading Style Sheet,层叠样式表单,用于控制网页样式并允许将样式信息与网页内容分离的一种标记性语言),内部页面都调用这个 CSS,这样不但可以让网页在浏览器改变设置时不变形,还有助于保持整个站点的风格统一,并且方便修改。

(3)不要打开过多的新窗口,每个链接都会打开不同的新窗口尤其让人反感。

(4)图像的制作要兼顾大小和美观,图片和文字的混排、图片的合理压缩可以让页面美观且文件小巧。即使是个性十足的设计站点,浪费太多的时间在页面下载上也会令人生厌。

(5)避免使用 java applet,因为它们会耗费过多的系统资源。

(6)考虑平台的兼容性:让主页尽可能兼容更多的操作系统和浏览器,适应不同的分辨率。要做到这一点,需要在不同的平台上多做测试,并根据测试结果修改设计。即使不能做到完全兼容,也要力争让使用不兼容平台的用户看到最关键的内容。

(7)谨记互联网的共享原则,不要试图用禁用鼠标右键等功能为你的网页加密,这种雕虫小技大多不堪一击,只会让你失去更多的支持者。

(8)尽可能优化网页代码。

第6章　图形化的界面(GUI)

Windows是以图形界面(GUI)方式操作的,因为可以用鼠标点击按钮来进行操作,很直观。而DOS就不具备GUI,因此它只能输入命令。

GUI是Graphical User Interface的简称,即图形用户接口,通常人机交互图形化用户界面设计经常读作“goo-ee”,准确来说GUI就是屏幕产品的视觉体验和互动操作部分。

GUI是一种结合计算机科学、美学、心理学、行为学,以及各商业领域需求分析的人机系统工程,强调人-机-环境三者作为一个系统进行总体设计。

这种面向客户的系统工程设计其目的是优化产品的性能,使操作更人性化,减轻使用者的认知负担,使其更适合用户的操作需求,直接提升产品的市场竞争力。

GUI即人机交互图形化用户界面设计。纵观国际相关产业在图形化用户界面设计方面的发展现状,许多国际知名公司早已意识到GUI在产品方面产生的强大增值功能,以及带动的巨大市场价值,因此在公司内部设立了相关部门专门从事GUI的研究与设计,同业间也成立了若干机构,以互相交流GUI设计理论与经验为目的。虽然中国IT产业、移动通信产业、家电产业发展迅猛,但在产品的人机交互界面设计水平发展上日显滞后,这对于提高产业综合素质,提升与国际同等业者的竞争能力等方面无疑起了抑制的作用。

第7章 界面的设计程序

数字界面设计应当从用户的要求出发。设计师首先要了解人们的行为特点、实际知识和经验水平,并由用户的这些行为特点和知识经验来决定人机界面,以人机界面设计的流程和方法来指导界面的设计。界面设计应当适应人的理解和操作过程,减少用户的学习过程,减少因为沟通渠道不畅而导致的操作出错。以用户为中心的设计流程包括用户分析、用户界面设计、构建用户界面和验证用户界面的效度4个阶段。

需要注意的是,数字界面设计的每个阶段自身都是循环重复的,一个完整的设计,是四个阶段按照一定的顺序循环重复的过程。需要定期地对用户反馈进行考察并改进优化。

7.1 用户分析

以用户为中心的设计是为了满足用户的期望而非设计师本人的需求。对用户的全方位研究,将直接影响产品的功能、造型及界面设计,是取得市场绩效的重要因素。用户研究包括目标群体界定、用户模型建立、任务分析、工作流程分析、用户需求分析和工作环境分析等。

7.2 用户界面设计

用户分析的结果是表格,是文字叙述,需要设计师将它转化为功能化、图形化的产品。设计用户界面需要时间和人力资源的保证,更重要的是程序上的保证。用户界面设计通常按以下步骤进行:确定设计目标、场景和任务设计、定义对象和操作、确定对象图标或视觉表象、定义菜单结构、优化图形设计。

7.3 构建用户界面

构建用户界面原型的主要目的是在实际设计与开发开始之前揭示和测试产品的功能与可用性。这样可以在将太多时间与资源投入开发活动之前,确保所构建的产品创意的正确性。开发原型的费用必须远远低于开发实际产品的费用,同时这个原型应具备足够的功能进行有意义的使用性测试。构建用户界面模型包括静态和动态两种形式。

7.4　验证用户界面的效度

测量用户的行为和满意度,验证用户界面的效度,是界面设计流程中的关键。其目的是使企业在产品开发的早期阶段,及时获得未来用户使用该产品后的信息反馈。

使用性测试是目前在测试产品原型时,了解产品易用程度和用户可接受度方面最常用的检测方法。借助于这些测试结果,企业可以更好地了解用户对产品的期望,设计出符合用户习惯、使用方便、操作简单的新产品;制定和完善产品的设计,对其功能进行改进;拟订改善产品使用性计划,使之更容易为用户所接受。测试过程分为五个阶段:场景测试、参试者的选择、预测试、测试、结果分析和报告。

第 8 章　常用软件介绍

8.1　Photoshop

Photoshop，简称“PS”，是由 Adobe Systems 开发和发行的图像处理软件（见图 8 - 1 - 1）。Photoshop 主要处理以像素所构成的数字图像。使用其众多的编修与绘图工具，可以有效地进行图片编辑工作。PS 有很多功能，在图像、图形和文版等各方面都有涉及。

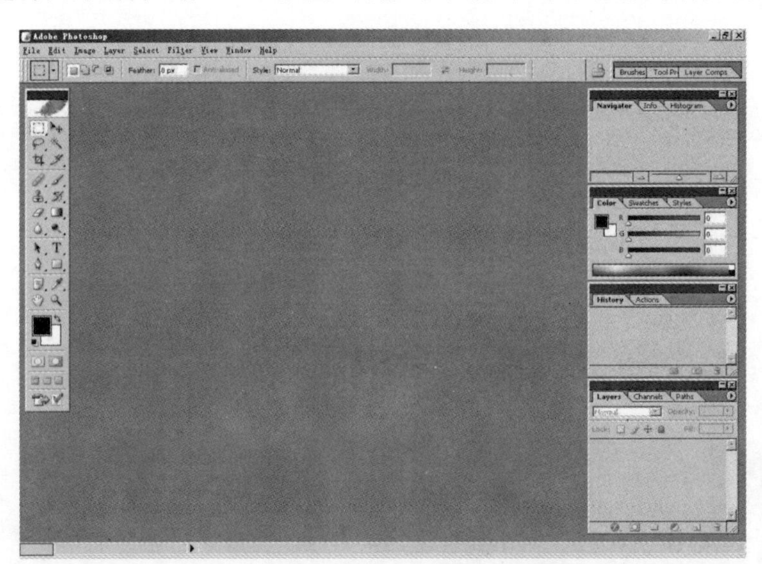

图 8 - 1 - 1　Photoshop 基本界面及图标

8.2　Fireworks

Fireworks 是由 Adobe 推出的一款网页作图软件（见图 8 - 2 - 1），软件可以加速 Web 设计与开发，是一款创建与优化 Web 图像和快速构建网站与 Web 界面原型的理想工具。Fireworks 不仅具备编辑矢量图形与位图图像的灵活性，还提供了一个预先构建资源的公用库，并可与 Adobe Photoshop、Adobe Illustrator、Adobe Dreamweaver 和 Adobe Flash 软件集成。在 Fireworks 中将设计迅速转变为模型，或利用来自 Illustrator、Photoshop 和 Flash 的其他资源，直接置入 Dreamweaver 中轻松地进行开发与部署。

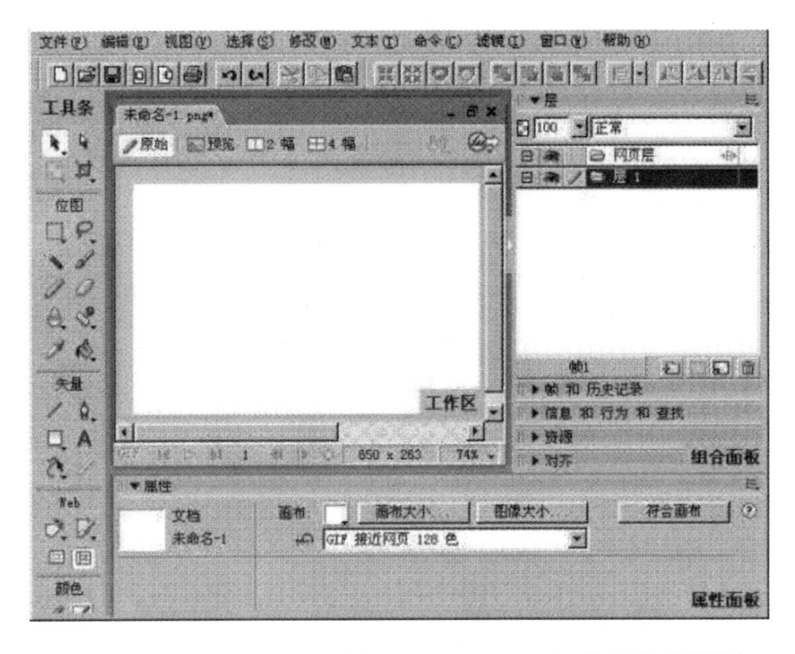

图 8-2-1　Fireworks 基本界面及图标

8.3　Flash

Flash 软件（见图 8-3-1）可以实现由一帧帧的静态图片在短时间内连续播放而造成的视觉效果，是表现动态过程、阐明抽象原理的一种重要媒体。尤其在以抽象教学内容为主的课程中，它更具有特殊的应用意义，如在医学 CAI 课件中使用设计合理的动画，不仅有助于学科知识的表达和传播，使学习者加深对所学知识的理解，同时也可为课件增加生动的艺术效果。

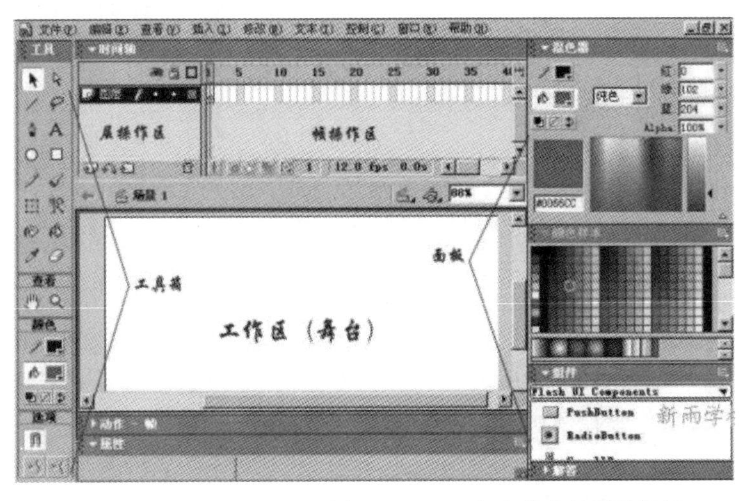

图 8-3-1　Flash 基本界面及图标

8.4 Dreamweaver

Dreamweaver 是一款极为优秀的可视化网页设计制作工具和网站管理工具(见图 8-4-1),支持当前最新的 Web 技术,包含 HTML 检查、HTML 格式控制、HTML 格式化选项、可视化网页设计、图像编辑、全局查找替换、全 FTP 功能、处理 Flash 和 Shockwave 等多媒体格式,以及动态 HTML 和基于团队的 Web 创作等,在编辑模式上允许用户选择可视化方式或源码编辑方式,是 Macromedia(现已被 Adobe 收购)开发的一款强大的所见即所得的网页设计和站点管理软件。使用 Dreamweaver 可以轻而易举地制作跨越平台和浏览器限制的网页。

Dreamweaver 支持开发 HTML、XHTML、CSS、JavaScript、XML 以及 Flash 的动作脚本等类型文档,并可以与 Flash、Fireworks、Photoshop 完美地结合。Dreamweaver 还可以开发如 ASP、ASP. NET、JSP 和 PHP 等动态网页程序。

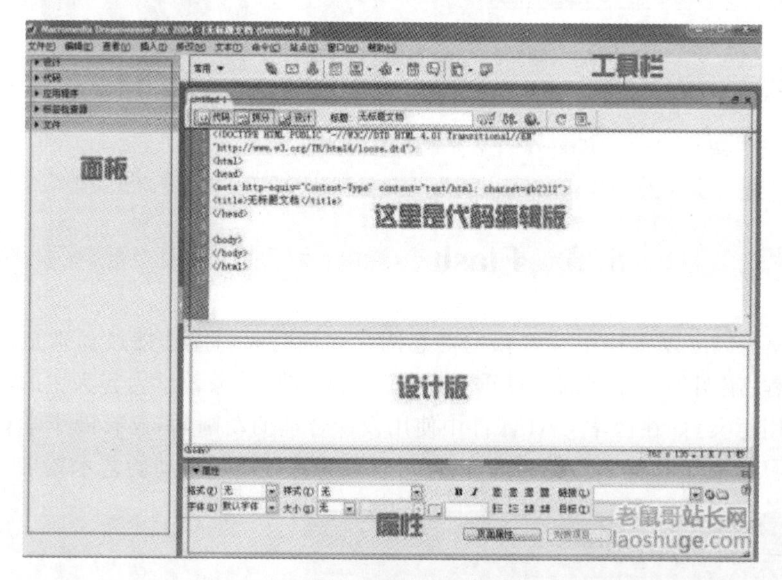

图 8-4-1　Dreamweaver 基本界面及图标

8.5 Axure RP

Axure RP 是美国 Axure Software Solution 公司的旗舰产品(见图 8-5-1),是一个专业的快速原型设计工具,让负责定义需求和规格、设计功能和界面的专家能够快速创建应用软件或 Web 网站的线框图、流程图、原型和规格说明文档。作为专业的原型设计工具,它能快速、高效地创建原型,同时支持多人协作设计和版本控制管理。

Axure RP 已被一些大公司采用。Axure RP 的使用者主要包括商业分析师、信息架构师、可用性专家、产品经理、IT 咨询师、用户体验设计师、交互设计师和界面设计师等,另外,架构师、程序开发工程师也在使用 Axure RP。

图 8-5-1　Axure RP 基本界面及图标

第 9 章　数字界面设计项目实践

9.1　导航界面设计

导航界面设计最终效果图如图 9－1－1 所示。

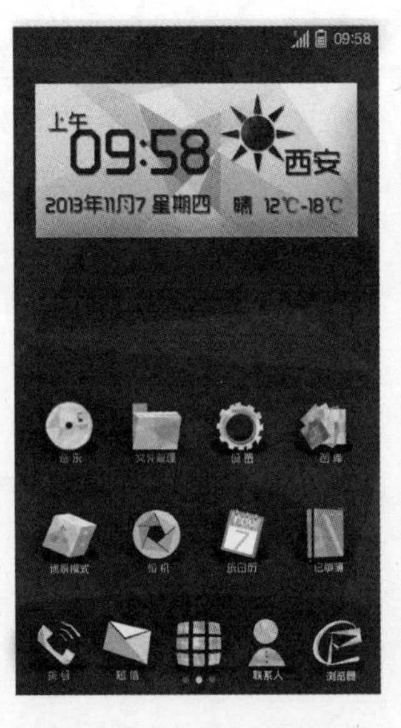

图 9－1－1　导航界面设计效果图

(1)执行【文件】|【新建】命令，打开【新建】对话框。

设置【名称】：桌面壁纸。

设置【规格】：2 160 像素×1 920 像素(宽×高)，其他数值不变，如图 9－1－2 所示。

(2)新建图层。

设置前景色为棕色(R：18，G：16，B：16)，然后按【Alt＋Delete】组合键，填充图层 1 。如图 9－1－3 所示。

(3)绘制并调整曲线。

选择【多边形套索工具】，在文件窗口内随意绘制三角形的选区。然后选择【图像 | 调整 | 曲线】，调整曲线。

利用此种方法，反复进行绘制选区及曲线调整，如图 9－1－4 所示。

(4)把界面规格宽乘 3，当界面翻面的时候，壁纸能够连接上，如图 9－1－5 所示。

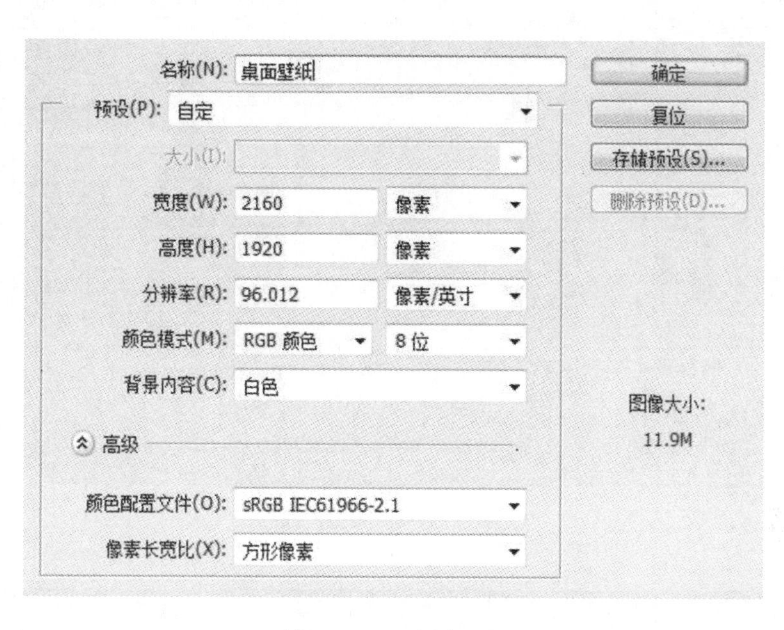

图 9－1－2　新建文件

图 9－1－3　设置前景色

图 9-1-4　调整曲线

图 9-1-5　调整界面规格

9.1.1　锁屏

设计要求：

(1)设计常态下的锁屏样式。

(2)合理展现基本锁屏模型或细节(如解锁动态变化、充电状态等)。

(3)锁屏界面规格:1 080 像素×1 920 像素(宽×高)。

1. 锁屏的时钟外圈

(1)执行【文件】|【新建】命令,打开【新建】对话框。

设置【名称】:时钟外圈。

设置【规格】:1 080 像素——×1 080 像素(宽×高),其他数值不变,如图 9-1-6 所示。

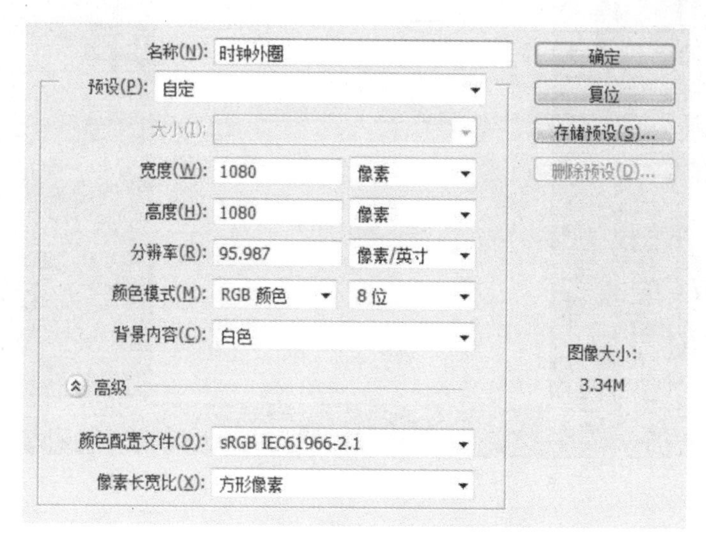

图 9-1-6　新建文件

(2)新建:图层 1,然后选择【椭圆选框工具】,在文件窗口中拖移绘制椭圆选区。设置前景色:黄色(R:255,G:210,B:0),按【Alt+Delete】组合键,填充图层 1,按【Ctrl+D】组合键,取消选区,如图 9-1-7 所示。

图 9-1-7　设置颜色

(3)选择【椭圆选框工具】,在文件窗口中拖移绘制椭圆选区。使选区小于刚才所绘制的椭圆。按【Backspace】删除键,删除选区中的区域,按【Ctrl+D】组合键,取消选区,如图9-1-8 所示。

(4)选择【椭圆选框工具】,在文件窗口中拖移绘制椭圆选区。使选区与刚才绘制的椭圆的圈重叠。然后选择【图像|调整|曲线】,将曲线调整至【输出:100】,如图 9-1-9 所示。

图 9-1-8　绘制椭圆

图 9-1-9　调整曲线

(5)选择【多边形套索工具】,在文件窗口内随意绘制三角形的选区。然后选择【图像 | 调整 | 曲线】,将曲线调整至【输出:111】。右击选择反向,然后选择【图像 | 调整 | 曲线】,将曲线调整至【输入:115】。利用此种方法,反复进行绘制选区及曲线调整,如图 9-1-10 所示。

2. 锁屏的解锁图标

(1)执行【文件】|【新建】命令,打开【新建】对话框。

设置【名称】:解锁图标。

设置【规格】:500 像素×500 像素(宽×高),其他数值不变,如图 9-1-11 所示。

图 9-1-10　调整曲线

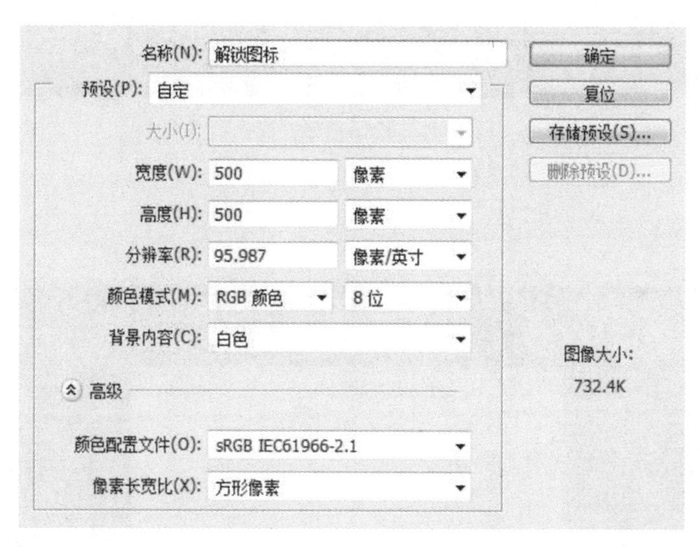

图 9-1-11　新建文件

(2)新建:图层 1,选择【多边形套索工具】,在文件窗口内随意绘制三角形的选区。绘制锁的形状。

设置前景色:黄色(R:255,G:210,B:0),按【Alt+Delete】组合键,填充图层 1,按【Ctrl+D】组合键,取消选区,如图 9-1-12 所示。

(3)在绘制三角形的选区中用【多边形套索工具】以及【图像 | 调整 | 曲线】调整颜色。调出色差及层次感(左上三角为 R:255,G:246,B:0;右上三角为 R:255,G:160,B:0;左下三角为 R:255,G:238,B:0;右下三角为 R:255,G:210,B:0),如图 9-1-13 所示。

(4)选择【橡皮擦工具】在刚才调整好的选区中,擦出锁眼的形状,如图 9-1-14 所示。

图 9-1-12　绘制图形并设置前景色

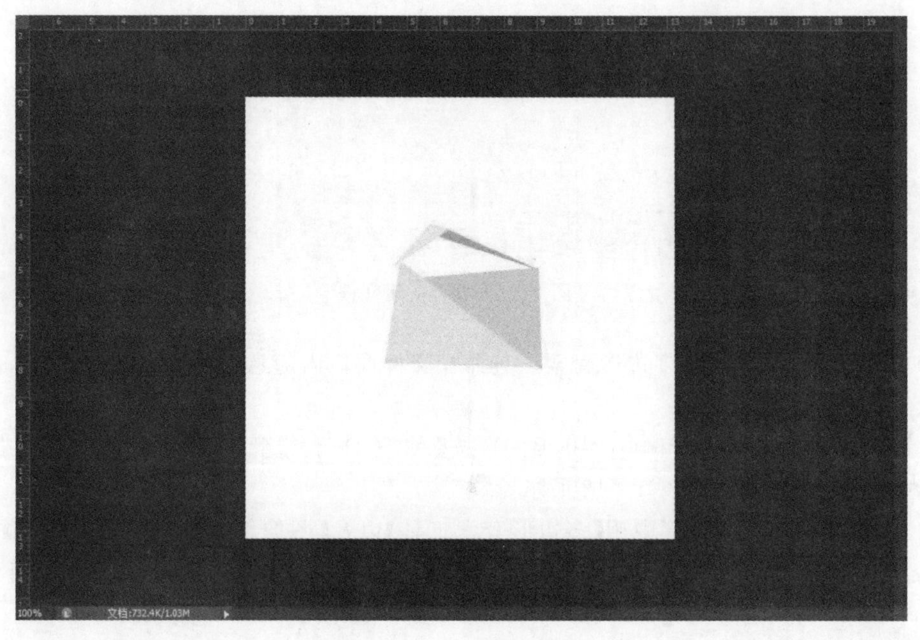

图 9-1-13　调整色差

图 9-1-14　擦出锁眼的形状

(5)选择【多边形套索工具】,在文件窗口内随意绘制三角形的选区。然后选择【图像 | 调整 | 曲线】,调整曲线。

利用此种方法,反复进行选区绘制及曲线调整,如图 9-1-15 所示。

图 9-1-15　反复进行选区绘制及曲线调整

(6)新建:图层 2,选择自定义形状中的圆环。绘制一个圆环。然后调整这个圆环的大小及位置,如图 9-1-16 所示。

图 9-1-16　调整圆环

3. 锁屏的解锁指示图标

(1)执行【文件】|【新建】命令,打开【新建】对话框。

设置【名称】:解锁指示图标。

设置【规格】:500 像素×500 像素(宽×高),其他数值不变,如图 9-1-17 所示。

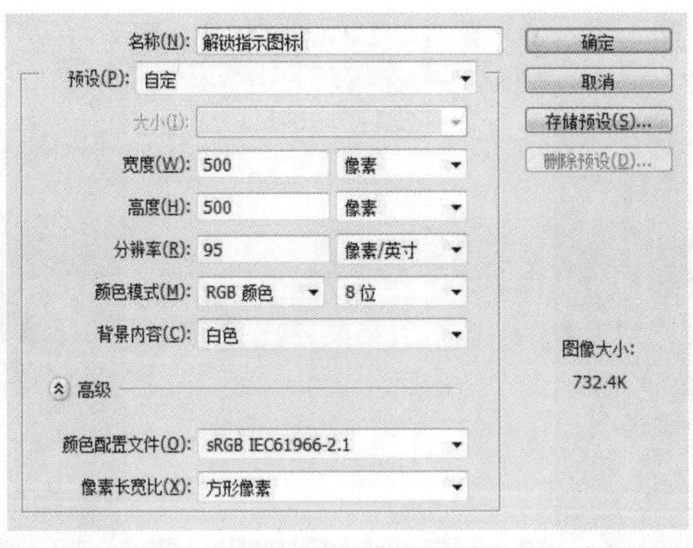

图 9-1-17　新建文件

(2)新建:图层 1,然后选择【多边形套索工具】,在文件窗口中拖移绘制类似于箭头的四边形选区。

设置前景色:黄色(R:255,G:210,B:0),按【Alt+Delete】组合键,填充图层 1,按【Ctrl+D】组合键,取消选区,如图 9-1-18 所示。

图9-1-18　绘制并填充

(3)选择【多边形套索工具】,利用前述方法在文件窗口内随意绘制三角形的选区。然后选择【图像|调整|曲线】,调整曲线,如图9-1-19所示。

图9-1-19　绘制选区并调整曲线

(4)为了突出图标立体感,选择【多边形套索工具】从图形中线处为基准,把箭头右半边利用【图像|调整|曲线】加重。

利用【图像|调整|曲线】调整整个图标亮度,如图9-1-20所示。

(5)复制图形,调整大小。为对齐,可以拉根辅助线,如图9-1-21所示。

4.锁屏1

(1)执行【文件】|【新建】命令,打开【新建】对话框。

设置【名称】:解锁指示图标。

设置【规格】:1 080像素×1 920像素(宽×高),其他数值不变,如图9-1-22所示。

图 9-1-20　调整亮度

图 9-1-21　拉辅助线

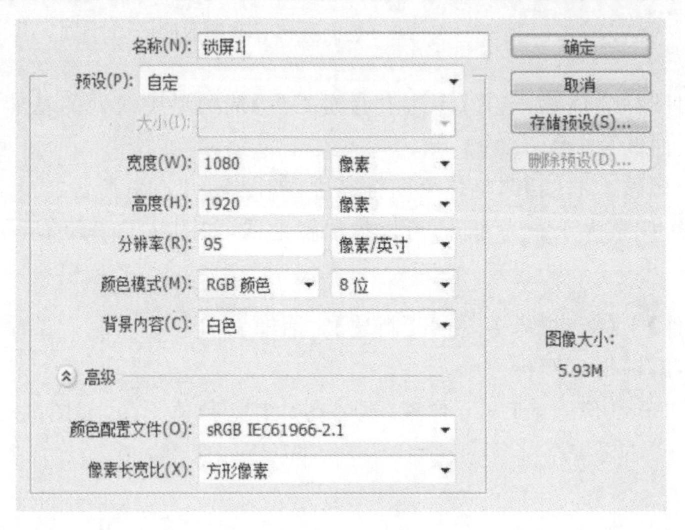

图 9-1-22　新建文件

(2)导入背景和电源信号的模板,如图 9－1－23 所示。

图 9－1－23　导入背景和电源信号模板

导入前面制作的时钟外圈,解锁图标,解锁指示图标,如图 9－1－24 所示。

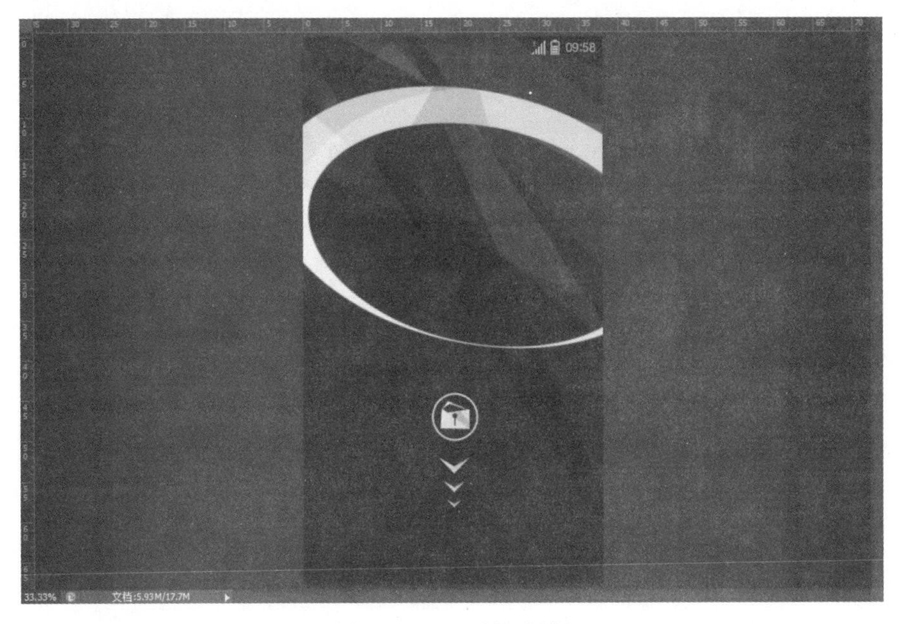

图 9－1－24　导入图标

(3)调整图层样式。

1)时钟外圈。斜面和浮雕—结构:深度为 100%,大小为 120 像素,软化为 13 像素;阴影:角度 120 度,使用全局光,高度 30 度,高光颜色(黄色 R:250,G:201,B:53),阴影颜色(棕色 R:106,G:77,B:13)。投影—结构:不透明度 75%,角度 120 度,使用全局光,距离 5 像素,大小 155 像素，如图 9－1－25 和图 9－1－26 所示。

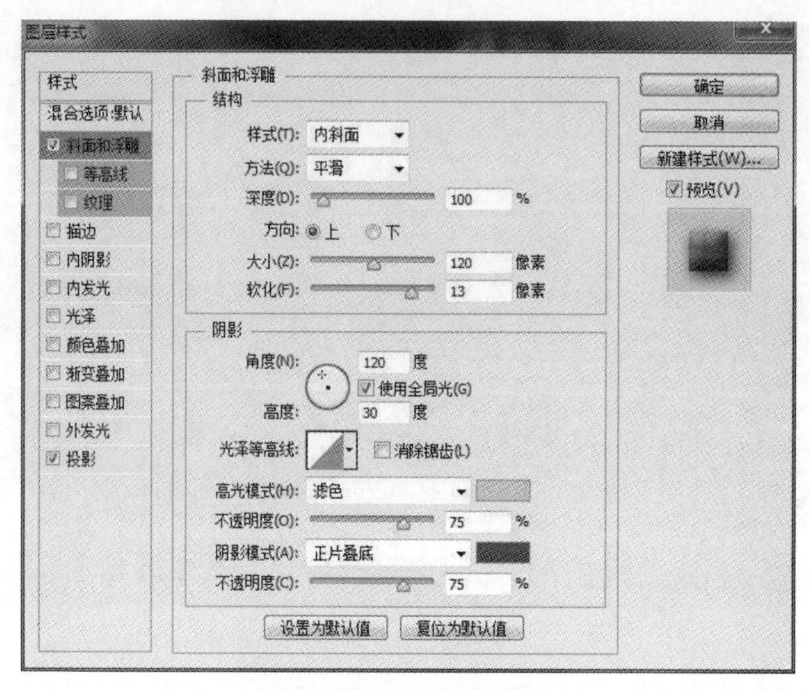

图 9－1－25　斜面和浮雕设置

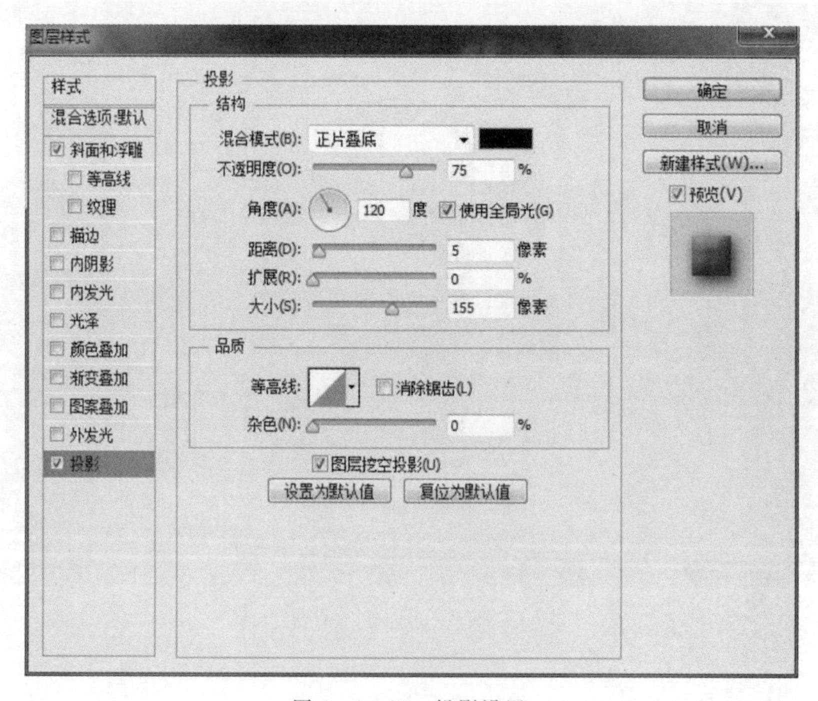

图 9－1－26　投影设置

2)解锁图标及指示图标。斜面和浮雕—结构:深度为 100%，大小为 4，软化为 14；阴影:角度 120 度，使用全局光，高度 30 度，高光颜色(黄色 R:248，G:242，B:151)，阴影颜色(棕色

R:143,G:110,B:20)。投影—结构:不透明度 75%,角度 120 度,使用全局光,距离 5 像素,大小 5 像素,如图 9-1-27 和图 9-1-28 所示。

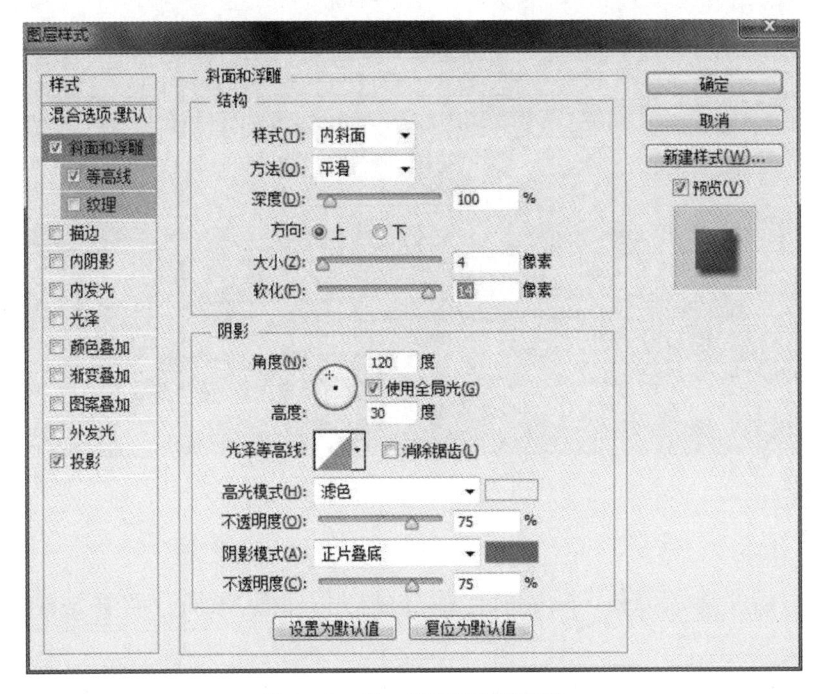

图 9-1-27　斜面和浮雕设置

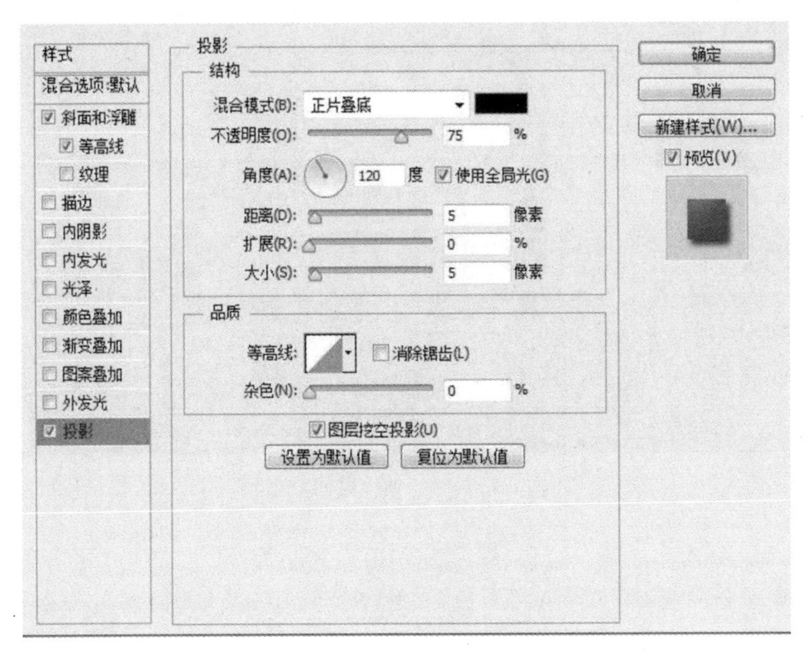

图 9-1-28　投影设置

最终效果如图 9-1-29 所示。

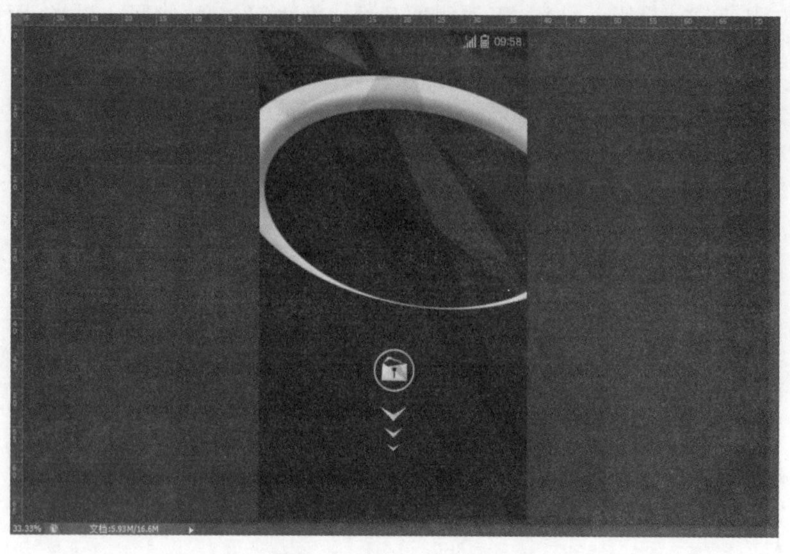

图 9-1-29　最终效果

(4)时间、日期。

1)选择字体:华康综合体。输入时间信息(时刻、日期、星期),调整位置及大小,如图 9-1-30 所示。

图 9-1-30　输入时间信息

2)调整效果。斜面和浮雕—结构:深度为 776%,大小为 250 像素,软化为 16 像素;阴影:角度 120 度,使用全局光,30 度,高光颜色(白色 R:255,G:255,B:255),阴影颜色(灰色 R:149,G:148,B:148)。投影—结构:不透明度 75%,角度 120 度,使用全局光,距离 5 像素,大小 5 像素,如图 9-1-31 和图 9-1-32 所示。

最终效果如图 9-1-33 所示。

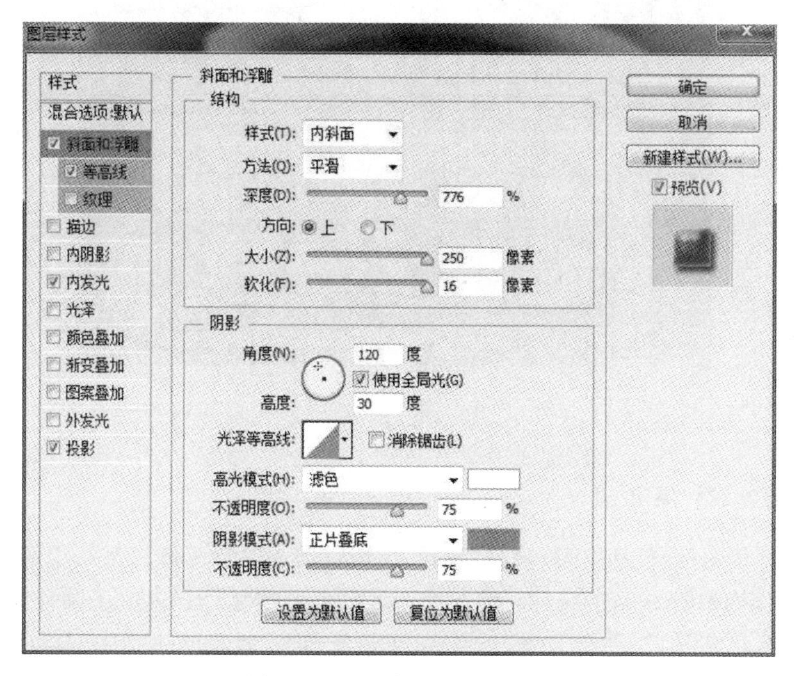

图 9－1－31　斜面和浮雕设置

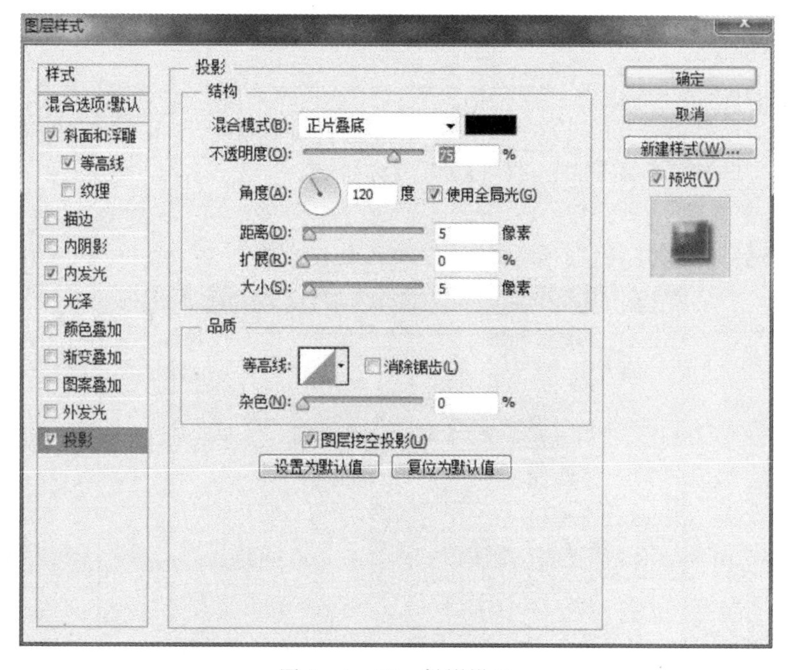

图 9－1－32　投影设置

图 9-1-33　最终效果

9.1.2　图标设计要求

(1)29 个系统图标，包括拨号、信息、联系人、浏览器、相机、图库、音乐、主题中心、乐日历、系统设置、文件管理、计算器、录音机、收音机、时钟、备份恢复、天气、电子邮件、手电筒、搜索、固件升级、视频、一键清除、快捷设置、乐商店、乐语音、玩家教程、安装包搜索和归属地等。

(2)Doc 区域放置顺序：拨号、信息、Applist 入口、联系人和浏览器等。

(3)2 个通用图标：文件夹、图标背板。

(4)单个图标尺寸：172 像素×172 像素。

9.1.3　图标设计

1. 短信

(1)执行【文件】|【新建】命令，打开【新建】对话框。

设置【名称】：短信。

设置【规格】：172 像素×172 像素(宽 × 高)，其他数值不变，如图 9-1-34 所示。

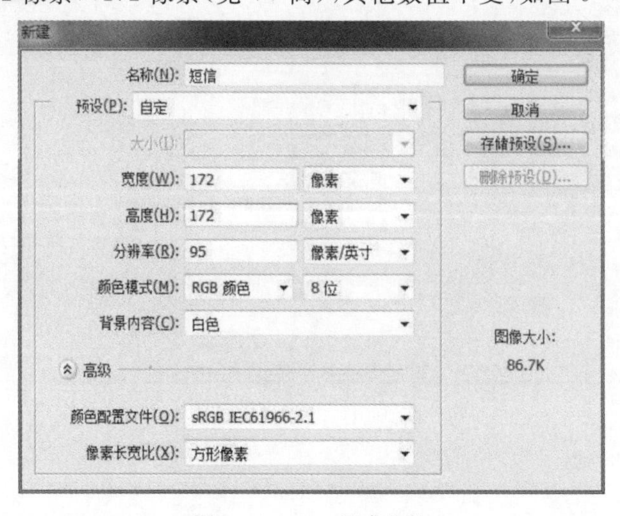

图 9-1-34　新建文件

(2)执行【新建图层】。设置前景色为黄色(R:248,G:145,B:10)。选择【多边形套索工具】,在文件窗口内绘制一个斜三角形的选区,然后按【Alt+Delete】组合键,填充图层 1,如图 9-1-35所示。

图 9-1-35　新建图层

(3)设置前景色为黄色(R:255,G:255,B:62)。选择【多边形套索工具】,利用前述方法在文件窗口内绘制一个斜三角形的选区,然后按【Alt+Delete】组合键,填充图层 1,如图 9-1-36所示。

图 9-1-36　填充图层

(4)设置前景色为黄色(R:253,G:218,B:4)。选择【多边形套索工具】,利用前述方法在文件窗口内接着绘制一个斜三角形的选区,然后按【Alt+Delete】组合键,填充图层 1,如图 9-1-37所示。

图 9-1-37　填充图层

2. 日历

(1)执行【文件】|【新建】命令，打开【新建】对话框。

设置【名称】：日历。

设置【规格】：172 像素×172 像素(宽 × 高)，其他数值不变，如图 9-1-38 所示。

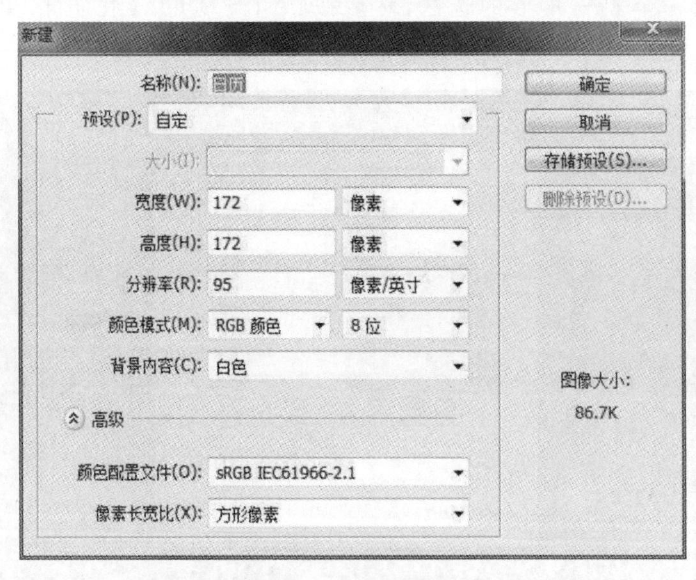

图 9-1-38　新建文件

(2)执行【新建图层】。设置前景色为黄色(R:248,G:75,B:5)。选择【圆角矩形工具】，设置半径为 5，在文件窗口内拖出一个圆角矩形，如图 9-1-39 所示。

反复选择【多边形套索工具】，在选区中随意勾勒三角形，然后利用【图像 | 调整 | 曲线】进行调整，如图 9-1-40 所示。

图 9 - 1 - 39　绘制圆角矩形

图 9 - 1 - 40　调整图像

(3)执行【新建图层 2】。设置前景色为白色(R:255,G:255,B:255)。选择【矩形选框工具】,在文件窗口内拖出一个矩形,然后按【Alt+Delete】组合键,填充矩形。

调整矩形大小及位置,合并图层 1 和图层 2,如图 9 - 1 - 41 所示。

图 9-1-41　填充矩形

(4)执行【新建图层 3】。设置前景色为黄色(R:255,G:179,B:0)。选择【矩形选框工具】,在白色矩形上框一个矩形,占据白色矩形面积的三分之一,调整位置,然后按【Alt+Delete】组合键,填充矩形。

反复选择【多边形套索工具】,在选区中随意勾勒三角形,然后利用【图像|调整|曲线】进行调整。

调整矩形大小及位置,合并图层 3 和图层 1,如图 9-1-42 和图 9-1-43 所示。

图 9-1-42　合并图层

图 9 - 1 - 43　效果

(5)选择文字工具,字体颜色:黄色(R:255,G:179,B:0)。选择【微软正黑体】,字号为 60 号,输入 7,调整位置。

字体颜色:白色(R:255,G:255,B:255),字号为 20,输入 NOV,调整位置,如图9 - 1 - 44 所示。

图 9 - 1 - 44　输入文字

调整文字大小及位置,然后在黄色矩形的位置,利用橡皮擦工具,点出 3 个圆圈,如图 9 - 1 - 45所示。

图 9-1-45　点出圆圈

(6)执行【新建图层 4】。

选择【圆角矩形工具】,背景色为黄色(R:255,G:179,B:0),在图层 4 绘制长条的圆角矩形,选择复制,调整位置,添加高光,如图 9-1-46 所示。

图 9-1-46　效果

3.图库

(1)执行【文件】|【新建】命令,打开【新建】对话框。

设置【名称】:图库。

设置【规格】:172 像素×172 像素(宽×高),其他数值不变,如图 9-1-47 所示。

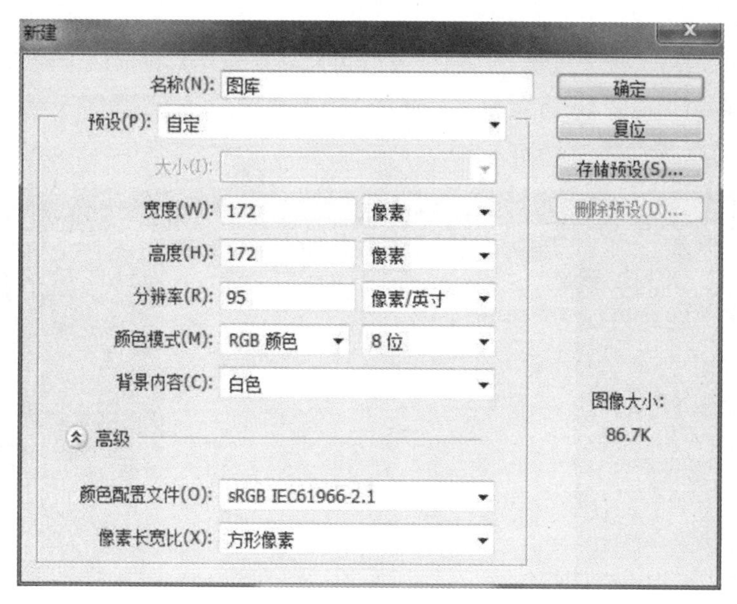

图 9－1－47　新建文件

(2)执行【新建图层 1】。设置前景色为黄色(R:255,G:164,B:0)。选择【矩形选框工具】,在文件窗口内拖出一个矩形,然后按【Alt＋Delete】组合键,填充矩形,如图 9－1－48 所示。

图 9－1－48　填充矩形

(3)【Ctrl＋左键】复制当前图层,调整前景色为绿色(R:148,G:234,B:52),然后按【Alt＋Delete】组合键,填充矩形。

【Ctrl＋左键】复制当前图层,调整前景色为粉色(R:237,G:129,B:154),然后按【Alt＋Delete】组合键,填充矩形。

再复制当前图层,调整前景色为黄色(R:255,G:151,B:154),然后按【Alt＋Delete】组合键，填充矩形。

调整位置和大小：为统一风格，反复选择【多边形套索工具】，在选区中随意勾勒三角形，然后利用【图像 | 调整 | 曲线】进行调整。

合并图层，如图 9-1-49 所示。

图 9-1-49　合并图层

(4)执行【新建图层 2】。设置前景色为蓝色(R:61,G:51,B:227)。

选择【矩形选框工具】，按住【Shift】键在文件窗口内拖出一个正方形，然后按【Alt+Delete】组合键，填充矩形，如图 9-1-50 所示。

图 9-1-50　新建文件

(5)【Ctrl＋左键】复制当前图层，调整前景色为绿色(R:51，G:227，B:118)，然后按【Alt＋Delete】组合键，填充矩形。

【Ctrl＋左键】再复制当前图层，调整前景色为粉色(R:237，G:129，B:154)，然后按【Alt＋Delete】组合键，填充矩形。

【Ctrl＋左键】再复制当前图层，调整前景色为黄色(R:51，G:166，B:227)，然后按【Alt＋Delete】组合键，填充矩形。

调整位置和大小，如图 9－1－51 所示。

图 9－1－51　调整位置大小

为统一风格，反复选择【多边形套索工具】，在选区中随意勾勒三角形，然后利用【图像｜调整｜曲线】进行调整，如图 9－1－52 所示。

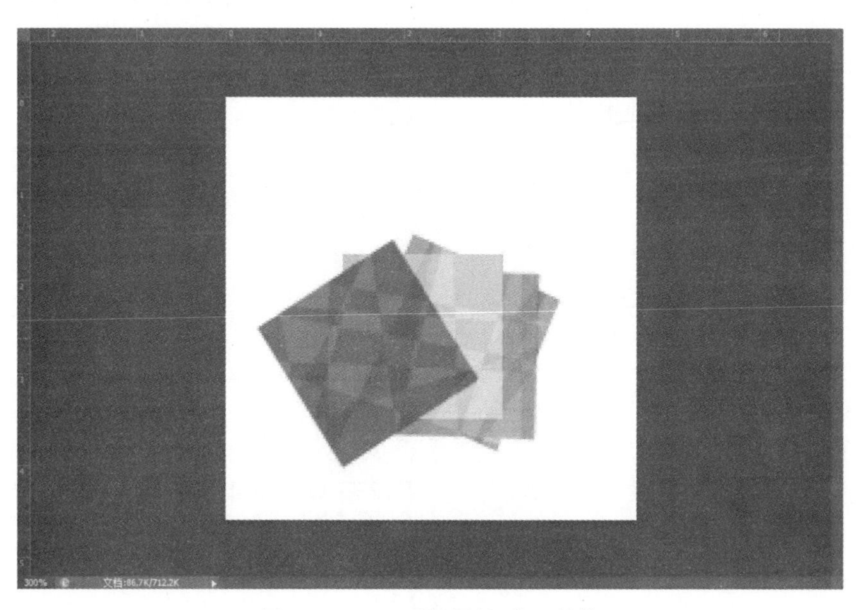

图 9－1－52　反复调整，统一风格

合并图层，如图 9-1-53 所示。

图 9-1-53 合并图层

4. Applist 入口

(1)执行【文件】|【新建】命令，打开【新建】对话框。

设置【名称】：Applist 入口。

设置【规格】：172 像素×172 像素(宽 × 高)，其他数值不变，如图 9-1-54 所示。

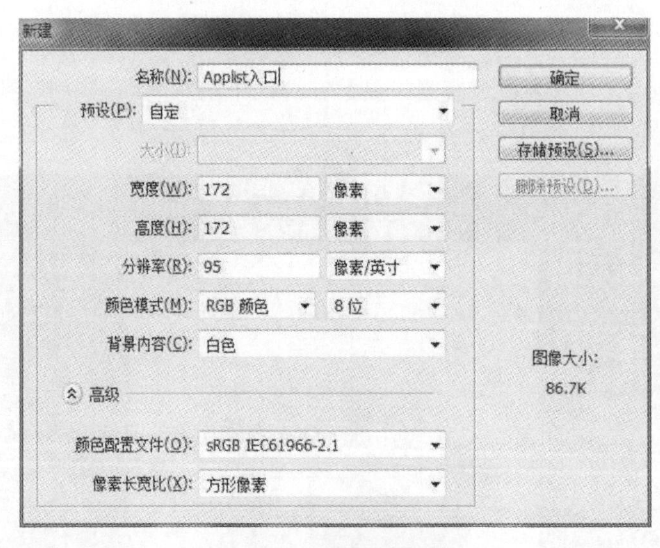

图 9-1-54 新建文件

(2)执行【新建图层 1】，设置前景色为黄色(R:255，G:176，B:0)。选择【矩形选框工具】，在文件窗口内拖出一个矩形，然后按【Alt+Delete】组合键，填充矩形。

选择复制当前图层，共复制 8 个，并调整位置及大小。合并图层，如图 9-1-55 所示。

图 9－1－55　合并图层

(3)选择【多边形套索工具】,在选区中随意勾勒三角形,然后利用【图像 | 调整 | 曲线】进行调整,如图 9－1－56 所示。

图 9－1－56　图像调整

(4)【Ctrl＋左键】复制当前图层,然后【Ctrl＋T】＋【右键】＋【变形】,如图 9－1－57 所示。调整变形,如图 9－1－58 所示。

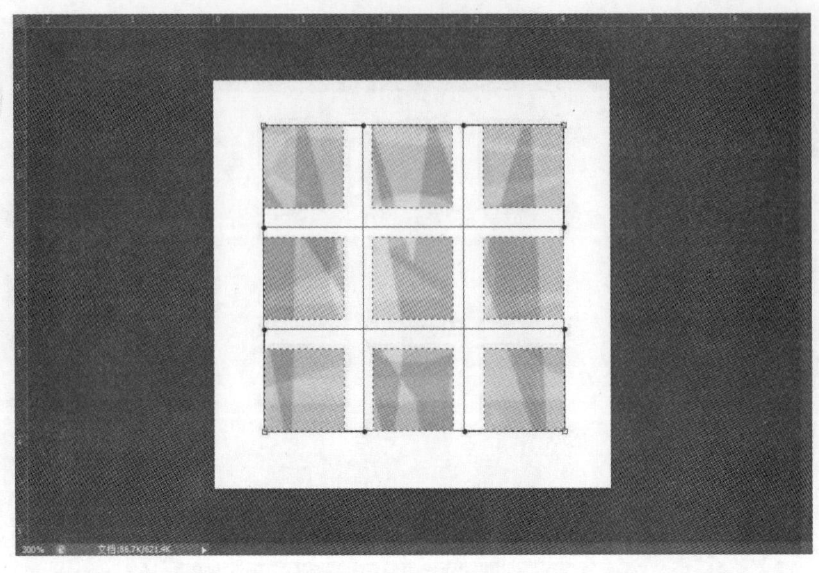

图 9-1-57　变形

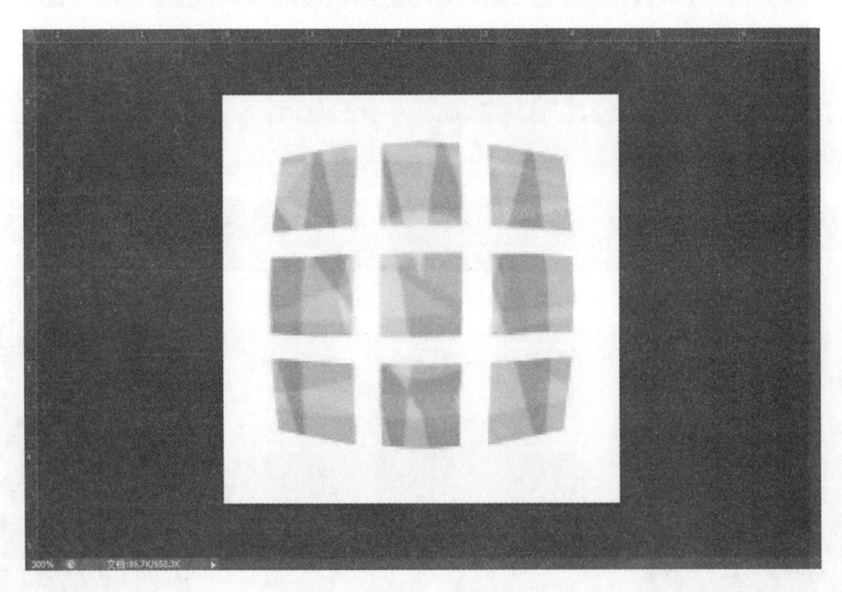

图 9-1-58　调整变形

5. 底座

(1)执行【文件】|【新建】命令，打开【新建】对话框。

设置【名称】：底座。

设置【规格】：172 像素×172 像素(宽 × 高)，其他数值不变，如图 9-1-59 所示。

(2)执行【新建图层 1】。设置前景色为黑色(R：6，G：4，B：1)。

选择【椭圆选框工具】，在文件窗口内拖出一个矩形，然后按【Alt+Delete】组合键，填充椭圆，如图 9-1-60 所示。

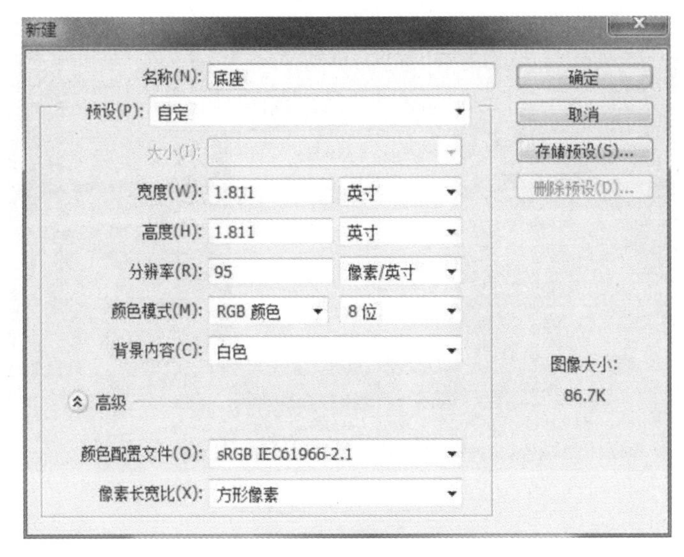

图 9-1-59　新建文件

图 9-1-60　填充椭圆

因为图标太多，所以这里只举 5 个例子，图 9-1-61～图 9-1-63 是最终效果图，其他见电子版素材。

6. 时间天气 Widget

设计要求：

· 时间天气 Widget 应包括时间信息（时刻、日期、星期）、天气 Icon。

· Widget 应在 1 080 像素×620 像素的尺寸内进行设计，具体位置如模板。

（1）执行【文件】|【新建】命令，打开【新建】对话框。

设置【名称】：时间天气。

设置【规格】：1 080 像素×620 像素（宽 × 高），其他数值不变，如图 9-1-64 所示。

图 9 - 1 - 61　浏览器

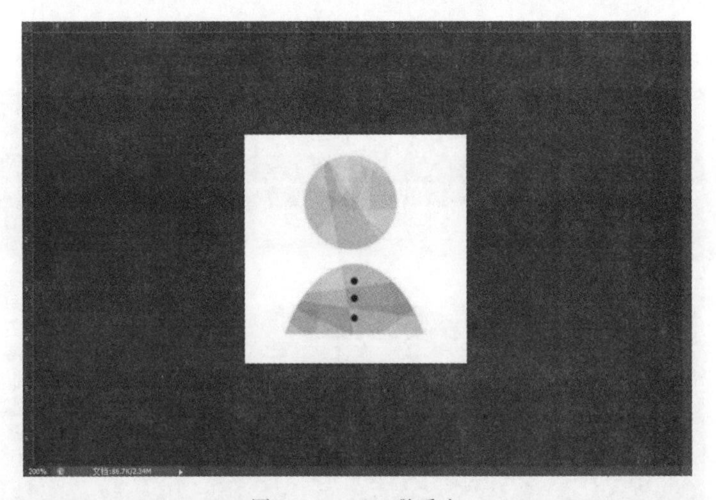

图 9 - 1 - 62　联系人

图 9 - 1 - 63　记事本

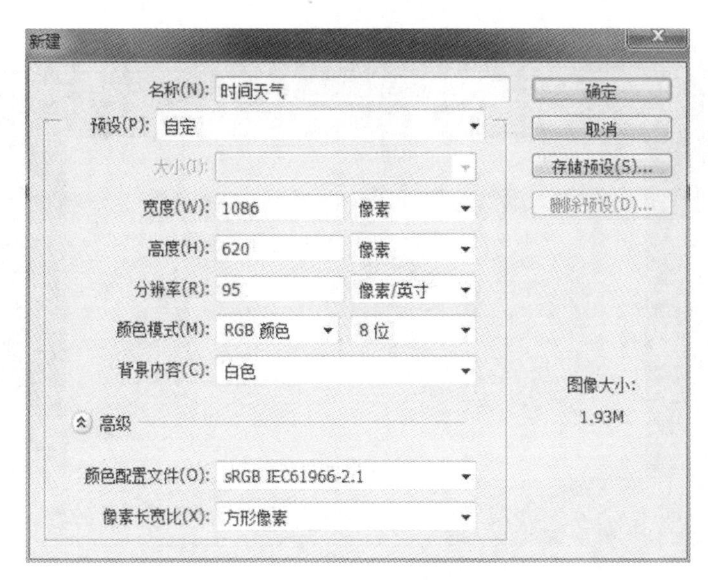

图 9－1－64　新建文件

(2)执行【新建图层 1】。设置前景色为黄色(R:253,G:218,B:4),选择【矩形选框工具】,在文件窗口内拖出一个矩形,然后按【Alt＋Delete】组合键,填充矩形,如图 9－1－65 所示。

图 9－1－65　绘制矩形并填充颜色

选择【多边形套索工具】,在选区中随意勾勒三角形,然后利用【图像 | 调整 | 曲线】进行调整,如图 9－1－66 所示。

(3)执行【文件】|【新建】命令,打开【新建】对话框。

设置【名称】:天气。

设置【规格】:172 像素×172 像素(宽 × 高),其他数值不变,如图 9－1－67 所示。

图 9-1-66　调整图像

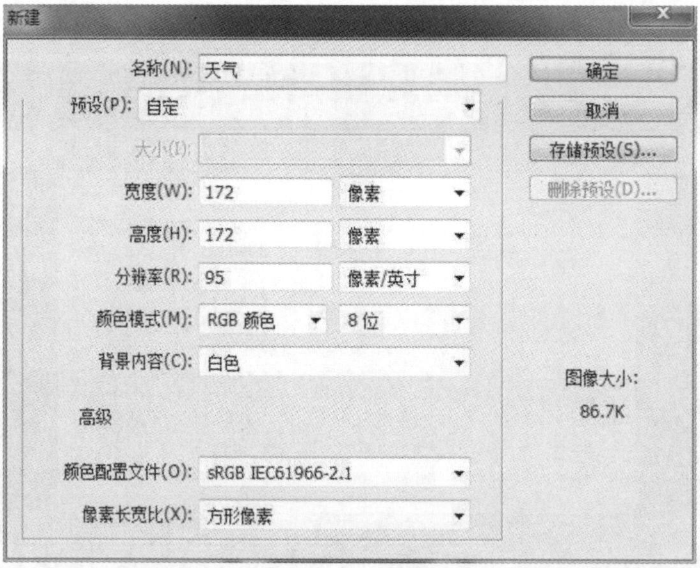

新建

名称(N): 天气

预设(P): 自定

大小(I):

宽度(W): 172 像素

高度(H): 172 像素

分辨率(R): 95 像素/英寸

颜色模式(M): RGB 颜色 8 位

背景内容(C): 白色

高级

颜色配置文件(O): sRGB IEC61966-2.1

像素长宽比(X): 方形像素

确定

取消

存储预设(S)...

删除预设(D)...

图像大小:

86.7K

图 9-1-67　新建文件

(4)执行【新建图层 1】。设置前景色为黑色(R:20,P:16,G:18),选择【椭圆选框工具】,按住【Shift】键在文件窗口内拖出一个正圆形,然后按【Alt+Delete】组合键,填充圆形。

利用【多边形套索工具】在选区中勾勒三角形,然后按【Alt+Delete】组合键填充,如图 9-1-68 所示。

只复制三角形,然后调整位置,转变角度,合并图层,如图 9-1-69 所示。

统一风格。选择【多边形套索工具】,在选区中随意勾勒三角形,然后利用【图像 | 调整 | 曲线】进行调整,如图 9-1-70 所示。

图 9-1-68　绘制并填充

图 9-1-69　调整位置

图 9-1-70　调整图像

7.界面

(1)第二界面。

1)执行【文件】|【新建】命令,打开【新建】对话框。

设置【名称】:界面 2。

设置【规格】:1 080 像素×1 920 像素(宽 × 高),其他数值不变,如图 9-1-71 所示。

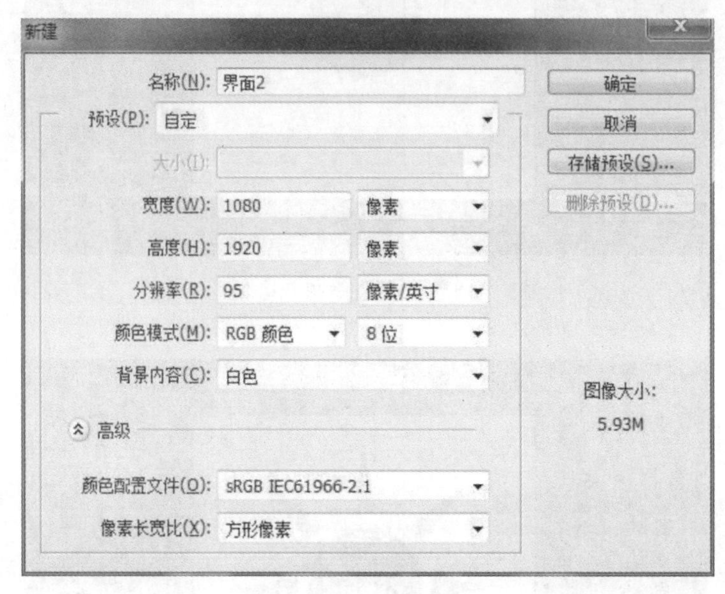

图 9-1-71　新建文件

2)导入背景和电源信号的模板,如图 9-1-72 所示。

图 9-1-72　导入模板

3)导入之前制作的图标、图标底座、时间天气,如图 9-1-73 所示。

图 9-1-73　导入图标

4)给时间、天气添加效果。斜面和浮雕:深度为 123%,大小为 250 像素,软化为 16 像素,角度 137 度,高度 30 度,高光颜色(R:255,G:240,B:0),阴影颜色(R:175,G:135,B:27),如图 9-1-74 所示。

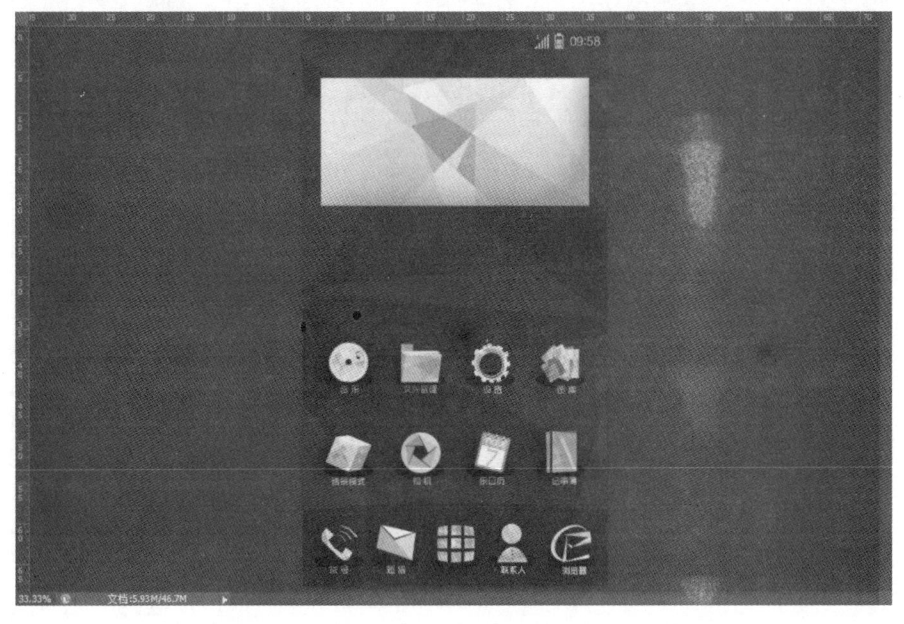

图 9-1-74　添加效果

5)填上时间、日期、天气等,字体为尚字工体黑,如图 9-1-75 所示。

图 9-1-75　填上时间、日期、天气等

6)给字体添加效果。等高线:椭圆。内发光:黑色(R:0,G:0,B:0),不透明度 75%,大小 5 像素,范围 50%。投影:黑色(R:0,G:0,B:0),不透明度 100%,距离 5 像素,大小 5 像素,如图 9-1-76 所示。

图 9-1-76　字体添加效果

7)给天气图标添加效果。斜面和浮雕:深度为 378%,大小为 76 像素,软化为 16 像素,高光黑色(R:26,G:26,B:26)。等高线:椭圆。内发光:黑色(R:0,G:0,B:0),不透明度 75%,大

小 5 像素，范围 50%。投影：黑色(R:0,G:0,B:0)，不透明度 100%，距离 5 像素，大小 5 像素，如图 9-1-77 所示。

图 9-1-77　添加效果

(2)第三界面。

1)执行【文件】|【新建】命令，打开【新建】对话框。

设置【名称】：界面 3。

设置【规格】：1 080 像素×1 920 像素(宽 × 高)，其他数值不变，如图 9-1-78 所示。

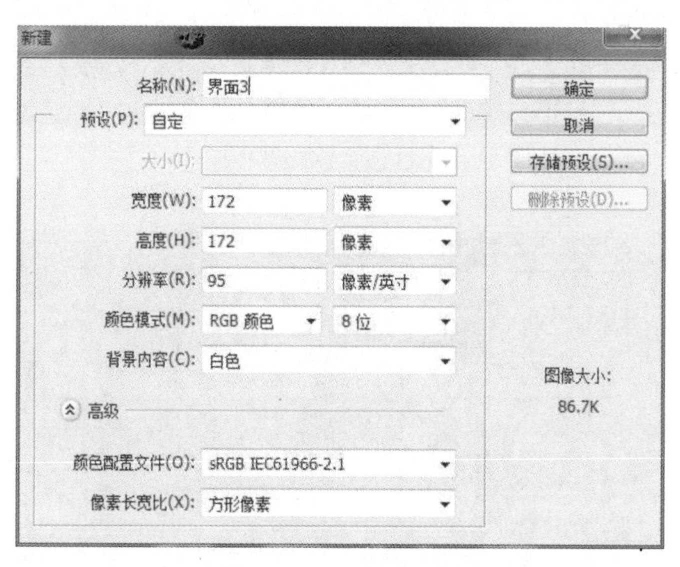

图 9-1-78　新建文件

2)导入背景和电源信号的模板，如图 9-1-79 所示。

3)导入图标及底座，如图 9-1-80 所示。

4)新建图层，添加翻页的点，如图 9-1-81 所示。

图 9－1－79　导入模板

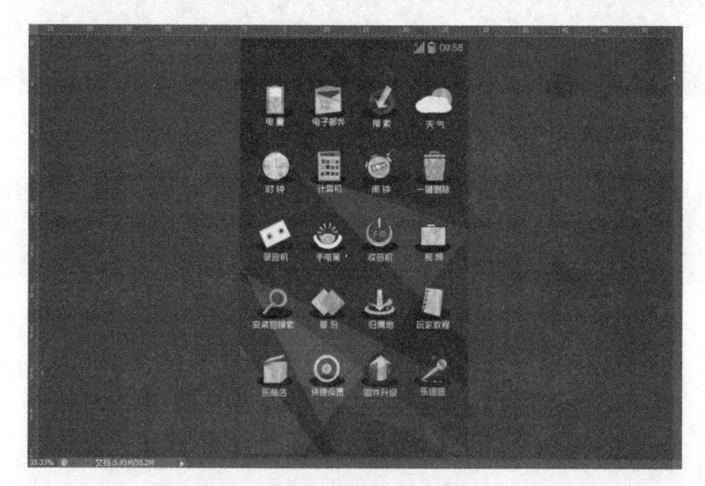

图 9－1－80　新导入图标

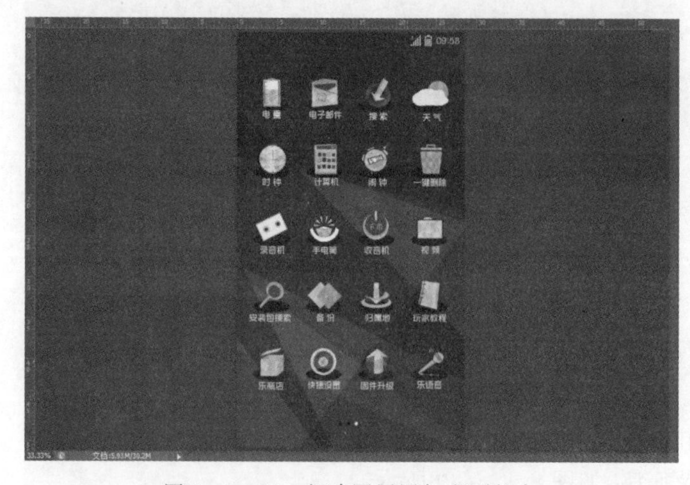

图 9－1－81　新建图层添加翻页的点

9.2　手机界面设计

9.2.1　滑屏解锁

滑屏解锁步骤如下：

(1)执行【文件】|【新建】命令，打开【新建】对话框。设置【名称】：滑屏解锁，【宽度】：1 080 像素，【高度】：1 920 像素，【分辨率】：100 像素/英寸，【颜色模式】：RGB 颜色，【背景内容】：白色，单击【确定】按钮，如图 9－2－1 所示。

(2)用【渐变工具】从下到上拉一层渐变，设置渐变参数。位置：0，R：204，G：209，B：255；位置：100，R：194，G：239，B：255。点击【确定】，效果如图 9－2－2 所示。

(3)新建“图层 2”，用【圆角矩形工具】画图，【Ctrl＋Enter】选区，设置前景色，R：190，G：232，B：248，【Alt＋Delete】填充，如图 9－2－3 所示。

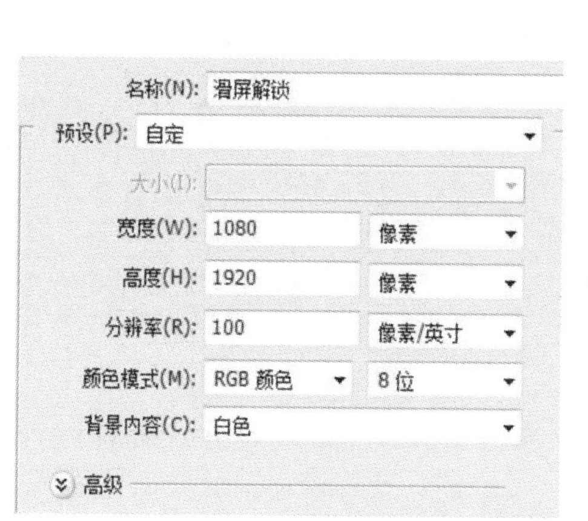

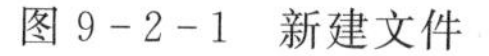
图 9－2－1　新建文件

图 9－2－2　设置渐变

图 9－2－3　新建图层 2

(4)双击“图层 1”后面的空白处，打开【图层样式】对话框，单击【投影】复选框后的名称，设置参数。【混合模式】：正片叠底，【混合颜色】：R：153，G：200，B：225，【不透明度】：75％，【距离】：12 像素，【阻塞】：0％，【大小】：5 像素，其他参数保持默认值，如图 9－2－4 所示。

(5)单击【内阴影】复选框后的名称，设置参数，【混合模式】：正片叠底，【混合颜色】：R：187，G：235，B：249，【不透明度】：75％，【距离】：0 像素，【阻塞】：0％，【大小】：57 像素，其他参数保持默认值，如图 9－2－5 所示。

(6)单击【内发光】复选框后的名称，设置参数。【颜色】：R：187，G：234，B：250，【阻塞】：6％，【大小】：0 像素，其他参数保持默认值，如图 9－2－6 所示。

(7)点击【确定】，如图 9－2－7 所示。

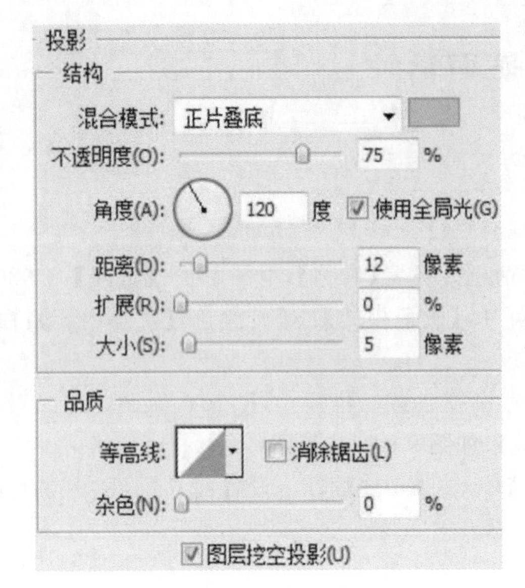

图 9-2-4　设置投影参数

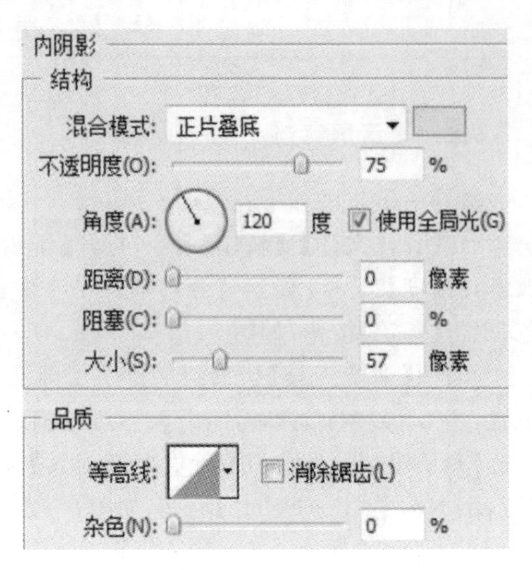

图 9-2-5　设置内阴影参数

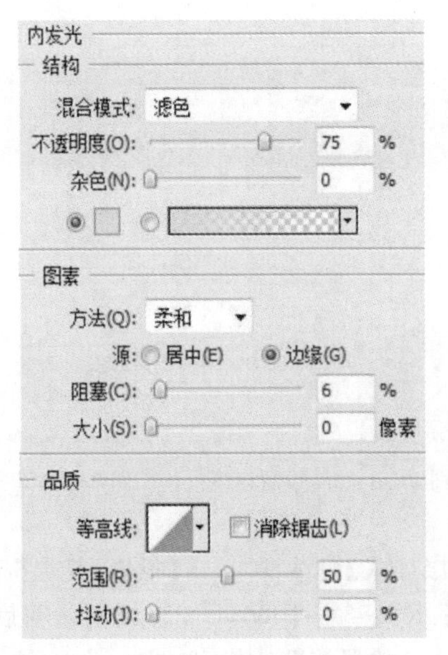

图 9-2-6　设置内发光参数

图 9-2-7　点击确定

(8)新建“图层 3”,用【圆角矩形工具】画图,【Ctrl+Enter】选区,设置前景色,R:184,G:231,B:251,【Alt+Delete】填充,如图 9-2-8 所示。

(9)单击【外发光】复选框后的名称,设置参数。【颜色】:R:255,G:255,B:255,【扩展】:0%,【大小】:16 像素,其他参数保持默认值,如图 9-2-9 所示。

(10)点击【确定】,如图 9-2-10 所示。

(11)新建“图层 4”,用【钢笔工具】画图,绘制完后,【Ctrl+Enter】选区,用【渐变工具】从下到上拉一层渐变,设置渐变参数,位置:0,R:194,G:197,B:228;位置:100,R:162,G:219,B:

246。点击【确定】,如图 9-2-11 所示。

图 9-2-8　新建图层 3

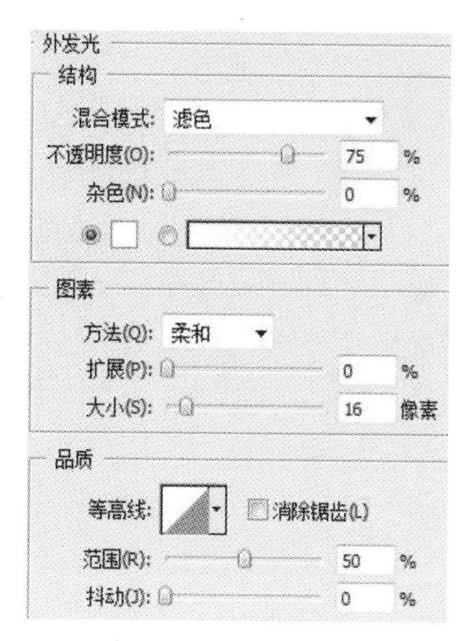

图 9-2-9　设置参数

图 9-2-10　点击确定

图 9-2-11　新建图层 4

(12)新建"图层 5",用【圆角矩形工具】画图,将半径值稍微调大一些,绘制完后,【Ctrl+Enter】选区,用【渐变工具】从下到上拉一层渐变,设置渐变参数,位置:0,R:242,G:191,B:213;位置:100,R:218,G:91,B:154,点击【确定】,如图 9-2-12 所示。

(13)双击"图层 5"后面的空白处,打开【图层样式】对话框,单击【投影】复选框后的名称,设置参数,【混合模式】:正片叠底,【混合颜色】:R:181,G:94,B:94,【不透明度】:75%,【距离】:5 像素,【阻塞】:0%,【大小】:5 像素,其他参数保持默认值,如图 9-2-13 所示。

图 9-2-12　新建图层 5

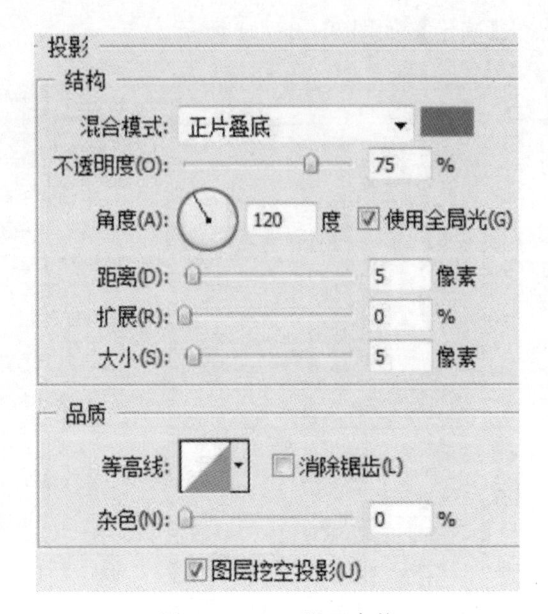

图 9-2-13　设置参数

(14)单击【外发光】复选框后的名称,设置参数,【颜色】:R:255,G:255,B:255,【扩展】:6%,【大小】:29 像素,其他参数保持默认值,如图 9-2-14 所示。

(15)单击【内发光】复选框后的名称,设置参数,【颜色】:R:255,G:255,B:255,【阻塞】:0%,【大小】:8 像素,其他参数保持默认值,如图 9-2-15 所示。

(16)点击【确定】,如图 9-2-16 所示。

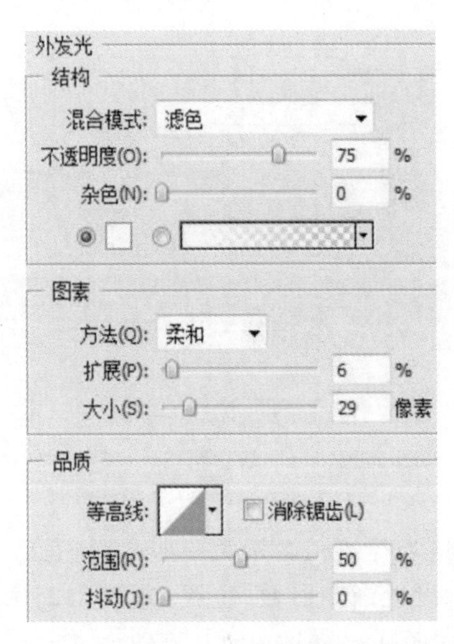

图 9-2-14　设置外发光参数

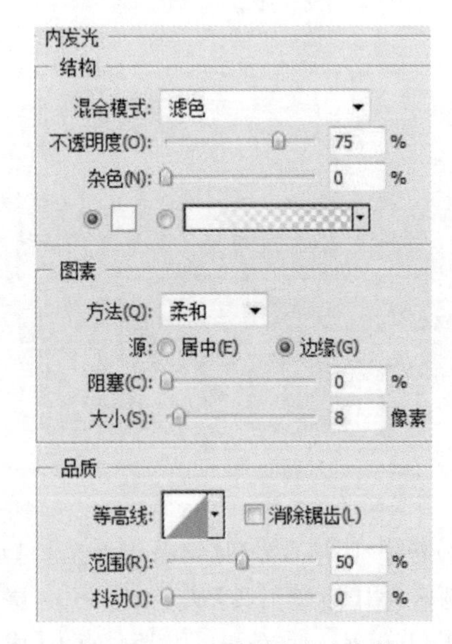

图 9-2-15　设置内发光参数

(17)新建“图层 6”,用【钢笔工具】画图,绘制完后,【Ctrl+Enter】选区,用【渐变工具】从下到上拉一层渐变,设置渐变参数,位置:0,R:242,G:191,B:214;位置:50,R:202,G:162,B:205;位置:100,R:205,G:109,B:170,点击【确定】,如图 9-2-17 所示。

(18)双击“图层 6”后面的空白处,打开【图层样式】对话框,单击【内阴影】复选框后的名称,设置参数,【混合模式】:正片叠底,【混合颜色】:R:213,G:184,B:184,【不透明度】:75%,【距离】:0 像素,【阻塞】:17%,【大小】:62 像素,其他参数保持默认值,如图 9-2-18 所示。

(19)点击【确定】,如图 9-2-19 所示。

图 9-2-16　点击确定

图 9-2-17　新建图层 6

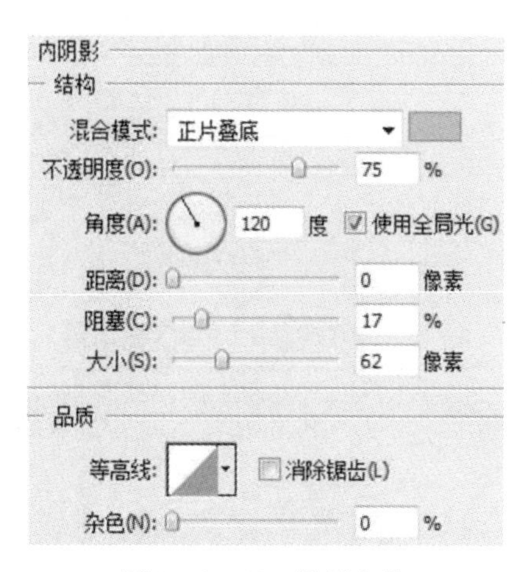

图 9-2-18　设置参数

图 9-2-19　点击确定

(20)用【横排文字工具】输入“Slide to unlock”,更改字体为【Berlin Sans FB Demi】,【大小】:63 点,其他参数保持默认值,如图 9-2-20 所示。

(21)双击“图层 Slide to unlock”后面的空白处,打开【图层样式】对话框,单击【外发光】复选框后的名称,设置参数,【颜色】:R:69,G:82,B:124,【扩展】:0%,【大小】:21 像素,其他参数保持默认值,如图 9-2-21 所示。

图 9-2-20 设置字符参数

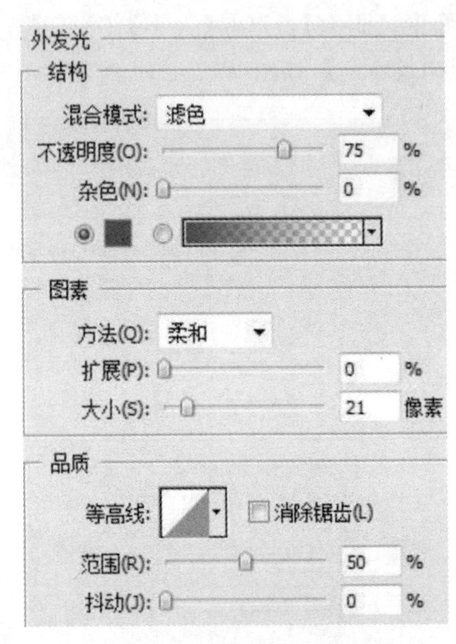

图 9-2-21 设置外发光参数

(22)单击【描边】复选框后的名称,设置参数,【大小】:3 像素,【位置】:外部,【混合模式】:正常,【颜色】:R:119,G:118,B:180,其他参数保持默认值,如图 9-2-22 所示。

(23)点击【确定】,如图 9-2-23 所示。

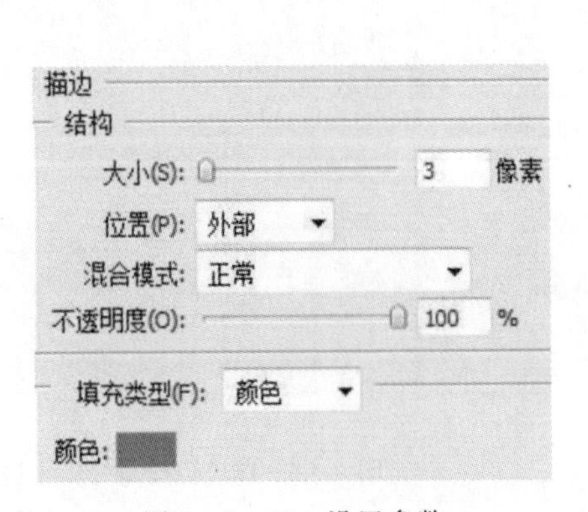

图 9-2-22 设置参数

图 9-2-23 点击确定

(24)设置前景色，R：205，G：28，B：109，用【竖排文字工具】输入“＞＞”，如图 9－2－24 所示。

(25)双击“图层＞＞”后面的空白处，打开【图层样式】对话框，单击【描边】复选框后的名称，设置参数，【大小】：9 像素，【位置】：外部，【混合模式】：正常，【颜色】：R：255，G：255，B：255，其他参数保持默认值，如图 9－2－25 所示。

(26)点击【确定】，如图 9－2－26 所示。

图 9－2－24　设置前景色并输入

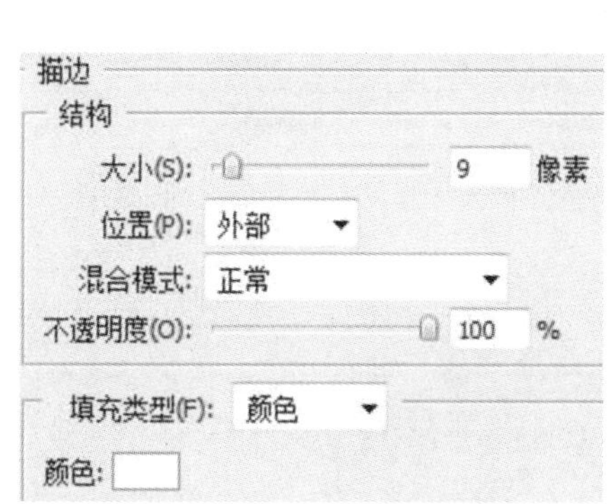

图 9－2－25　设置参数

图 9－2－26　点击确定

(27)设置前景色，R：214，G：169，B：228，用【竖排文字工具】输入“＞＞”，如图 9－2－27 所示。

(28)双击“图层＞＞”后面的空白处，打开【图层样式】对话框，单击【描边】复选框后的名称，设置参数，【大小】：9 像素，【位置】：外部，【混合模式】：正常，【颜色】：R：255，G：255，B：255，其他参数保持默认值，如图 9－2－28 所示。

(29)点击【确定】，效果如图 9－2－29 所示。

(30)新建“图层 7”，用【椭圆选框工具】画圆，绘制完后，设置前景色，R：56，G：14，B：15，【Alt＋Delete】填充，【Ctrl＋D】取消选区，如图 9－2－30 所示。

(31)双击“图层 7”后面的空白处，打开【图层样式】对话框，单击【斜面和浮雕】复选框后面的名称，打开【斜面和浮雕】面板，设置参数，【样式】：内斜面，【方法】：平滑，【深度】：100％，【方向】：上，【大小】：3 像素，【软化】：0 像素，【阴影颜色】：R：56，G：14，B：15，其他参数保持默认值，如图 9－2－31 所示。

(32)单击【斜面和浮雕】下【等高线】复选框后的名称，单击等高线后的图素，选择，【范围】：50％，如图 9－2－32 所示。

(33)点击【确定】，如图 9－2－33 所示。

图 9－2－27　设置前景色并输入

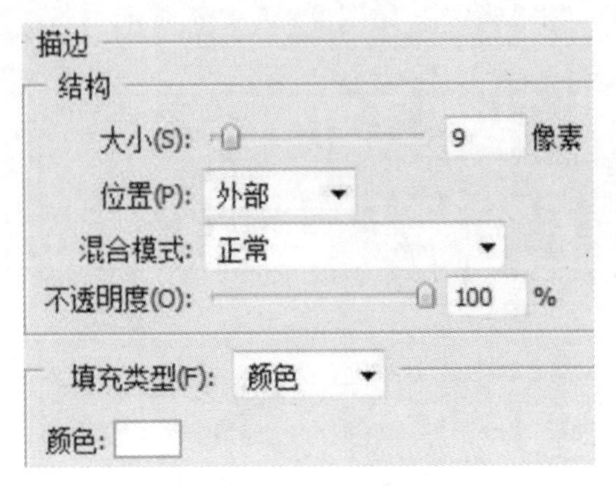

图 9－2－28　设置参数

图 9－2－29　点击确定

图 9－2－30　新建图层

(34)新建“图层 8”，用【椭圆选框工具】画圆，绘制完后，设置前景色，R：244，G：219，B：234，【Alt＋Delete】填充，【Ctrl＋D】取消选区，如图 9－2－34 所示。

(35)双击“图层 8”后面的空白处，打开【图层样式】对话框，单击【斜面和浮雕】复选框后面的名称，打开【斜面和浮雕】面板，设置参数，【样式】：内斜面，【方法】：平滑，【深度】：100％，【方向】：上，【大小】：5 像素，【软化】：0 像素，【高光颜色】：R：192，G：153，B：148，【阴影颜色】：R：56，G：14，B：15，【不透明度】：均为 60％，其他参数保持默认值，如图 9－2－35 所示。

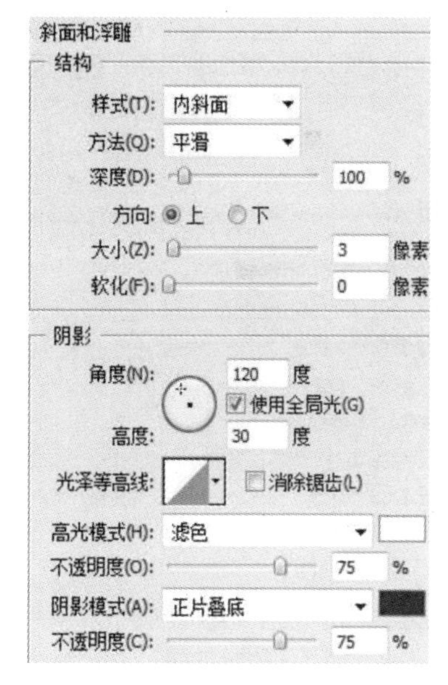

图 9-2-31　设置参数

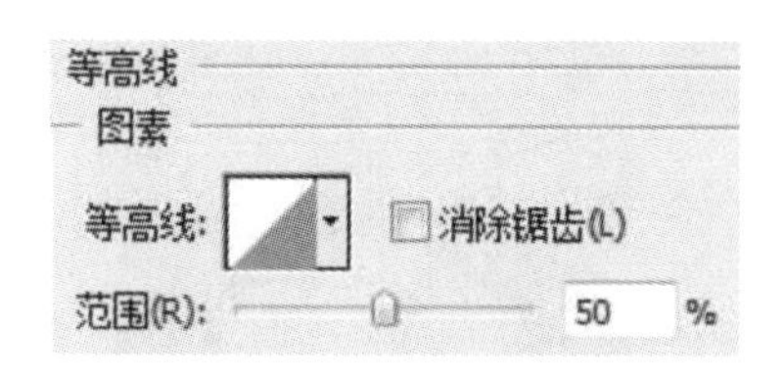

图 9-2-32　设置等高线

图 9-2-33　点击确定

(36)单击【斜面和浮雕】下【等高线】复选框后的名称，单击等高线后的图素，选择 ，【范围】:50%，如图 9-2-36 所示。

(37)单击【确定】，如图 9-2-37 所示。

图 9-2-34　新建图层

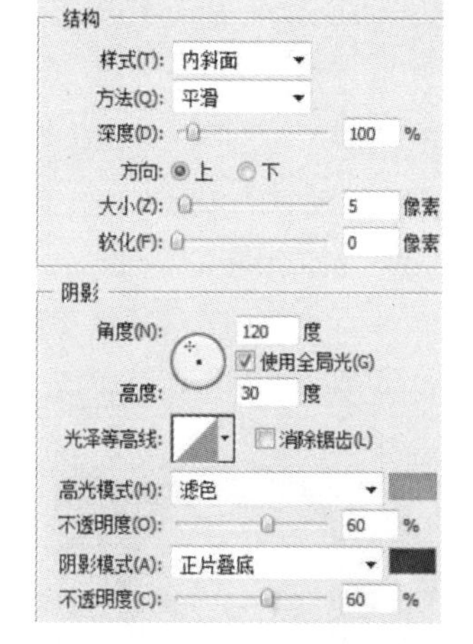

图 9-2-35　设置参数

图 9-2-36　设置等高线

(38)新建“图层”，用【钢笔工具】画图，绘制完后，用【渐变工具】从上到下拉一层渐变，设置渐变参数；位置:0，R:248，G:222，B:74，位置:100，R:247，G:172，B:25，点击【确定】，如图 9-2-38 所示。

(39)双击“图层”后面的空白处，打开【图层样式】对话框，单击【斜面和浮雕】复选框后面的名称，打开【斜面和浮雕】面板，设置参数，【样式】:内斜面，【方法】:平滑，【深度】:100%，【方向】:上，【大小】:5 像素，【软化】:0 像素，【阴影颜色】:R:156，G:111，B:24，其他参数保持默认值，如图 9－2－39 所示。

(40)单击【外发光】复选框后的名称，设置参数，【颜色】：R：255，G：255，B：190，【扩展】：0％，【大小】：5 像素，其他参数保持默认值，如图 9－2－40 所示。

(41)点击【确定】，效果如图 9－2－41 所示。

(42)按照上述方法，做出另外一个图标，如图 9－2－42 所示。

图 9－2－37　点击确定

图 9－2－38　新建图层

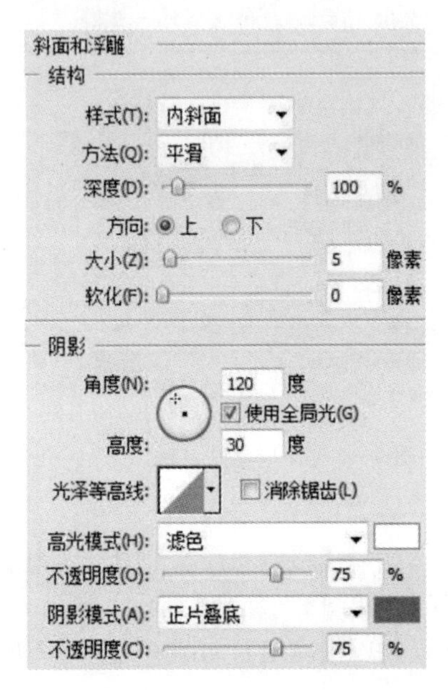

图 9－2－39　设置参数

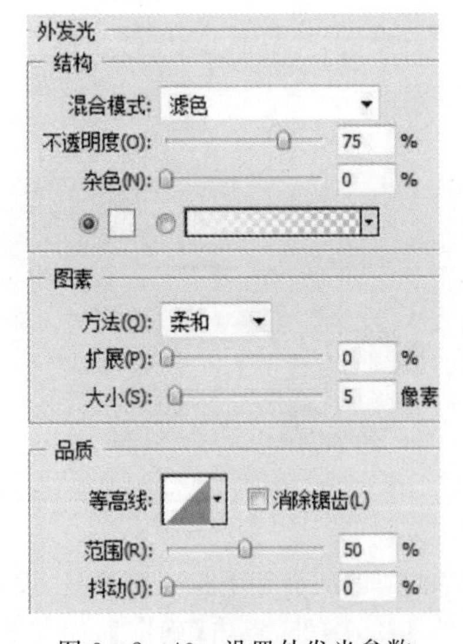

图 9－2－40　设置外发光参数

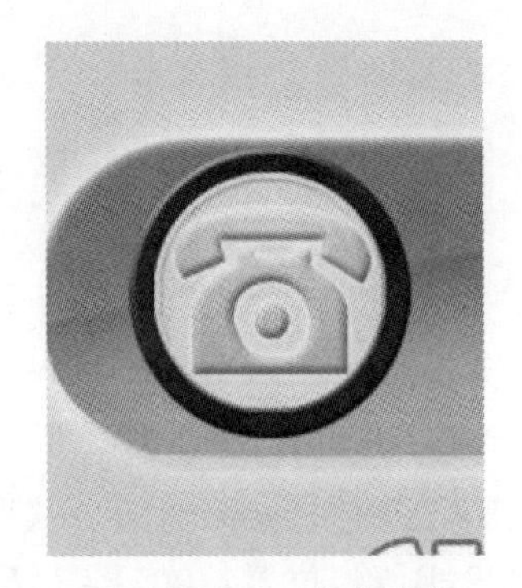

图 9－2－41　点击确定

图 9－2－42　图标

(43)将“源文件\图片\滑屏解锁”中的图片全部移入【滑屏解锁】psd 文件，如图 9－2－43 所示。

(44)设置前景色,R:255,G:255,B:255,用【矩形选框工具】画图,如图 9-2-44 所示。

(45)设置前景色,R:255,G:255,B:255,用【横排文字工具】输入“20:57“与””“Nov　04 Monday”,如图 9-2-45 所示。

图 9-2-43　图片移入滑屏解锁

图 9-2-44　设置前景色并画图

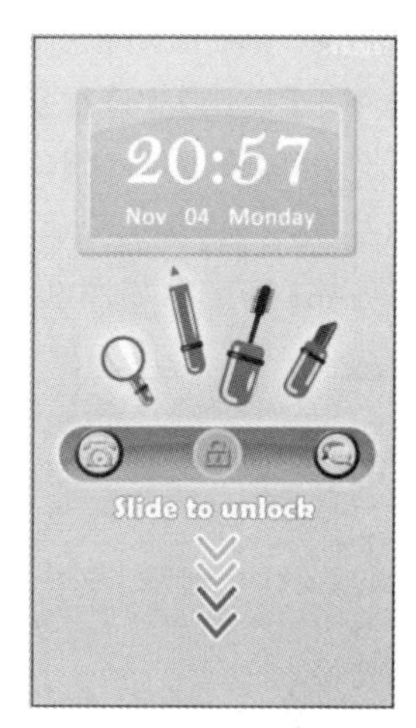

图 9-2-45　输入时间

9.2.2　天气与图标界面

(1)执行【文件】|【新建】命令,打开【新建】对话框,设置【名称】:天气与图标,【宽度】:1 080 像素,【高度】:1 920 像素,【分辨率】:100 像素/英寸,【颜色模式】:RGB 颜色,【背景内容】:白色,单击【确定】按钮,如图 9-2-46 所示。

(2)执行【文件】|【打开】命令,打开“源文件\图片\天气与图标”,将【背景】移入刚刚新建的【天气与图标】psd 文件里,【命名】:图层 1,如图 9-2-47 所示。

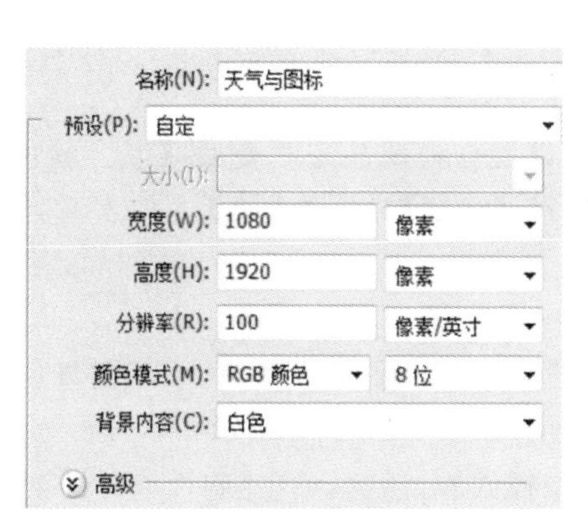

图 9-2-46　新建文件

图 9-2-47　将背景移入天气与图标

(3)双击“图层 1”后面的空白处，打开【图层样式】对话框，单击【斜面和浮雕】复选框后面的名称，打开【斜面和浮雕】面板，设置参数，【样式】：内斜面，【方法】：平滑，【深度】：100%，【方向】：上，【大小】：7 像素，【软化】：0 像素，【阴影颜色】：R：127，G：108，B：108，其他参数保持默认值，如图 9－2－48 所示。

(4)单击【投影】复选框后的名称，设置参数，【混合模式】：正片叠底，【混合颜色】：R：129，G：117，B：117，【不透明度】：75%，【距离】：11 像素，【阻塞】：0%，【大小】：5 像素，其他参数保持默认值，如图 9－2－49 所示。

(5)点击【确定】，如图 9－2－50 所示。

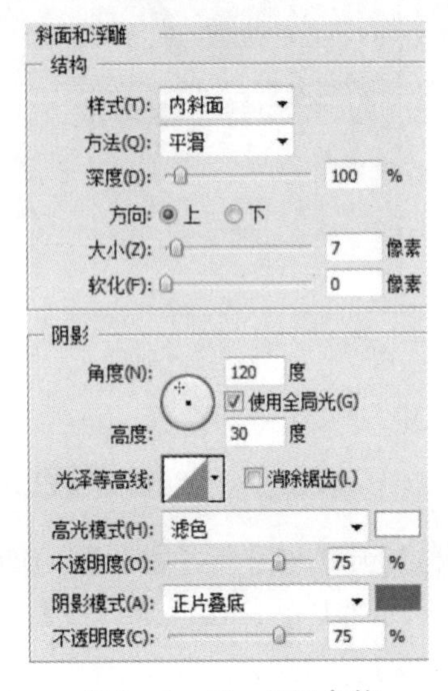

图 9－2－48 设置参数

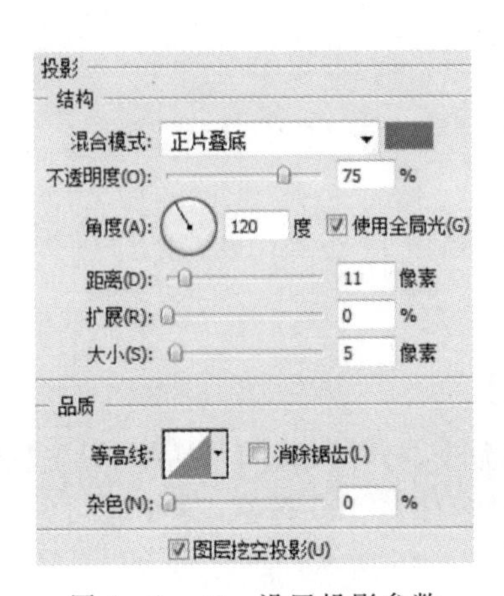

图 9－2－49 设置投影参数

图 9－2－50 点击确定

(6)新建“图层 2”，用【渐变工具】从下到上拉一层渐变，设置渐变参数，位置：0，R：204，G：208，B：255；位置：50，R：199，G：226，B：255；位置：100，R：195，G：240，B：255，点击【确定】，如图 9－2－51 所示。

(7)双击“图层 1”后面的空白处，打开【图层样式】对话框，单击【斜面和浮雕】复选框后面的名称，打开【斜面和浮雕】面板，设置参数，【样式】：内斜面，【方法】：平滑，【深度】：100%，【方向】：上，【大小】：7 像素，【软化】：0 像素，【阴影颜色】：R：127，G：108，B：108，其他参数保持默认值，如图 9－2－52 所示。

(8)单击【投影】复选框后的名称，设置参数，【混合模式】：正片叠底，【混合颜色】：R：129，G：117，B：117，【不透明度】：75%，【距离】：11 像素，【阻塞】：0%，【大小】：5 像素，其他参数保持默认值，如图 9－2－53 所示。

(9)点击【确定】，效果如图 9－2－54 所示。

(10)新建“组 1”，新建“图层 5”，用【椭圆选框工具】画圆，绘制完后，设置前景色：R：56，G：14，B：15，【Alt＋Delete】填充，【Ctrl＋D】取消选区，如图 9－2－55 所示。

(11)双击“图层 5”后面的空白处，打开【图层样式】对话框，单击【斜面和浮雕】复选框后面的名称，打开【斜面和浮雕】面板，设置参数，【样式】：内斜面，【方法】：平滑，【深度】：100%，【方向】：上，【大小】：3 像素，【软化】：0 像素，【阴影颜色】：R：56，G：14，B：15，其他参数保持默认认值，如图 9－2－56 所示。

(12)单击【斜面和浮雕】下【等高线】复选框后的名称，单击等高线后的图素，选择，【范围】：50%，如图 9－2－57 所示。

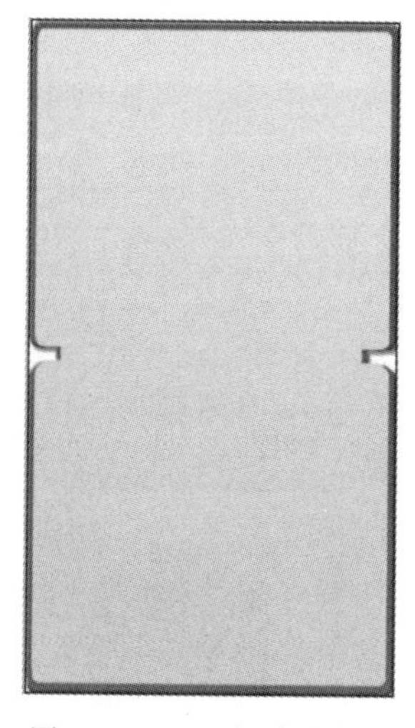

图 9－2－51　新建图层 2

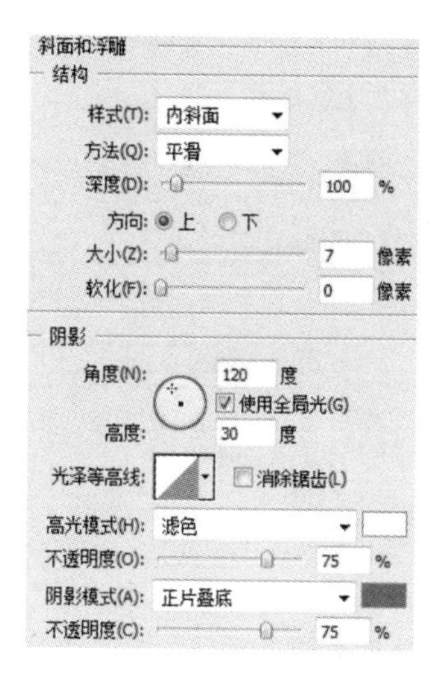

图 9－2－52　设置参数

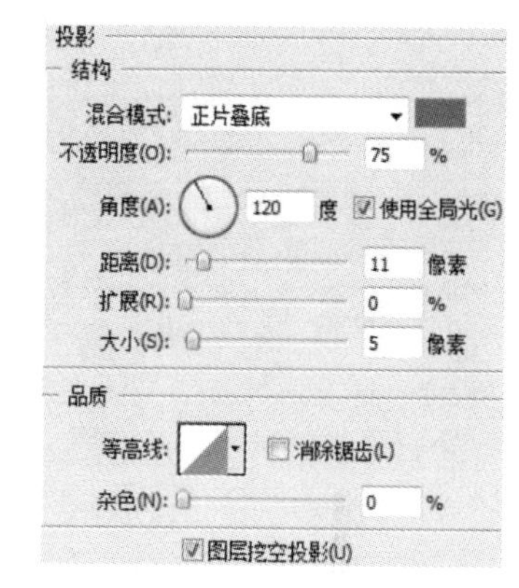

图 9－2－53　设置参数

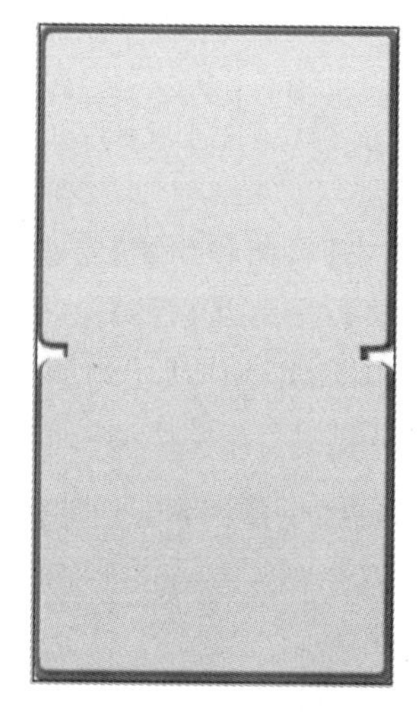

图 9－2－54　点击确定

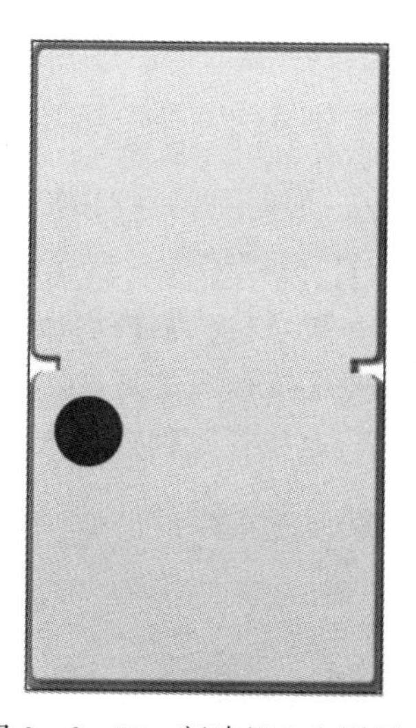

图 9－2－55　新建组 1 和图层 5

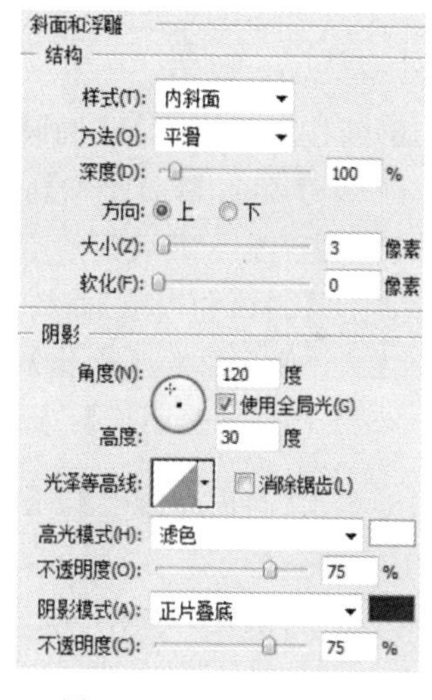

图 9－2－56　设置参数

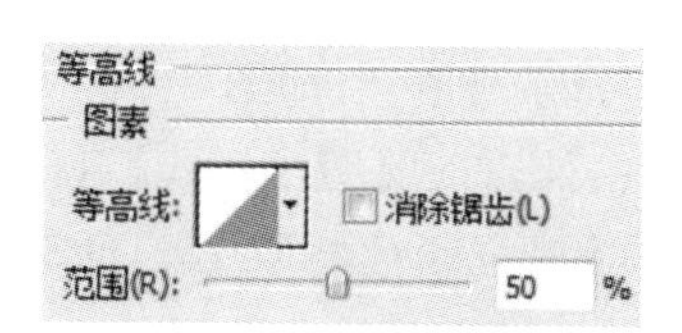

图 9－2－57　设置等高线

(13)单击【投影】复选框后的名称，设置参数，【混合模式】：正片叠底，【混合颜色】：R：0，G：

0,B:0,【不透明度】:75%,【距离】:7 像素,【阻塞】:0%,【大小】:21 像素,其他参数保持默认值,如图 9-2-58 所示。

(14)单击【外发光】复选框后的名称,设置参数,【颜色】:R:56,G:14,B:15,【扩展】:0%,【大小】:5 像素,其他参数保持默认值,如图 9-2-59 所示。

(15)点击【确定】,如图 9-2-60 所示。

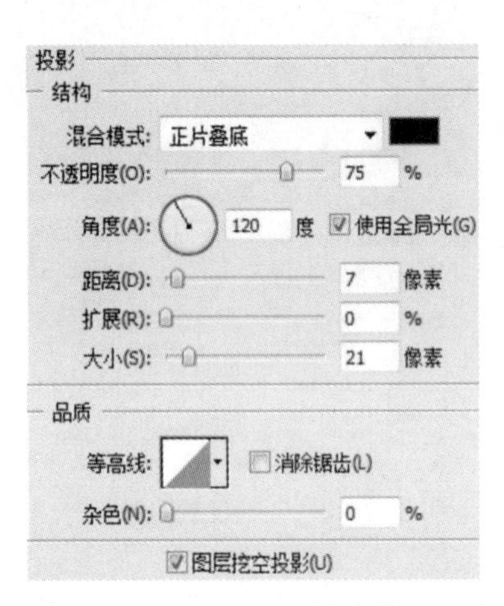

图 9-2-58　设置参数

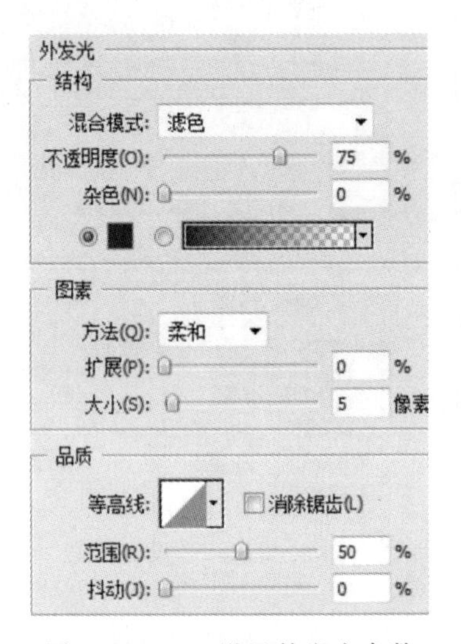

图 9-2-59　设置外发光参数

图 9-2-60　点击确定

(16)新建"图层 6",用【椭圆选框工具】画圆,绘制完后,设置前景色,R:194,G:86,B:79,【Alt+Delete】填充,【Ctrl+D】取消选区,如图 9-2-61 所示。

(17)双击"图层 6"后面的空白处,打开【图层样式】对话框,单击【斜面和浮雕】复选框后面的名称,打开【斜面和浮雕】面板,设置参数,【样式】:内斜面,【方法】:平滑,【深度】:100%,【方向】:上,【大小】:5 像素,【软化】:0 像素,【高光颜色】:R:192,G:153,B:148,【阴影颜色】:R:56,G:14,B:15,【不透明度】:均为 60%,其他参数保持默认值,如图 9-2-62 所示。

(18)单击【斜面和浮雕】下【等高线】复选框后的名称,单击等高线后的图素,选择,【范围】:50%,如图 9-2-63 所示。

(19)点击【确定】,如图 9-2-64 所示。

(20)按照"组 1"的绘制方法,绘制"组 1 副本~组 1 副本 7"以及"组 2",如图 9-2-65 所示。

(21)新建"组 3",新建"图层 19",用【圆角矩形工具】画图,【Ctrl+Enter】选区,设置前景色,R:190,G:232,B:248,【Alt+Delete】填充,如图 9-2-66 所示。

(22)双击"图层 19"后面的空白处,打开【图层样式】对话框,单击【投影】复选框后的名称,设置参数,【混合模式】:正片叠底,【混合颜色】:R:153,G:200,B:225,【不透明度】:75%,【距离】:12 像素,【阻塞】:0%,【大小】:5 像素,其他参数保持默认值,如图 9-2-67 所示。

(23)单击【内阴影】复选框后的名称,设置参数,【混合模式】:正片叠底,【混合颜色】:R:187,G:235,B:249,【不透明度】: 75%,【距离】:0 像素,【阻塞】:0%,【大小】:57 像素,其他参数保持默认值,如图 9-2-68 所示。

图 9－2－61　新建图层 6

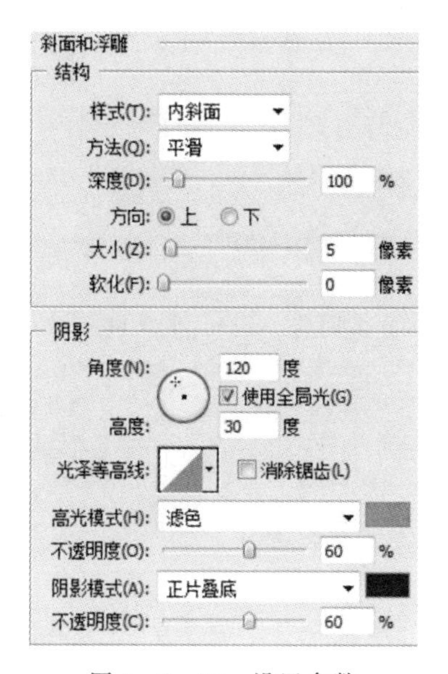

图 9－2－62　设置参数

图 9－2－63　设置等高线

图 9－2－64　点击确定

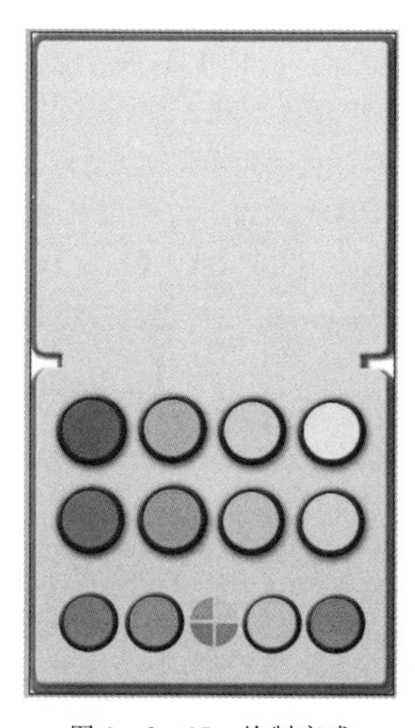

图 9－2－65　绘制完成

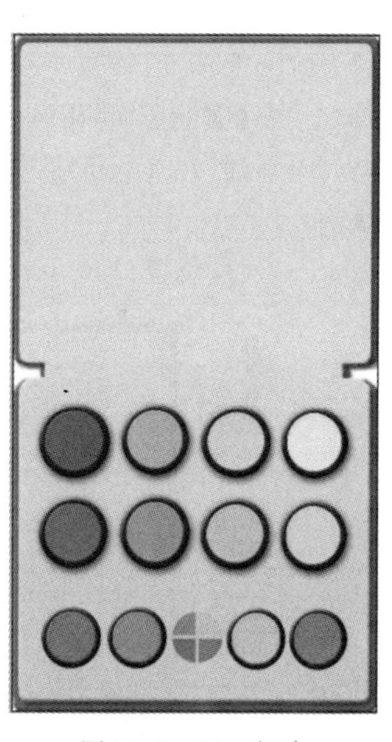

图 9－2－66　新建

(24)单击【内发光】复选框后的名称，设置参数，【颜色】：R：187，G：234，B：250，【阻塞】：6％，【大小】：0 像素，其他参数保持默认值，如图 9－2－69 所示。

(25)点击【确定】，如图 9－2－70 所示。

(26)新建“图层 20”，用【圆角矩形工具】画图，【Ctrl＋Enter】选区，设置前景色，R：184，G：231，B：251，【Alt＋Delete】填充，如图 9－2－71 所示。

(27)单击【外发光】复选框后的名称，设置参数，【颜色】：R：255，G：255，B：255，【扩展】：0％，【大小】：16 像素，其他参数保持默认值，如图 9－2－72 所示。

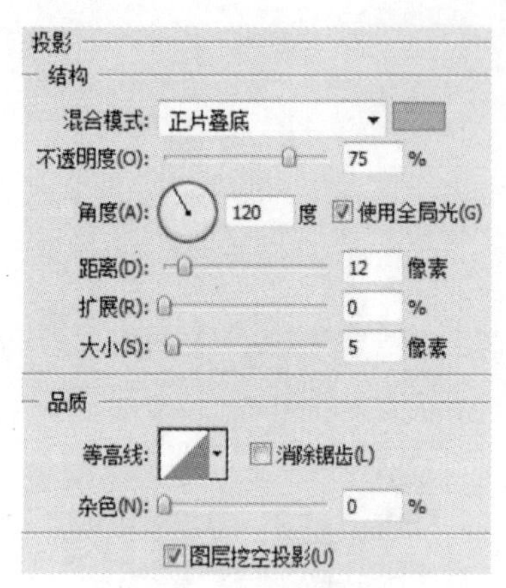

图 9-2-67　设置参数

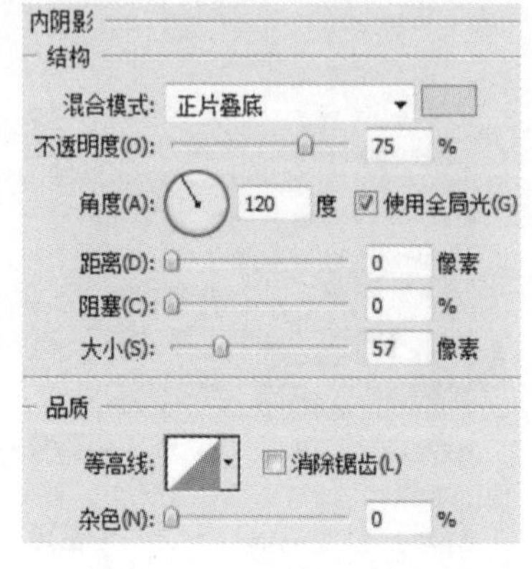

图 9-2-68　设置内阴影参数

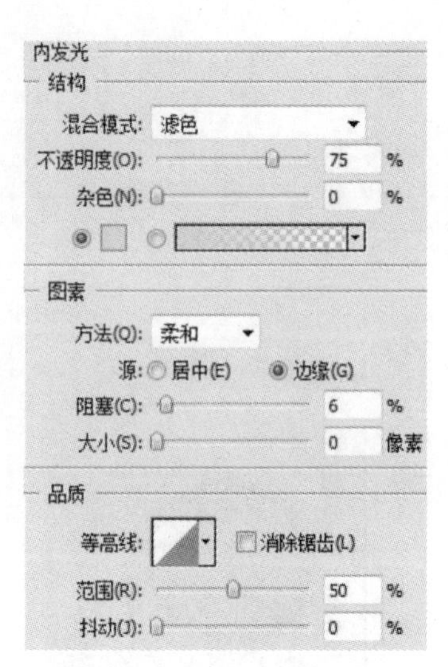

图 9-2-69　设置内发光参数

(28)点击【确定】,如图 9-2-73 所示。

(29)新建"图层 21",用【钢笔工具】画图,绘制完后,【Ctrl+Enter】选区,用【渐变工具】从下到上拉一层渐变,设置渐变参数,位置:0,R:194,G:197,B:228;位置:100,R:162,G:219,B:246,点击【确定】,如图 9-2-74 所示。

(30)新建"组 4",新建"图层 22",用【圆角矩形工具】画图,将半径值稍微调大一些,绘制完后,【Ctrl+Enter】选区,用【渐变工具】从下到上拉一层渐变,设置渐变参数,位置:0,R:242,G:191,B:213;位置:100,R:218,G:91,B:154,点击【确定】,如图 9-2-75 所示。

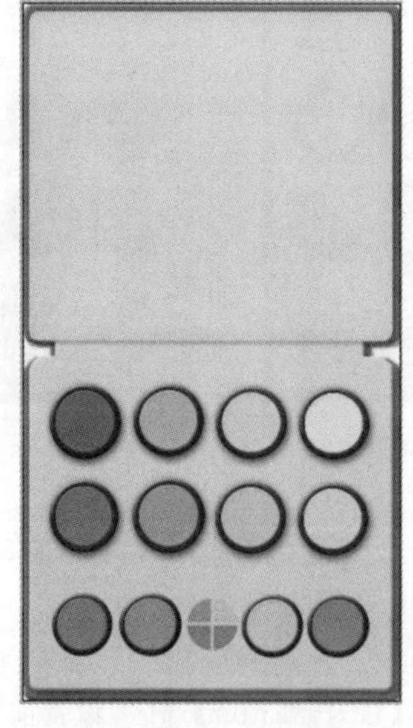

图 9-2-70　点确定

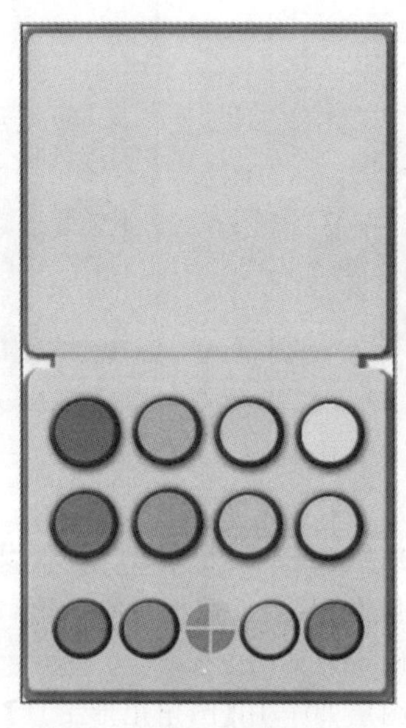

图 9-2-71　新建图层 20

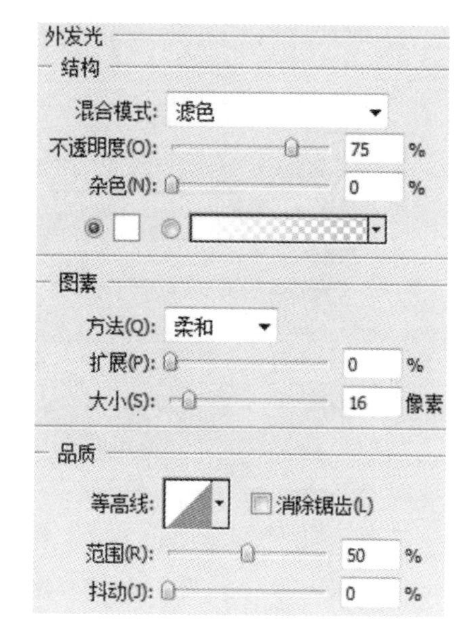

图 9－2－72　设置参数

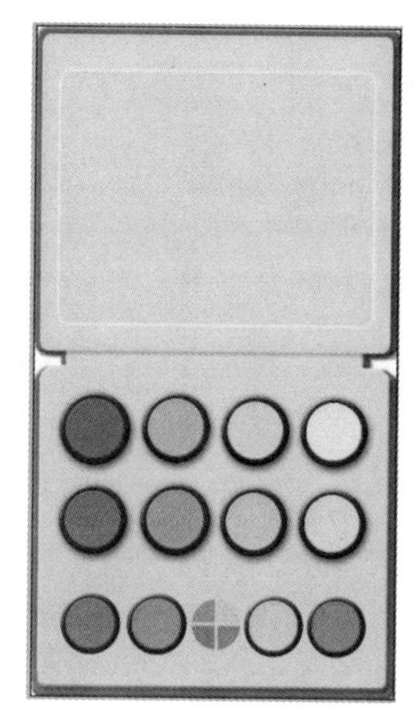

图 9－2－73　点击确定

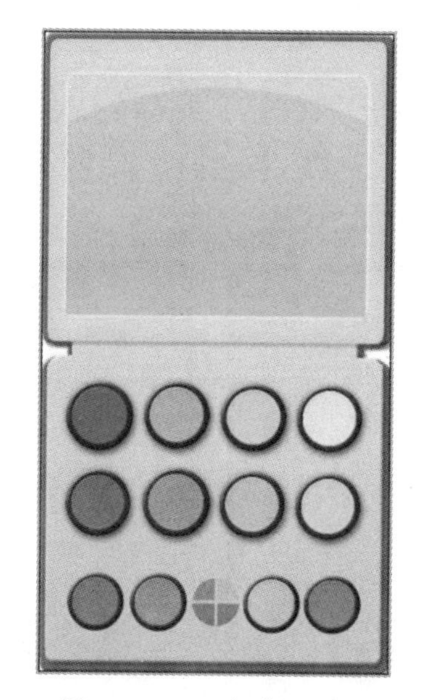

图 9－2－74　新建图层 21

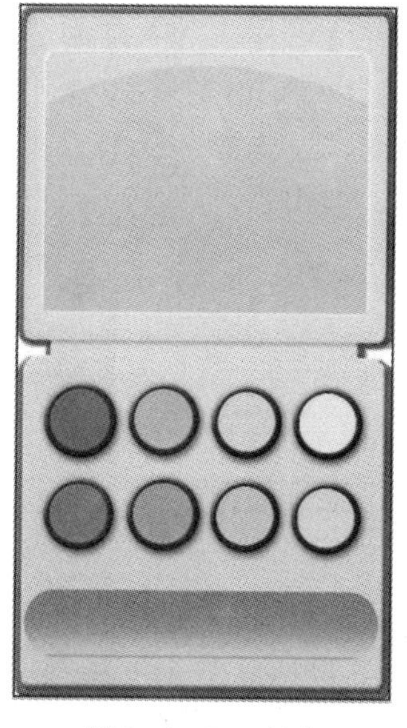

图 9－2－75　新建

(31)双击“图层 22”后面的空白处，打开【图层样式】对话框，单击【投影】复选框后的名称，设置参数，【混合模式】：正片叠底，【混合颜色】：R：181，G：94，B：94，【不透明度】：75%，【距离】：5 像素，【阻塞】：0%，【大小】：5 像素，其他参数保持默认值，如图 9－2－76 所示。

(32)单击【外发光】复选框后的名称，设置参数，【颜色】：R：255，G：255，B：255，【扩展】：6%，【大小】：29 像素，其他参数保持默认值，如图 9－2－77 所示。

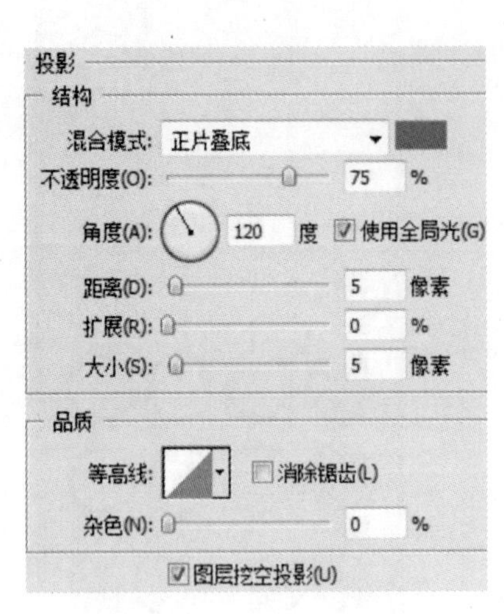

图 9-2-76 设置参数

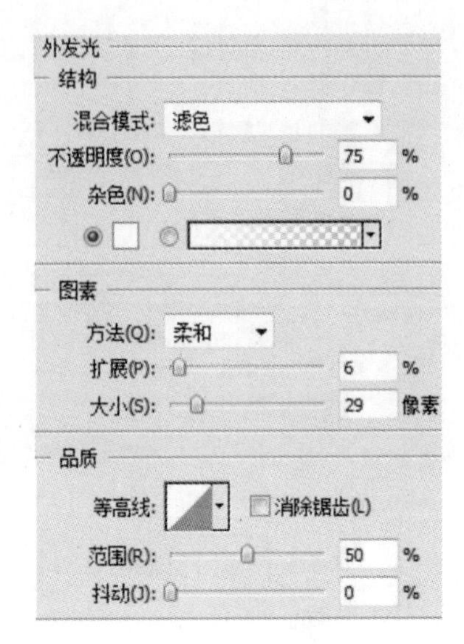

图 9-2-77 设置外发光参数

(33)单击【内发光】复选框后的名称,设置参数,【颜色】:R:255,G:255,B:255,【阻塞】:0%,【大小】:8 像素,其他参数保持默认值,如图 9-2-78 所示。

(34)点击【确定】,如图 9-2-79 所示。

(35)新建"图层 23",用【钢笔工具】画图,绘制完后,【Ctrl+Enter】选区,用【渐变工具】从下到上拉一层渐变,设置渐变参数,位置:0,R:242,G:191,B:214;位置:50,R:202,G:162,B:205;位置:100,R:205,G:109,B:170,点击【确定】,如图 9-2-80 所示。

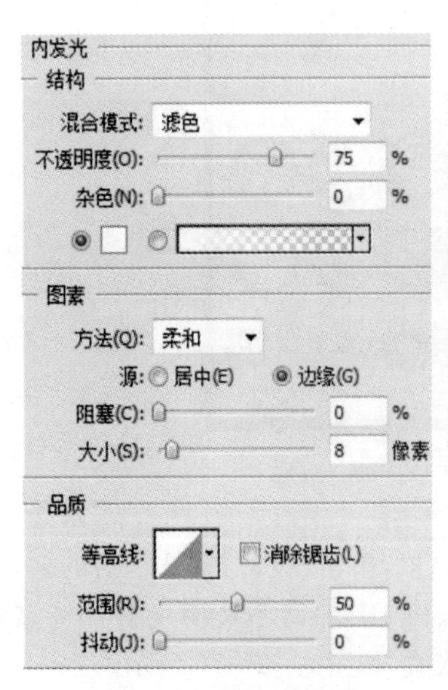

图 9-2-78 设置参数

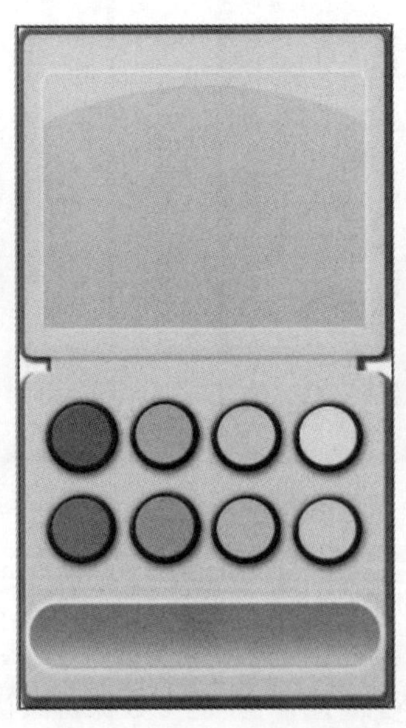

图 9-2-79 点击确定

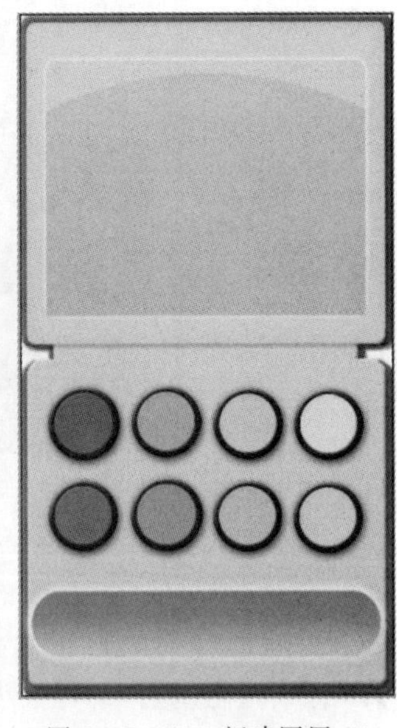

图 9-2-80 新建图层 23

(36)双击"图层 23"后面的空白处,打开【图层样式】对话框,单击【内阴影】复选框后的名称,设置参数,【混合模式】:正片叠底,【混合颜色】:R:213,G:184,B:184,【不透明度】:75%,

【距离】:0 像素,【阻塞】:17%,【大小】:62 像素,其他参数保持默认值,如图 9-2-81 所示。

(37)点击【确定】,如图 9-2-82 所示。

(38)将“组 4”移动到“组 2”下面,如图 9-2-83 所示。

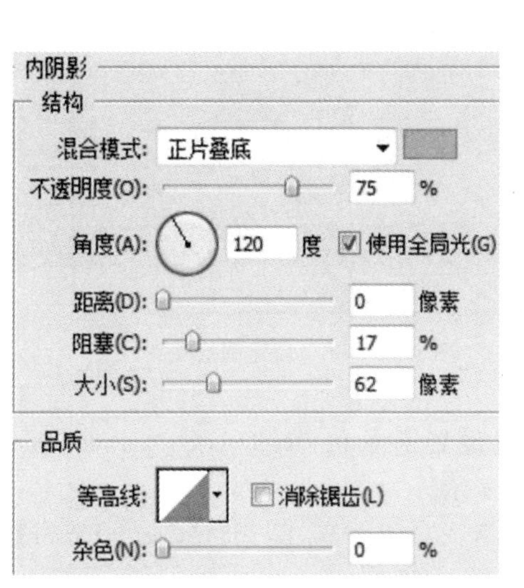

图 9-2-81　设置参数

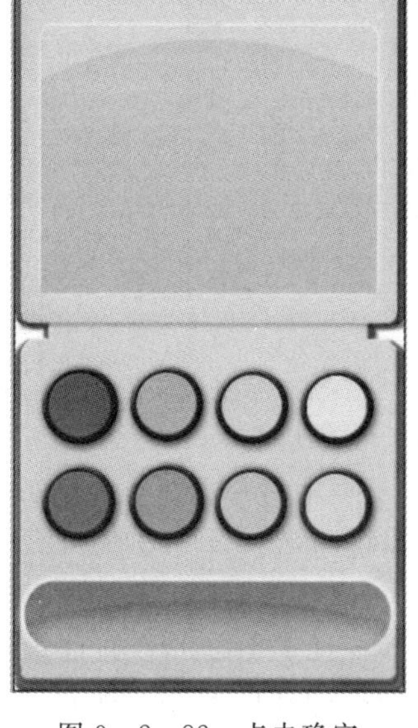

图 9-2-82　点击确定

图 9-2-83　移动组

(39)执行【文件】|【新建】命令,打开【新建】对话框,设置【名称】:天气图标,【宽度】:172 像素,【高度】:172 像素,【分辨率】: 100 像素/英寸,【颜色模式】:RGB 颜色,【背景内容】:白色,单击【确定】按钮,如图 9-2-84 所示。

(40)新建“天气组”,新建“图层 1”,用【钢笔工具】画图,设置前景色,R:255,G:220,B:115,【Ctrl+Enter】选区,【Alt+Delete】填充,【Ctrl+D】取消选区,如图 9-2-85 所示。

(41)新建“图层 2”,用【椭圆选框工具】画圆环,设置设置前景色,R:255,G:147,B:38, 如图 9-2-86 所示。

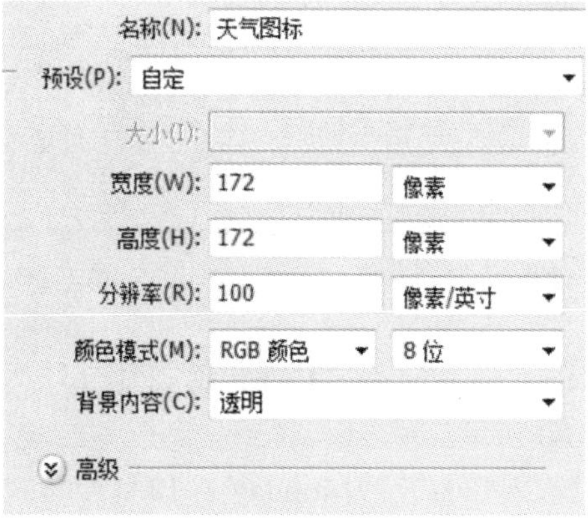

名称(N): 天气图标
预设(P): 自定
大小(I):
宽度(W): 172 像素
高度(H): 172 像素
分辨率(R): 100 像素/英寸
颜色模式(M): RGB 颜色 8 位
背景内容(C): 透明
高级

图 9-2-84　新建文件

图 9-2-85　新建天气组、图层 1

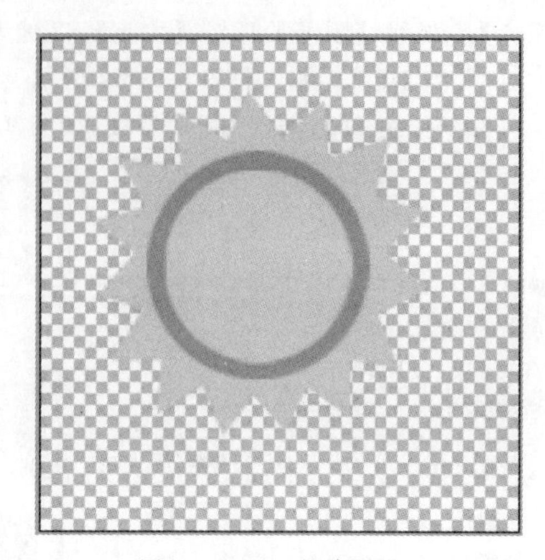

图 9-2-86　新建图层 2

(42)新建“图层 3”,用【椭圆选框工具】画圆,设置设置前景色,R:255,G:201,B:38,【Alt+Delete】填充,【Ctrl+D】取消选区,如图 9-2-87 所示。

(43)新建“图层 4”,用【钢笔工具】画图,设置前景色,R:255,G:255,B:255,【Ctrl+Enter】选区,【Alt+Delete】填充,【Ctrl+D】取消选区,如图 9-2-88 所示。

(44)复制“图层 4”,【Ctrl+T】水平翻转,放大,更改颜色,R:237,G:237,B:237,如图 9-2-89所示。

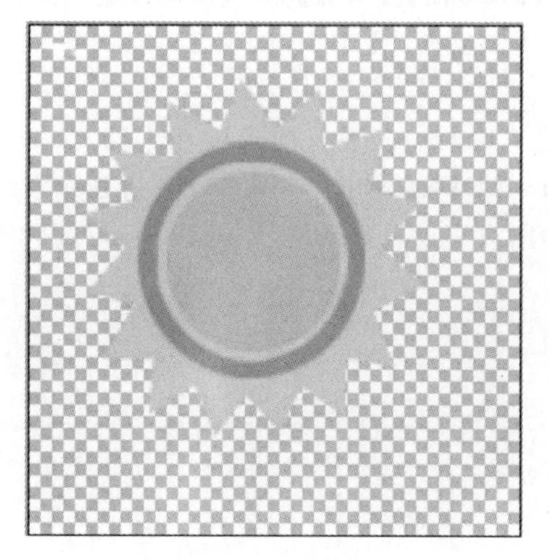

图 9-2-87　新建图层 3

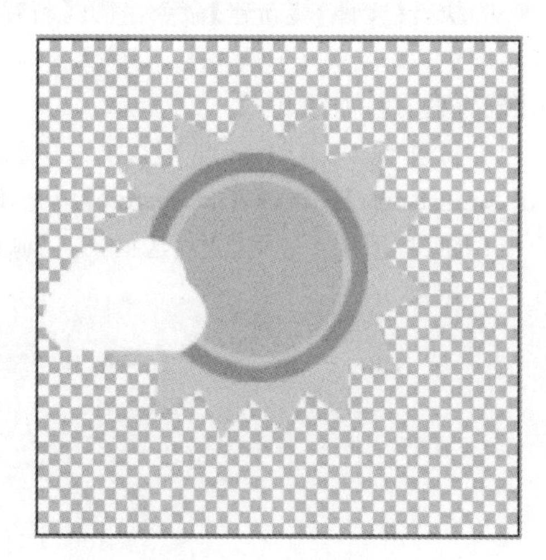

图 9-2-88　新建图层 4

(45)隐藏背景层,【Shift+Ctrl+Alt+E】盖印,得到“图层 5”,将此图层移动到【天气与图标】psd 文件里,如图 9-2-90 所示。

(46)用【横排文字工具】输入“20:57”“Monday 2013. 11. 04”“陕西 多云 06—15℃”,如图 9-2-91所示。

图 9-2-89　复制图层 4

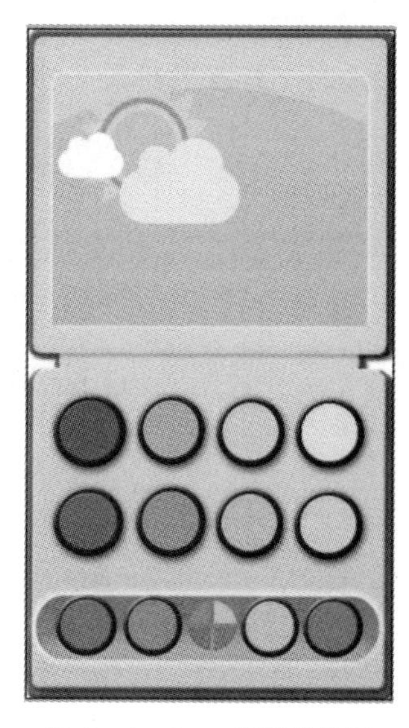

图 9-2-90　隐藏背景层

(47)执行【文件】|【新建】命令，打开【新建】对话框，设置【名称】：照相机，【宽度】：172 像素，【高度】：172 像素，【分辨率】：100 像素/英寸，【颜色模式】：RGB 颜色，【背景内容】：透明，单击【确定】按钮，如图 9-2-92 所示。

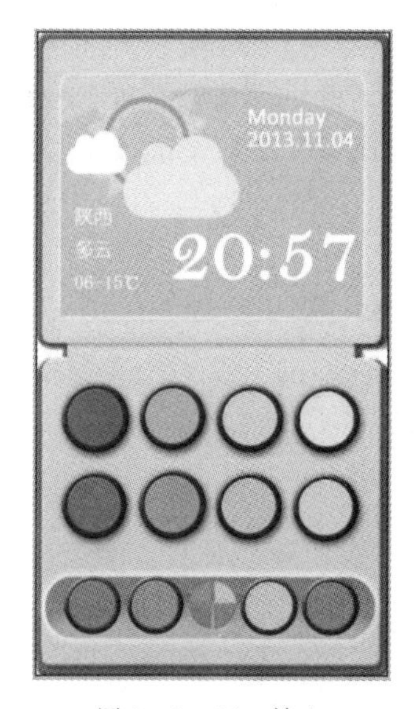

图 9-2-91　输入

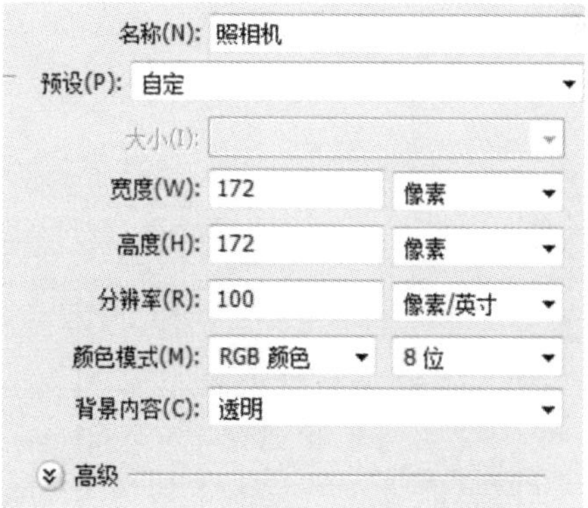

名称(N): 照相机
预设(P): 自定
大小(I):
宽度(W): 172 像素
高度(H): 172 像素
分辨率(R): 100 像素/英寸
颜色模式(M): RGB 颜色 8 位
背景内容(C): 透明
高级

图 9-2-92　新建文件

(48)新建“照相机组”，新建“图层 1”，用【圆角矩形工具】画图，设置前景色，R：183，G：203，B：213，【Ctrl+Enter】选区，【Alt+Delete】填充，【Ctrl+D】取消选区，如图 9-2-93 所示。

(49)双击“图层 1”后面的空白处，打开【图层样式】对话框，单击【斜面和浮雕】复选框后面的名称，打开【斜面和浮雕】面板，设置参数，【样式】：内斜面，【方法】：平滑，【深度】：100%，【方向】：上，【大小】：5 像素，【软化】：0 像素，【阴影颜色】：R：165，G：186，B：198，其他参数保持默认值，如图 9－2－94 所示。

(50)点击【确定】，效果如图 9－2－95 所示

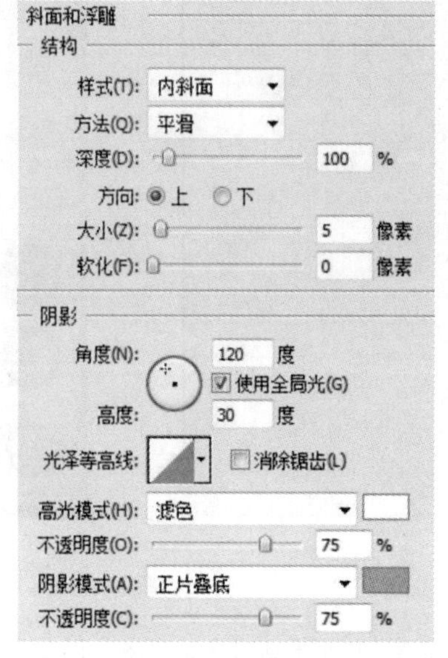

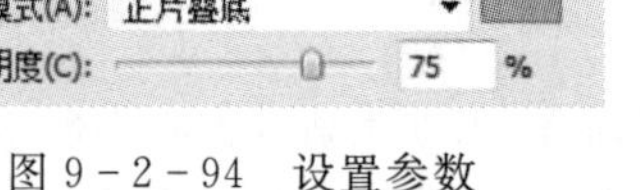

图 9－2－93　新建　　图 9－2－94　设置参数

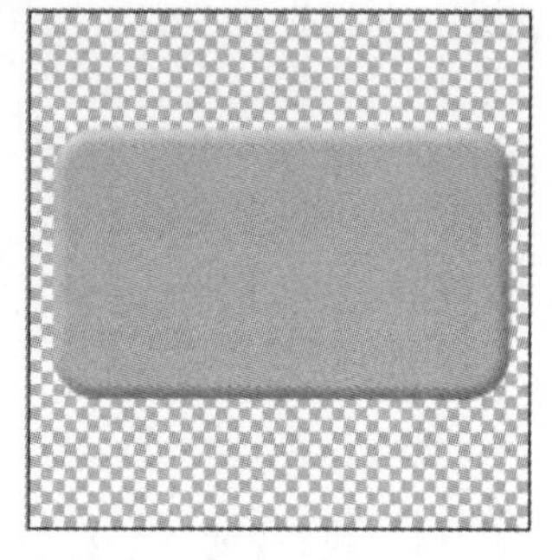

图 9－2－95　点击确定

(51)新建“图层 2”，用【圆角矩形工具】画图，设置前景色，R：208，G：223，B：230，【Ctrl＋Enter】选区，【Alt＋Delete】填充，【Ctrl＋D】取消选区，如图 9－2－96 所示。

(52)双击“图层 2”后面的空白处，打开【图层样式】对话框，单击【斜面和浮雕】复选框后面的名称，打开【斜面和浮雕】面板，设置参数，【样式】：内斜面，【方法】：平滑，【深度】：100％，【方向】：上，【大小】：5 像素，【软化】：0 像素，【阴影颜色】：R：170，G：193，B：203，其他参数保持默认值，如图 9－2－97 所示。

图 9－2－96　新建图层 2

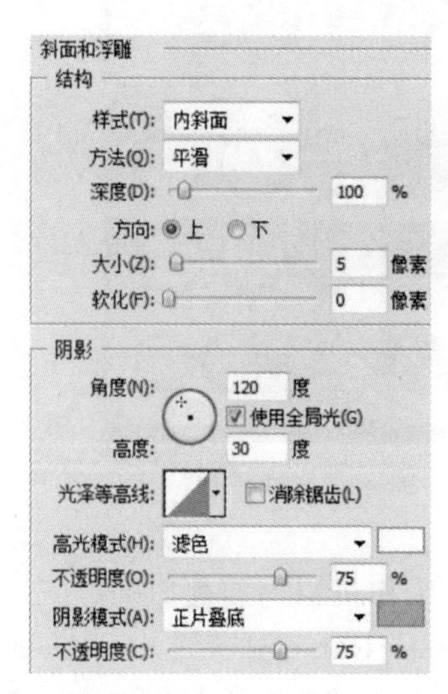

图 9－2－97　设置参数

(53)点击【确定】，如图 9－2－98 所示

(54)新建“图层 3”,用【圆角矩形工具】画图,设置前景色,R:255,G:255,B:255,【Ctrl+Enter】选区,【Alt+Delete】填充,【Ctrl+D】取消选区,如图 9-2-99 所示。

(55)新建“图层 4”,用【椭圆选框工具】画图,设置前景色,R:41,G:37,B:40,【Alt+Delete】填充,【Ctrl+D】取消选区,如图 9-2-100 所示。

(56)双击“图层 4”后面的空白处,打开【图层样式】对话框,单击【外发光】复选框后的名称,设置参数,【颜色】:R:255,G:255,B:190,【扩展】:4%,【大小】:5 像素,其他参数保持默认值,如图 9-2-101 所示。

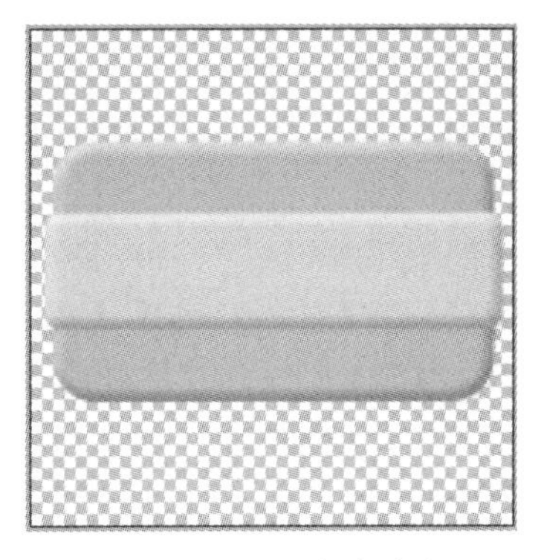

图 9-2-98　点击确定

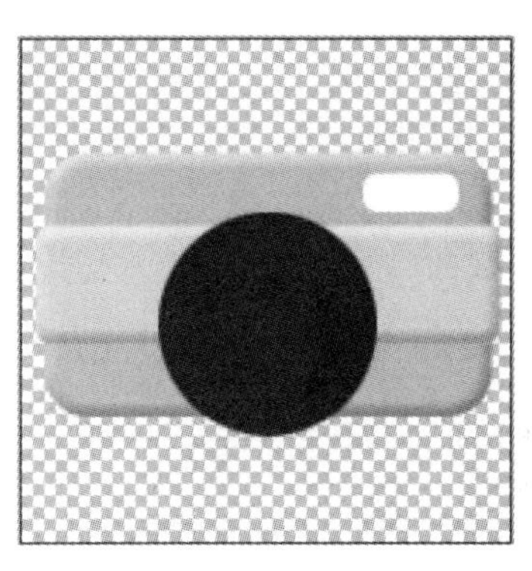

图 9-2-99　新建图层 3

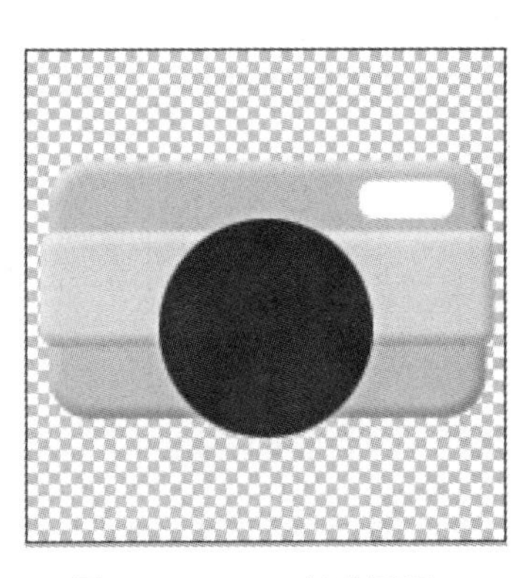

图 9-2-100　新建图层 4

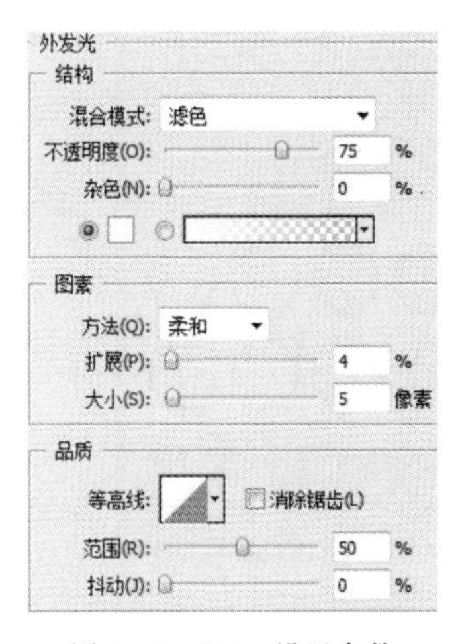

图 9-2-101　设置参数

(57)新建“图层 5”,用【椭圆选框工具】画图,设置前景色,R:0,G:0,B:0,【Alt+Delete】填充,【Ctrl+D】取消选区,如图 9-2-102 所示。

(58)新建“图层 6”,用【椭圆选框工具】画图,设置前景色,R:91,G:91,B:91,【Alt+Delete】填充,【Ctrl+D】取消选区,如图 9-2-103 所示。

(59)新建“图层 7”,用【椭圆选框工具】画图,用【渐变工具】从右下角向左上角拉一层渐变,设置渐变色:位置 0,颜色(R:71,G:71,B:71),位置 100,颜色(R:37,G:37,B:37),【Ctrl+D】取消选区,如图 9-2-104 所示。

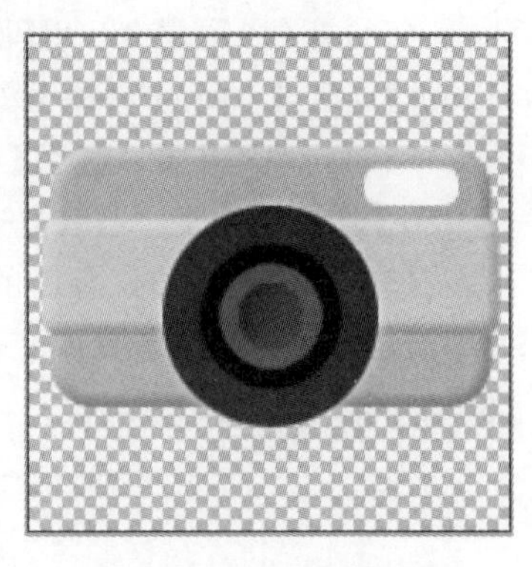

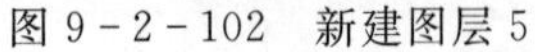

图 9-2-102 新建图层 5　　图 9-2-103 新建图层 6　　图 9-2-104 新建图层 7

(60)将做好的"照相机"移入【天气与图标】psd 文件里,如图 9-2-105 所示。

(61)执行【文件】|【新建】命令,打开【新建】对话框,设置【名称】:音乐,【宽度】:172 像素,【高度】:172 像素,【分辨率】: 100 像素/英寸,【颜色模式】:RGB 颜色,【背景内容】:透明,单击【确定】按钮,如图 9-2-106 所示。

图 9-2-105 移入

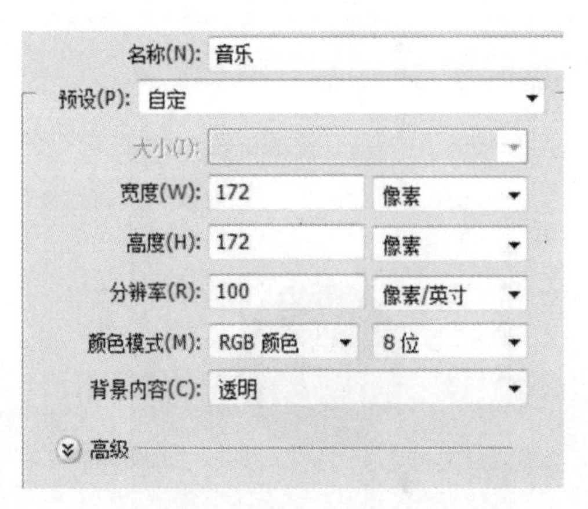

图 9-2-106 新建文件

(62)新建"音乐组",新建"图层 1",用【自定形状工具】画图,用【渐变工具】从左向右拉一层渐变,设置渐变色,位置 0,颜色:R:221,G:48,B:136;位置 100,颜色:R:239,G:161,B:201,【Ctrl+D】取消选区,执行【编辑】|【描边】命令,设置参数,【描边】:5 像素,【颜色】:R:219,G:243,B:253, 其他参数保持默认值,如图 9-2-107 所示。

(63)双击"图层 1"后面的空白处,打开【图层样式】对话框,单击【斜面和浮雕】复选框后面的名称,打开【斜面和浮雕】面板,设置参数,【样式】:内斜面,【方法】:平滑,【深度】:100%,【方向】:上,【大小】:8 像素,【软化】:0 像素,【阴影颜色】:R:137,G:119,B:218,其他参数保持默认值,如图 9-2-108 所示。

(64)点击【确定】,效果如图 9-2-109 所示。

图 9－2－107　新建

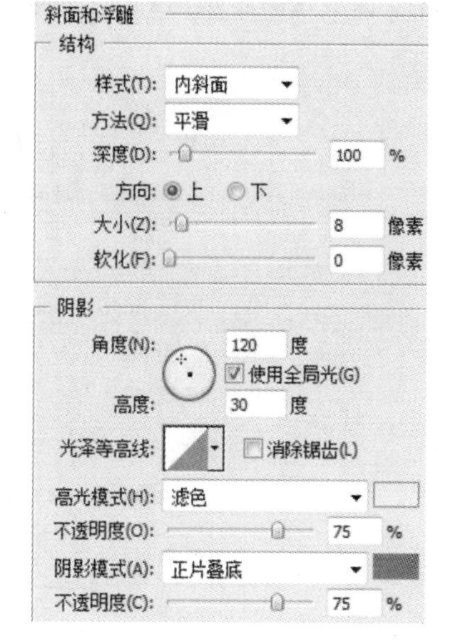

图 9－2－108　设置参数

图 9－2－109　点击确定

(65)将做好的“音乐”移入【天气与图标】psd 文件里，如图 9－2－110 所示。

(66)执行【文件】|【新建】命令，打开【新建】对话框，设置【名称】：日历，【宽度】：172 像素，【高度】：172 像素，【分辨率】：100 像素/英寸，【颜色模式】：RGB 颜色，【背景内容】：透明，单击【确定】按钮，如图 9－2－111 所示。

图 9－2－110　移入

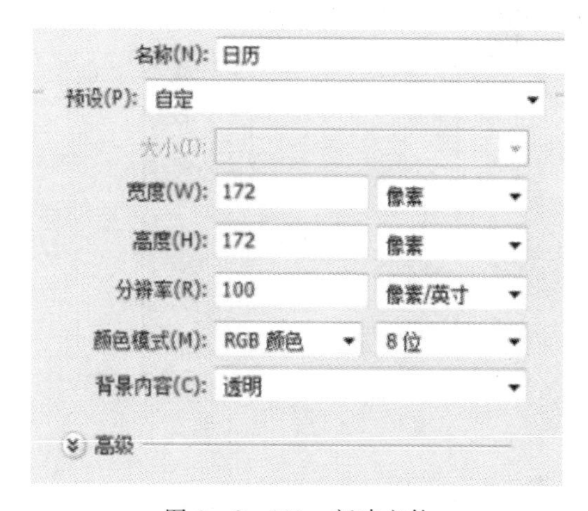

图 9－2－111　新建文件

(67)新建“日历组，”新建“图层 1”，用【椭圆选框工具】画圆，删掉 1/3，如图9－2－112 所示。

(68)双击“图层 1”后面的空白处，打开【图层样式】对话框，单击【斜面和浮雕】复选框后面的名称，打开【斜面和浮雕】面板，设置参数，【样式】：内斜面，【方法】：平滑，【深度】：100%，【方向】:上,【大小】:10 像素,【软化】:5 像素,【阴影颜色】:R:190,G:186,B:186,其他参数保持默认值,如图 9－2－113 所示。

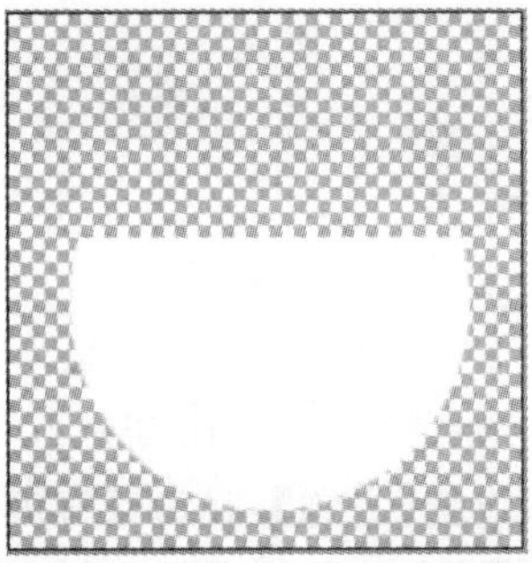

图 9－2－112　新建日历组图层

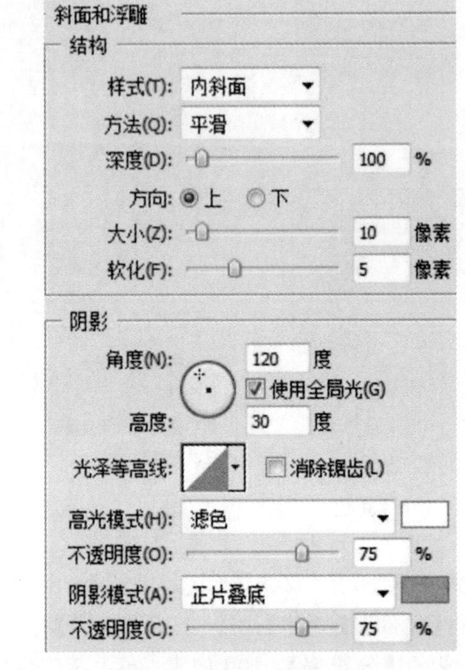

图 9－2－113　设置参数

(69)点击【确定】,如图 9－2－114 所示。

(70)新建"图层 2",用【矩形选框工具】画图,设置前景色,R:255,G:255,B:255,【Alt＋Delete】填充,【Ctrl＋D】取消选区,如图 9－2－115 所示。

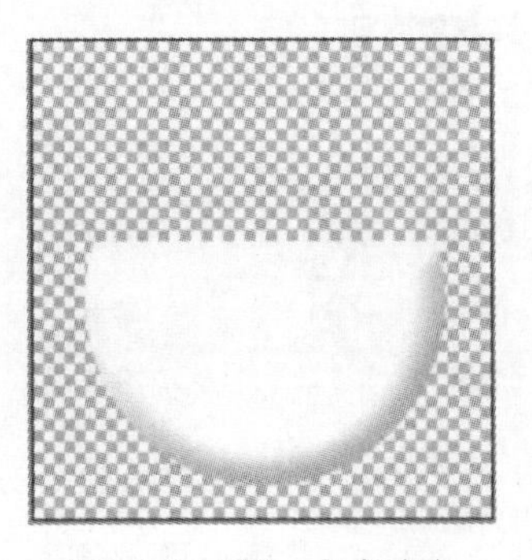

图 9－2－114　点击确定

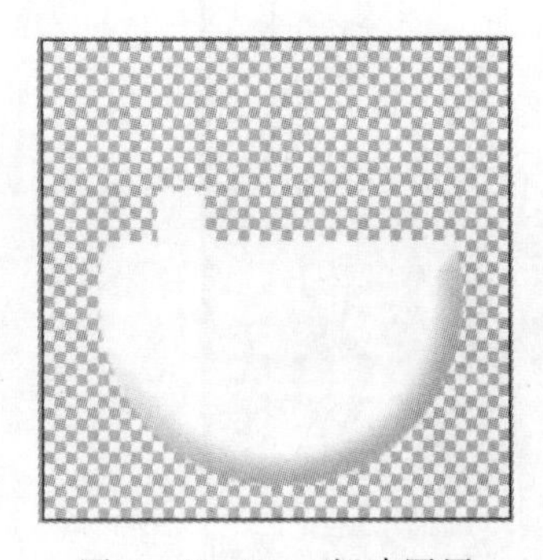

图 9－2－115　新建图层

(71)双击"图层 2"后面的空白处,打开【图层样式】对话框,单击【斜面和浮雕】复选框后面的名称,打开【斜面和浮雕】面板,设置参数,【样式】:内斜面,【方法】:平滑,【深度】:100%,【方向】:上,【大小】:5 像素,【软化】:8 像素,【阴影颜色】:R:0,G:0,B:0,其他参数保持默认值,如图 9－2－116 所示。

(72)点击【确定】,如图 9－2－117 所示。

(73)复制"图层 2",移动图形位置,如图 9－2－118 所示。

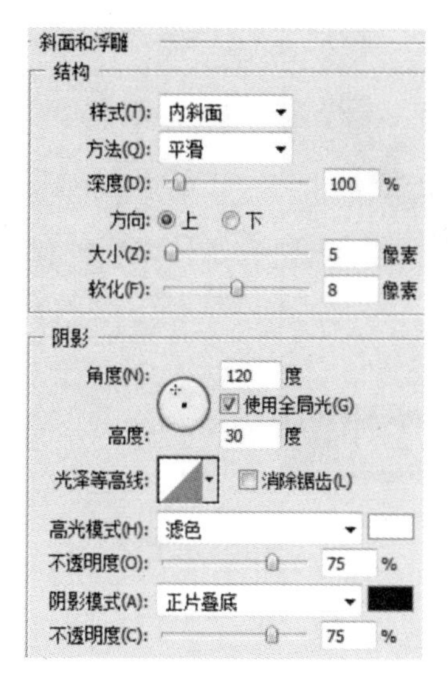

图 9-2-116　设置参数

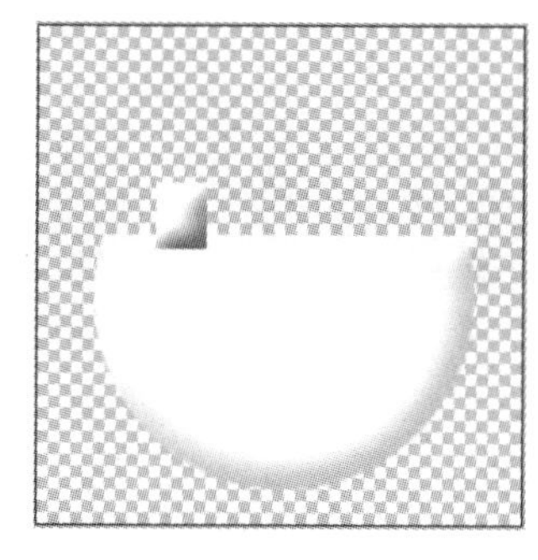

图 9-2-117　点击确定

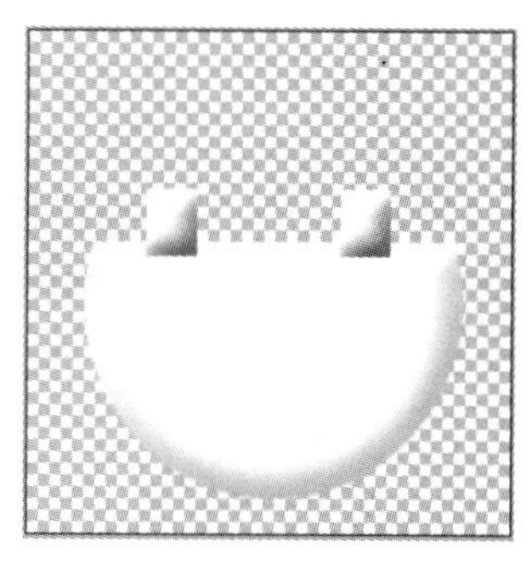

图 9-2-118　复制图层、移动位置

(74)设置前景色，R：195，G：54，B：122，用【横排文字工具】输入“04”与“Monday”，如图 9-2-119所示。

(75)将做好的“日历”移入【天气与图标】psd 文件里，如图 9-2-120 所示。

(76)按照上述方法，绘制其他图标，再将“源文件\图片\天气与图标\信号电量时间”移入【天气与图标】psd 文件里，如图 9-2-121 所示。

(77)再用【椭圆选框工具】画三个圆，如图 9-2-122 所示。

图 9-2-119　设置前景色并输入

图 9-2-120　设置等高线

图 9-2-121　设置等高线

图 9-2-122　再画圆

9.2.3　图标界面

(1)执行【文件】|【新建】命令,打开【新建】对话框,设置【名称】:图标界面,【宽度】:1 080 像素,【高度】:1 920 像素,【分辨率】: 100 像素/英寸,【颜色模式】:RGB 颜色,【背景内容】:白色,单击【确定】按钮,如图 9-2-123 所示。

(2)用【渐变工具】从下到上拉一层渐变,设置渐变参数,位置:0,R:204,G:209,B:255;位置:100,R:194,G:239,B:255,点击【确定】,效果如图 9-2-124 所示。

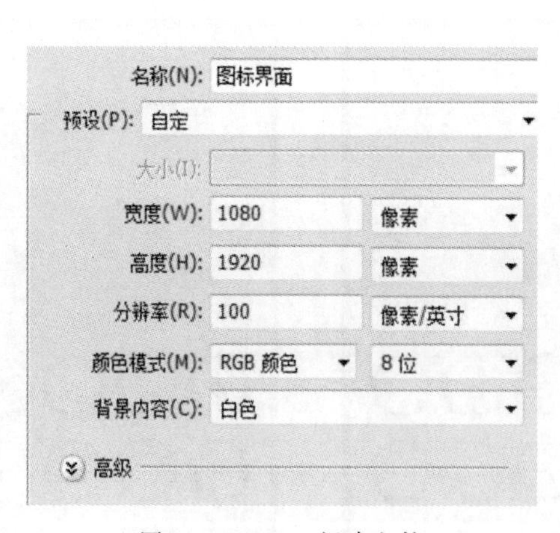

图 9-2-123　新建文件

图 9-2-124　设置渐变

(3)绘制图标底座,效果如图 9-2-125 所示。

(4)执行【文件】|【新建】命令,打开【新建】对话框,设置【名称】:录音,【宽度】:172 像素,【高度】:172 像素,【分辨率】: 100 像素/英寸,【颜色模式】:RGB 颜色,【背景内容】:透明,单击【确定】按钮,如图 9-2-126 所示。

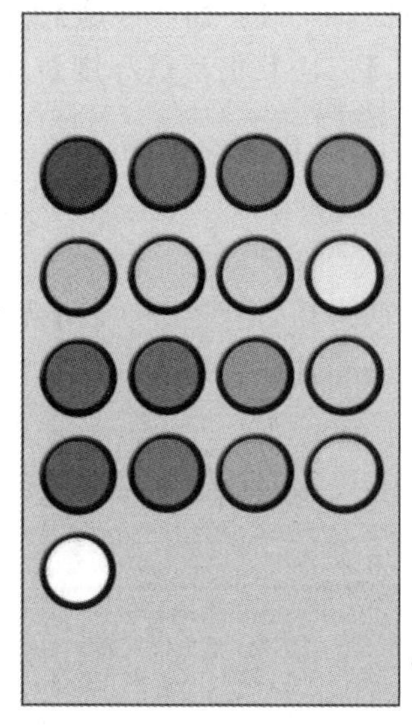
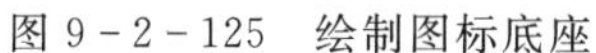

图 9-2-125　绘制图标底座

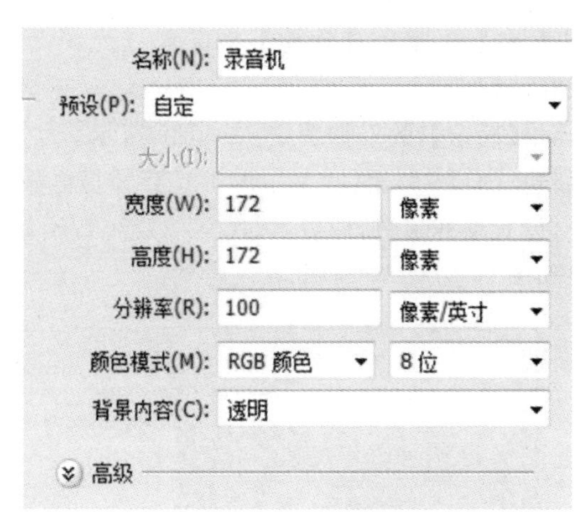

图 9-2-126　新建文件

(5)新建"录音机组,"新建"图层 1",用【圆角矩形工具】画图,【Ctrl+Enter】选区,设置前景色,R:255,G:255,B:255,【Alt+Delete】填充,【Ctrl+D】取消选区。执行【编辑】|【描边】命令,设置参数,【宽度】:2 像素,【颜色】:R:195,G:54,B:122,【位置】:居外,【模式】:正常,【不透明度】:100%。

(6)新建"图层 2",用【圆角矩形工具】画图,【Ctrl+Enter】选区,设置前景色,R:184,G:186,B:185,【Alt+Delete】填充,【Ctrl+D】取消选区,如图 9-2-127 所示。

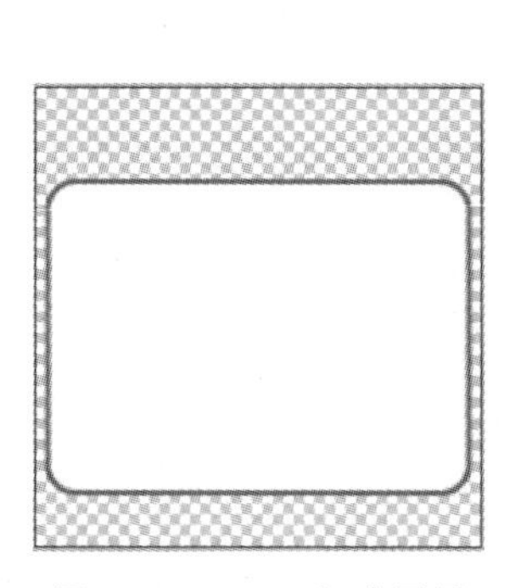

图 9-2-127　新建图层

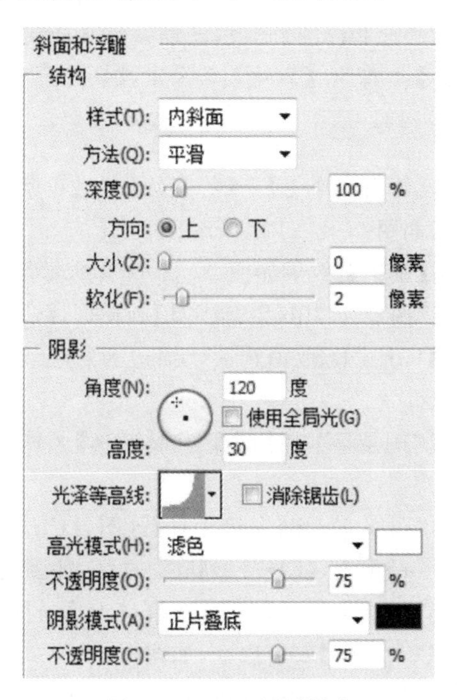

图 9-2-128　图层样式

(7)双击“图层 2”后面的空白处，打开【图层样式】对话框，单击【斜面和浮雕】复选框后面的名称，打开【斜面和浮雕】面板，设置参数，【样式】：内斜面，【方法】：平滑，【深度】：100％，【方向】：上，【大小】：0 像素，【软化】：2 像素，【光泽等高线】：其他参数保持默认值，如图 9－2－128所示。

(8)点击【确定】，效果如图 9－2－129 所示。

(9)新建“图层 3”，用【圆角矩形工具】画图，再截去左右两个角，用【渐变工具】从上到下拉一层渐变，设置渐变参数，位置：0，R：93，G：200，B：28；位置：100，R：72，G：163，B：47，点击【确定】，效果如图 9－2－130 所示。

图 9－2－129　斜面和浮雕效果

图 9－2－130　圆角矩形画图效果

(10)双击“图层 2”后面的空白处，打开【图层样式】对话框，单击【斜面和浮雕】复选框后面的名称，打开【斜面和浮雕】面板，设置参数，【样式】：内斜面，【方法】：平滑，【深度】：100％，【方向】：上，【大小】：5 像素，【软化】：0 像素，【阴影颜色】：R：72，G：164，B：47，其他参数保持默认值，如图 9－2－131 所示。

(11)单击【斜面和浮雕】下【等高线】复选框后的名称，单击等高线后的图像，选择，【范围】：50％，如图 9－2－132 所示。

(12)点击【确定】，效果如图 9－2－133 所示。

(13)新建“图层 4”，用【钢笔工具】画梯形，【Ctrl＋Enter】选区，设置前景色为白色，【Alt＋Delete】填充，【Ctrl＋D】取消选区。描边为灰色，用【画笔工具】在四个角画四个点，效果如图 9－2－134所示。

(14)新建“图层 5”，用【圆角矩形工具】画图，设置前景色为白色，效果如图 9－2－135 所示。

(15)新建“图层 6”，用【钢笔工具】画图，【Ctrl＋Enter】选区，设置前景色，R：26，G：26，B：26，【Alt＋Delete】填充，【Ctrl＋D】取消选区，如图 9－2－136 所示。

(16)新建“图层 7”，用【椭圆选框工具】画图，设置前景色，R：26，G：26，B：26，【Alt＋Delete】填充，【Ctrl＋D】取消选区，如图 9－2－137 所示。

(17)新建“图层 8”，用【椭圆选框工具】画图，设置前景色，R：255，G：255，B：255，【Alt＋Delete】填充，【Ctrl＋D】取消选区，如图 9－2－138 所示。

(18)双击“图层 8”后面的空白处，打开【图层样式】对话框，单击【斜面和浮雕】复选框后面的名称，打开【斜面和浮雕】面板，设置参数，【样式】：内斜面，【方法】：平滑，【深度】：100％，【方向】：上，【大小】：5 像素，【软化】：0 像素，其他参数保持默认值，如图 9－2－139 所示。

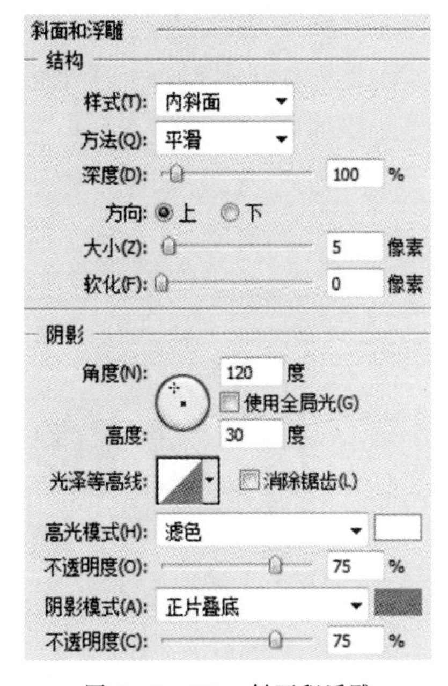

图 9－2－131　斜面积浮雕

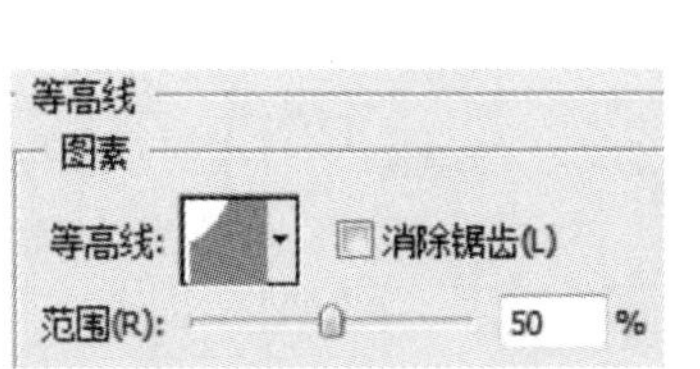

图 9－2－132　等高线

图 9－2－133　效果

图 9－2－134　新建图层 4

图 9－2－135　新建图层 5

图 9－2－136　新建图层 6

图 9－2－137　新建图层 7

图 9－2－138　新建图层 8

(19)单击【斜面和浮雕】下【等高线】复选框后的名称，单击等高线后的图像，选择，【范围】：50％，如图 9－2－140 所示。

(20)点击【确定】，效果如图 9－2－141 所示。

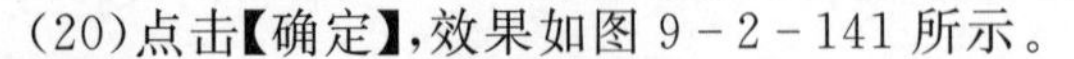

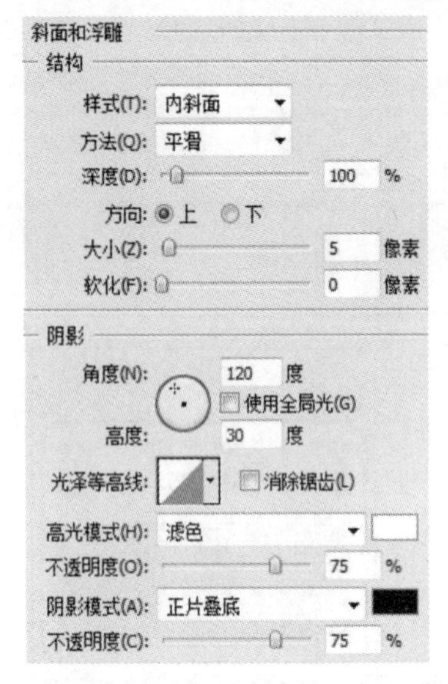

图 9－2－139　图层样式

图 9－2－140　等高线

图 9－2－141　效果

(21)新建“图层 9”，用【椭圆选框工具】画圆，用【渐变工具】从上到下拉一层渐变，设置渐变参数，位置：0，R：255，G：255，B：255；位置：100，R：121，G：120，B：120，点击【确定】，【Ctrl＋D】取消选区，效果如图 9－2－142 所示。

(22)复制“图层 8”和“图层 9”，移动，效果如图 9－2－143 所示。

(23)新建“图层 10”，用【椭圆选框工具】画图，设置前景色，R：210，G：210，B：210，点击【确定】，【Ctrl＋D】取消选区，效果如图 9－2－144 所示。

图 9－2－142　新建图层 9

图 9－2－143　复制图层 8 和 9

图 9－2－144　新建图层 10

(24)双击“图层 10”后面的空白处，打开【图层样式】对话框，单击【斜面和浮雕】复选框后面的名称，打开【斜面和浮雕】面板，设置参数，【样式】：内斜面，【方法】：平滑，【深度】：100％，【方向】：上，【大小】：5 像素，【软化】：8 像素，其他参数保持默认值，. 如图 9－2－145 所示。

(25)单击【斜面和浮雕】下【等高线】复选框后的名称，单击等高线后的图像，选择▲，【范围】:50%，如图9-2-146所示。

(26)点击【确定】，效果如图9-2-147所示。

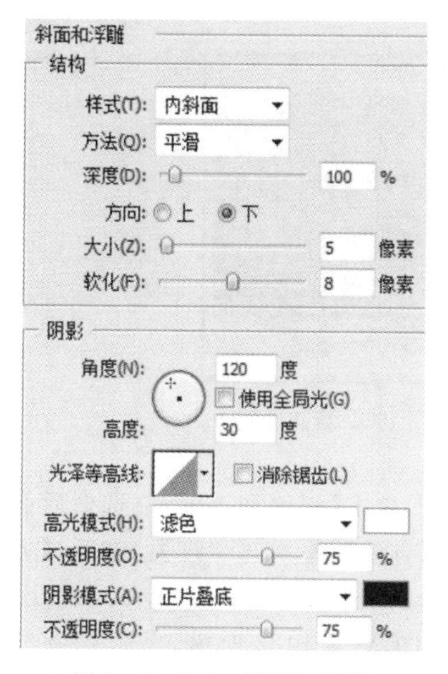

图9-2-145　斜面和浮雕

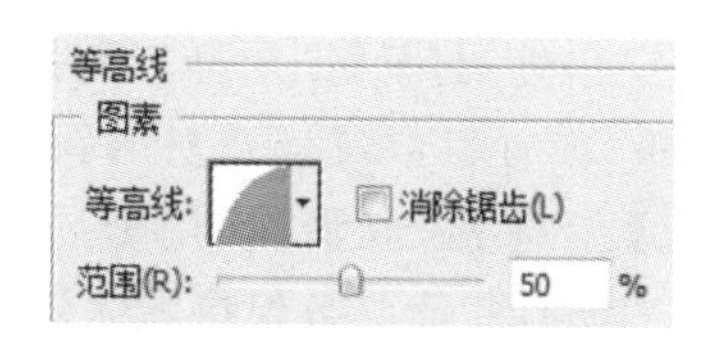

图9-2-146　等高线

图9-2-147　效果

(27)复制"图层10"三次，最终效果如图9-2-148所示。

(28)将做好的"录音机"移入【图标界面】psd文件里，如图9-2-149所示。

图9-2-148　复制图层10

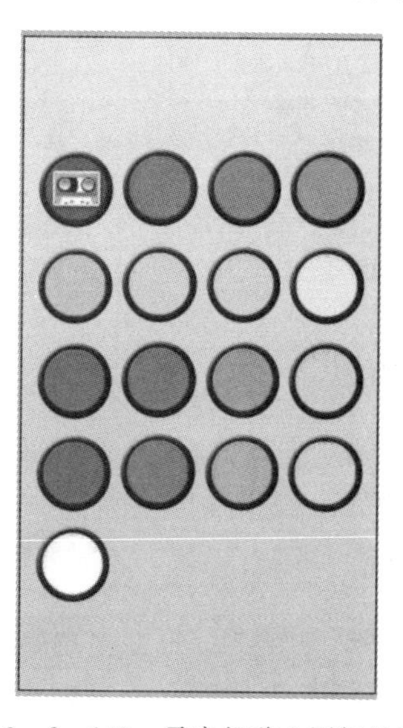

图9-2-149　录音机移入图标界面

(29)执行【文件】|【新建】命令，打开【新建】对话框，设置【名称】:收音机，【宽度】:172像素，【高度】:172像素，【分辨率】: 100像素/英寸，【颜色模式】:RGB颜色，【背景内容】:透明，

单击【确定】按钮，如图 9－2－150 所示。

(30)新建“收音机组，”新建“图层 1”，用【圆角矩形工具】画图，【Ctrl＋Enter】选区，设置前景色，R：213，G：147，B：61，【Alt＋Delete】填充，【Ctrl＋D】取消选区，效果如图 9－2－151 所示。

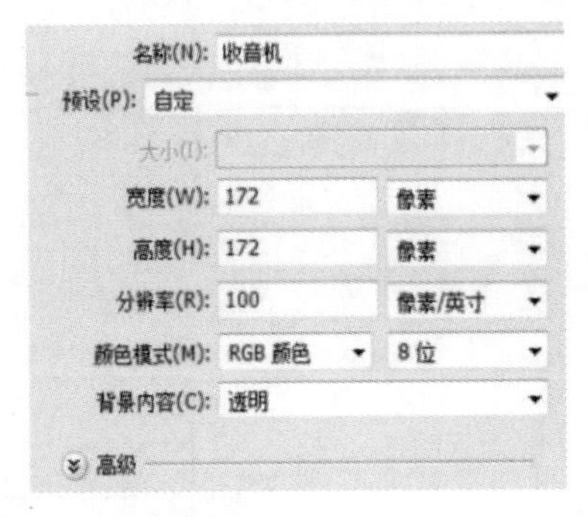

图 9－2－150　新建收音机

图 9－2－151　新建图层 1

(31)双击“图层 1”后面的空白处，打开【图层样式】对话框，单击【斜面和浮雕】复选框后面的名称，打开【斜面和浮雕】面板，设置参数，【样式】：内斜面，【方法】：平滑，【深度】：100％，【方向】：上，【大小】：1 像素，【软化】：0 像素，取消【使用全局光】，【高光颜色】：R：213，G：147，B：61，【阴影颜色】：R：188，G：73，B：29，其他参数保持默认值，如图 9－2－152 所示。

(32)单击【斜面和浮雕】下【等高线】复选框后的名称，单击等高线后的图像，选择 ，【范围】：50％，如图 9－2－153 所示。

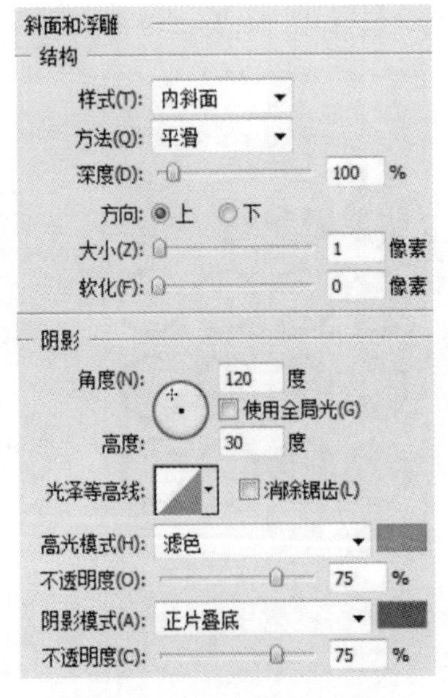

图 9－2－152　斜面和浮雕

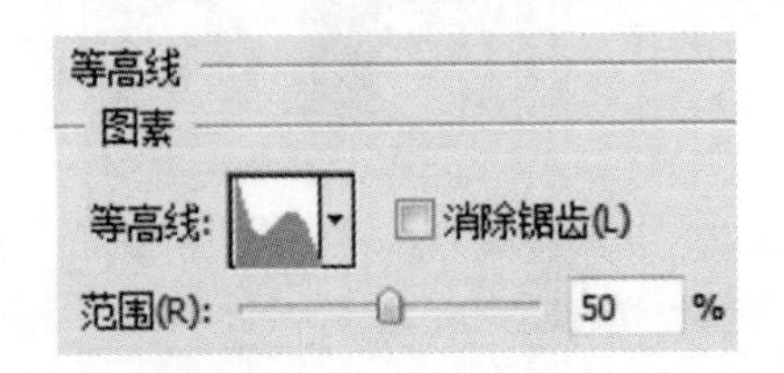

图 9－2－153　等高线

(33)单击【投影】复选框后的名称，设置参数，【混合模式】：正片叠底，【混合颜色】：R：0，G：0，B：0，【不透明度】：75％，【距离】：3 像素，【阻塞】：0％，【大小】：5 像素，如图 9－2－154 所示。

(34)单击【内阴影】复选框后的名称，设置参数，【混合模式】：正片叠底，【混合颜色】：R：0，G：0，B：0，【不透明度】：32%，【距离】：3像素，【阻塞】：0%，【大小】：5像素，其他参数保持默认值，如图9-2-155所示。

(35)点击【确定】，效果如图9-2-156所示。

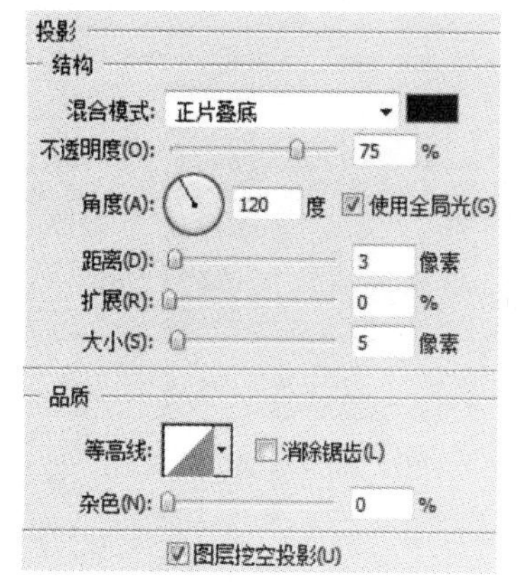

图9-2-154　投影

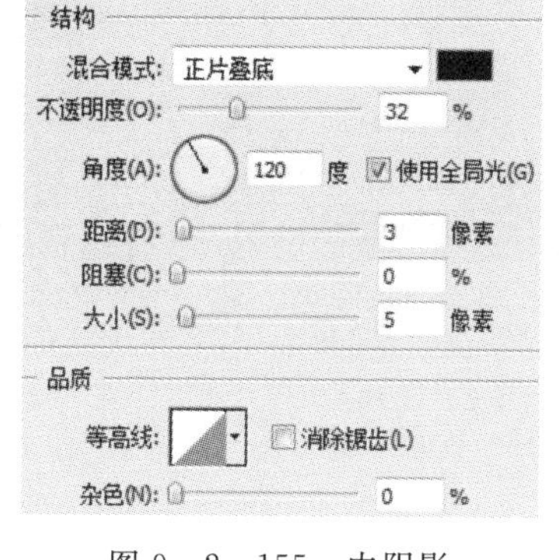

图9-2-155　内阴影

图9-2-156　效果

(36)新建"图层2"，用【钢笔工具】画图，绘制完后，【Ctrl+Enter】选区，设置前景色，R：233，G：226，B：216，【Alt+Delete】填充，【Ctrl+D】取消选区，如图9-2-157所示。

(37)双击"图层2"后面的空白处，打开【图层样式】对话框，单击【斜面和浮雕】复选框后面的名称，打开【斜面和浮雕】面板，设置参数，【样式】：内斜面，【方法】：平滑，【深度】：100%，【方向】：上，【大小】：3像素，【软化】：0像素，取消【使用全局光】，【阴影颜色】：R：184，G：165，B：158，其他参数保持默认值，如图9-2-158所示。

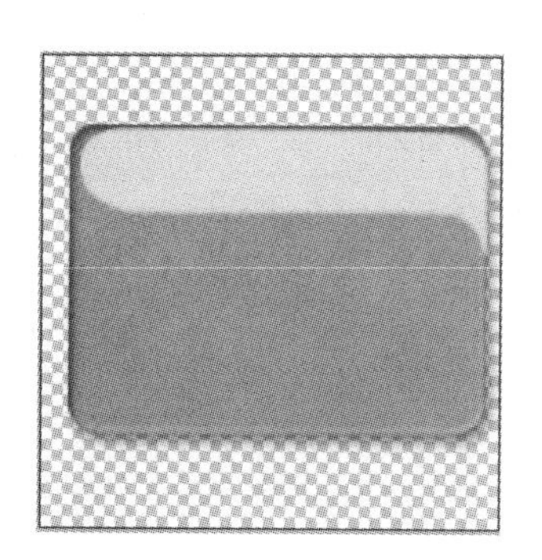

图9-2-157　新建图层2

图9-2-158　斜面和浮雕

(38)单击【斜面和浮雕】下【等高线】复选框后的名称，单击等高线后的图像，选择 ，【范围】:50%，如图 9-2-159 所示。

(39)点击【确定】，效果如图 9-2-160 所示。

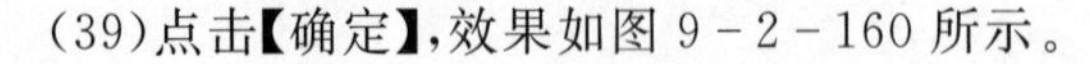

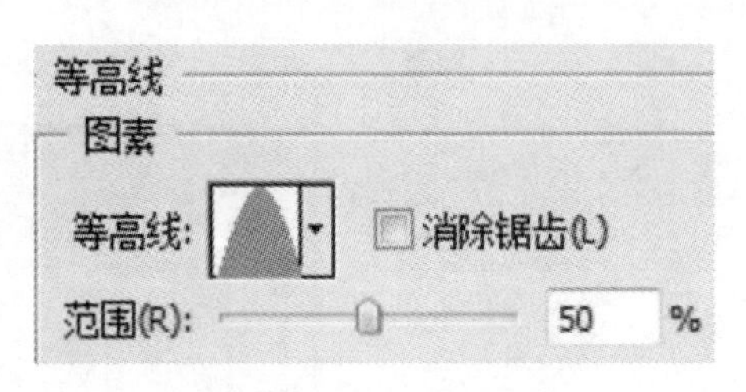

图 9-2-159　等高线

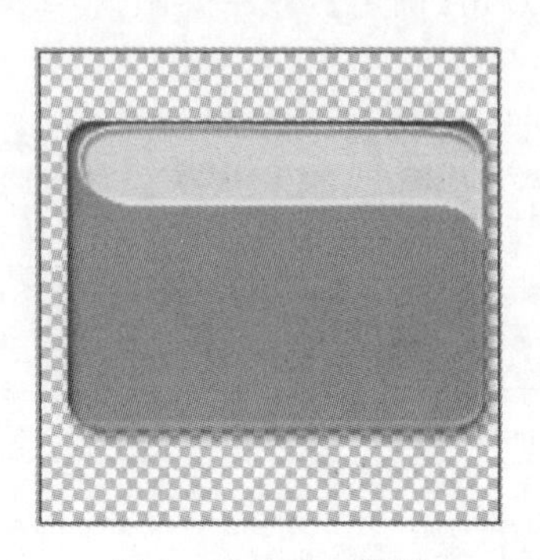

图 9-2-160　效果

(40)新建“图层 3”，用【钢笔工具】画图，绘制完后，【Ctrl+Enter】选区，选择【渐变工具】从左到右拉一层渐变，设置渐变参数，位置:0，R:135，G:56，B:32；位置:20，R:185，G:105，B:51；位置:24，R:206，G:138，B:77；位置:27，R:213，G:160，B:97；位置:31，R:200，G:122，B:56；位置:54，R:182，G:77，B:20；位置:100，R:188，G:73，B:29，【Ctrl+D】取消选区，点击【确定】，如图 9-2-161 所示。

(41)双击“图层 3”后面的空白处，打开【图层样式】对话框，单击【斜面和浮雕】复选框后面的名称，打开【斜面和浮雕】面板，设置参数，【样式】:内斜面，【方法】:平滑，【深度】:100%，【方向】:上，【大小】:3 像素，【软化】:0 像素，取消【使用全局光】，【高光颜色】:R:196，G:135，B:56，【阴影颜色】:R:188，G:73，B:29，其他参数保持默认值，如图 9-2-162 所示。

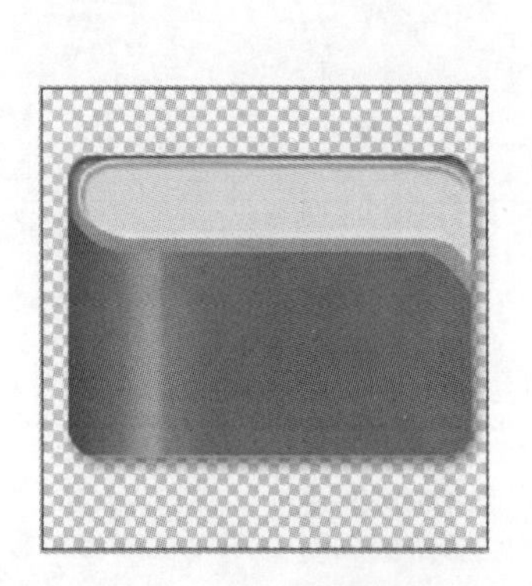

图 9-2-161　新建图层 3

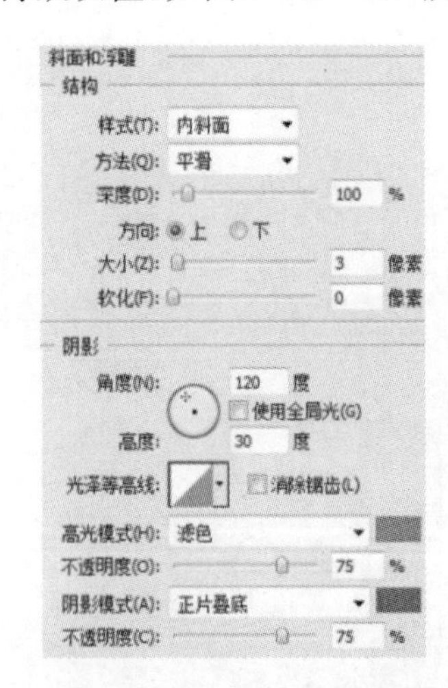

图 9-2-162　斜面和浮雕

(42)单击【斜面和浮雕】下【等高线】复选框后的名称，单击等高线后的图像，选择 ，【范围】:50%，如图 9-2-163 所示。

(43)点击【确定】,效果如图9-2-164所示。

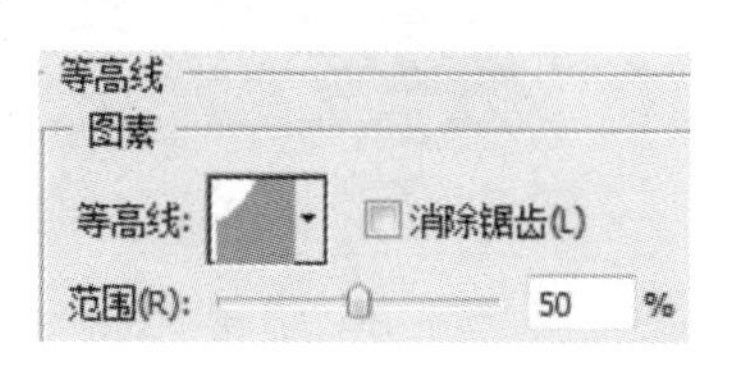

图9-2-163　等高线

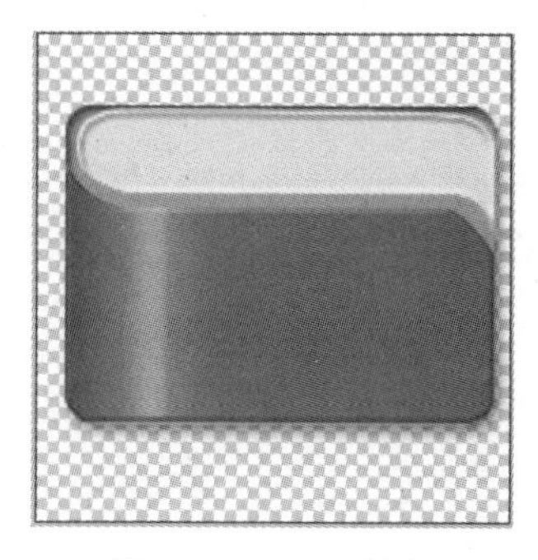

图9-2-164　效果

(44)新建"图层4",用【椭圆选框工具】画椭圆,设置前景色,R:50,G:4,B:6,去掉其中的一部分,如图9-2-165所示。

(45)双击"图层4"后面的空白处,打开【图层样式】对话框,单击【斜面和浮雕】复选框后面的名称,打开【斜面和浮雕】面板,设置参数,【样式】:内斜面,【方法】:平滑,【深度】:100%,【方向】:上,【大小】:3像素,【软化】:0像素,取消【使用全局光】,【高光颜色】:R:213,G:160,B:97,【阴影颜色】:R:182,G:77,B:20,其他参数保持默认值,如图9-2-166所示。

(46)单击【斜面和浮雕】下【等高线】复选框后的名称,单击等高线后的图像,选择◪,【范围】:50%,如图9-2-167所示。

(47)点击【确定】,效果如图9-2-168所示。

图9-2-165　新建图层4

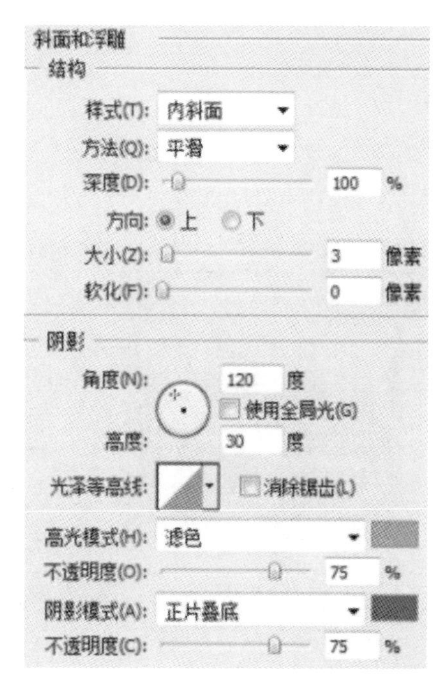

图9-2-166　斜面和浮雕

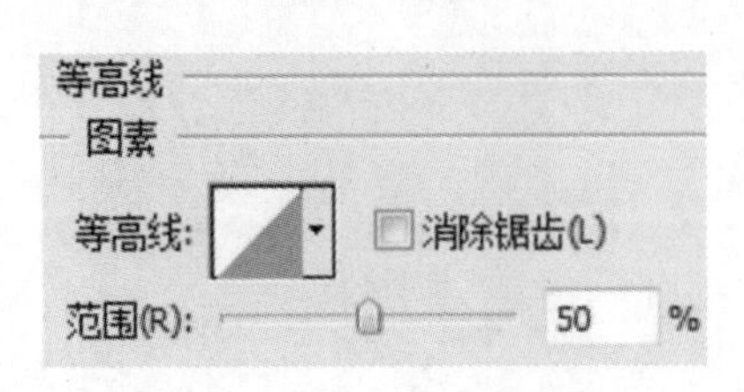

图 9-2-167 等高线

图 9-2-168 效果

(48)新建“图层 5,”用【圆角矩形工具】画图,设置前景色为白色,【Ctrl+Enter】选区,【Alt+Delete】填充,【Ctrl+D】取消选区,如图 9-2-169 所示。

(49)双击“图层 5”后面的空白处,打开【图层样式】对话框,单击【斜面和浮雕】复选框后面的名称,打开【斜面和浮雕】面板,设置参数,【样式】:内斜面,【方法】:平滑,【深度】:100%,【方向】:上,【大小】:1 像素,【软化】:0 像素,取消【使用全局光】,【阴影颜色】:R:151,G:34,B:10,其他参数保持默认值。如图 9-2-170 所示。

(50)单击【斜面和浮雕】下【等高线】复选框后的名称,单击等高线后的图像,选择 ,【范围】:50%,如图 9-2-171 所示。

(51)点击【确定】,效果如图 9-2-172 所示。

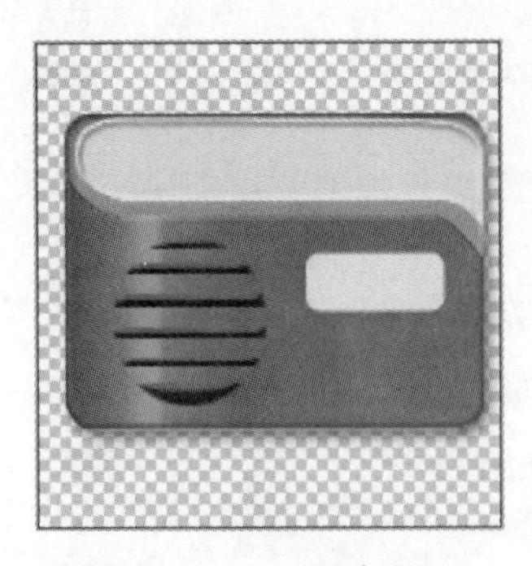

图 9-2-169 新建图层 5

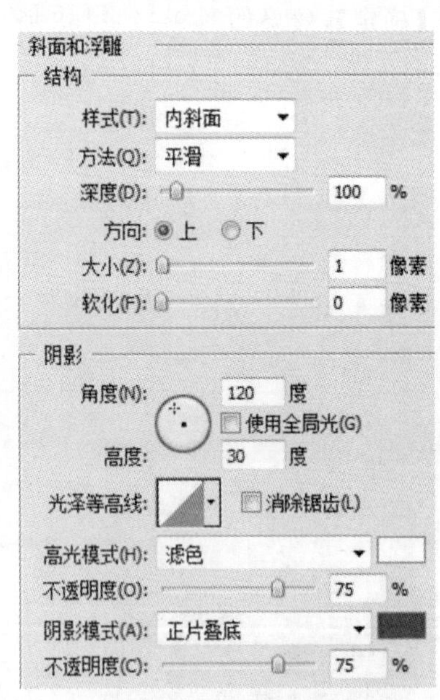

图 9-2-170 斜面和浮雕

图 9-2-171　等高线

图 9-2-172　效果

(52)新建"图层 6,"用【椭圆选框工具】画圆,设置前景色,R:0,G:0,B:0,【Alt+Delete】填充,【Ctrl+D】取消选区,如图 9-2-173 所示。

(53)双击"图层 6"后面的空白处,打开【图层样式】对话框,单击【斜面和浮雕】复选框后面的名称,打开【斜面和浮雕】面板,设置参数,【样式】:内斜面,【方法】:平滑,【深度】:100%,【方向】:上,【大小】:3 像素,【软化】:0 像素,取消【使用全局光】,其他参数保持默认值,如图 9-2-174所示。

(54)点击【确定】,效果如图 9-2-175 所示。

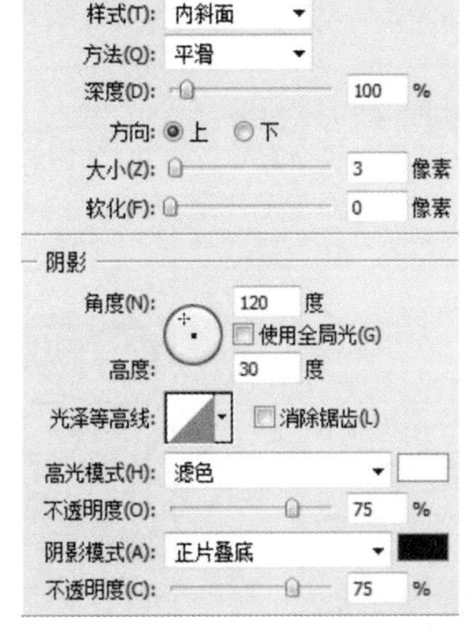

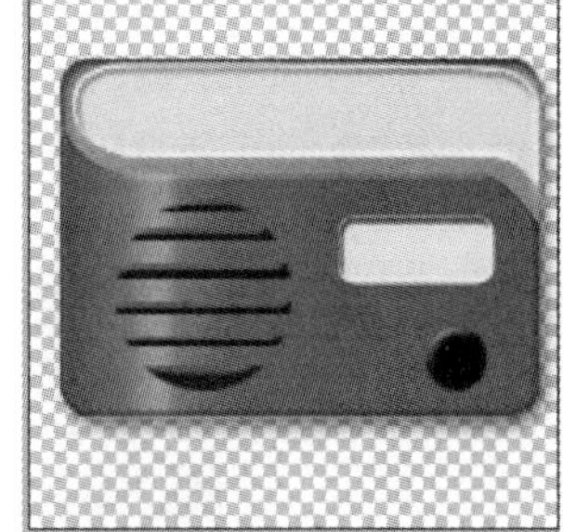

图 9-2-173　新建图层 6

图 9-2-174　斜面和浮雕

图 9-2-175　效果

(55)新建"图层 7",选择【渐变工具】从左到右拉一层渐变,设置渐变参数,位置:0,R:106,G:100,B:89;位置:100,R:143,G:147,B:145,【Ctrl+D】取消选区。点击【确定】,如图 9-2-176所示。

(56)双击"图层 7"后面的空白处,打开【图层样式】对话框,单击【斜面和浮雕】复选框后面的名称,打开【斜面和浮雕】面板,设置参数,【样式】:内斜面,【方法】:平滑,【深度】:100%,【方向】:上,【大小】:5 像素,【软化】:0 像素,取消【使用全局光】,其他参数保持默认值,如图 9－2－177所示。

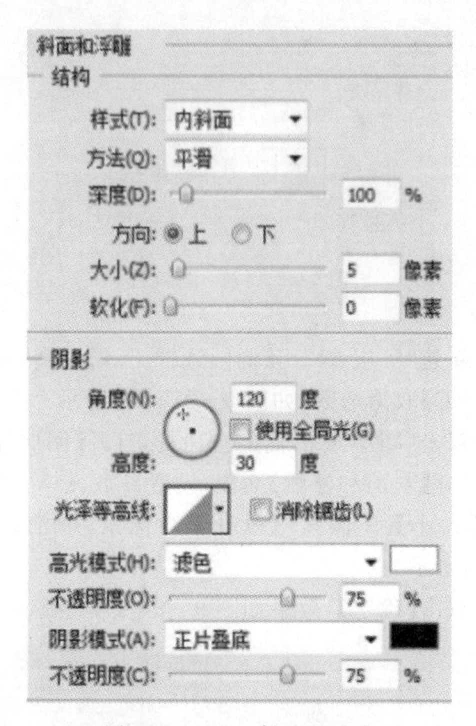

图 9－2－176　新建图层 7　　　图 9－2－177　斜面和浮雕

(57)点击【确定】,效果如图 9－2－178 所示。

(58)将做好的"收音机"移入【图标界面】psd 文件里,如图 9－2－179 所示。

图 9－2－178　效果

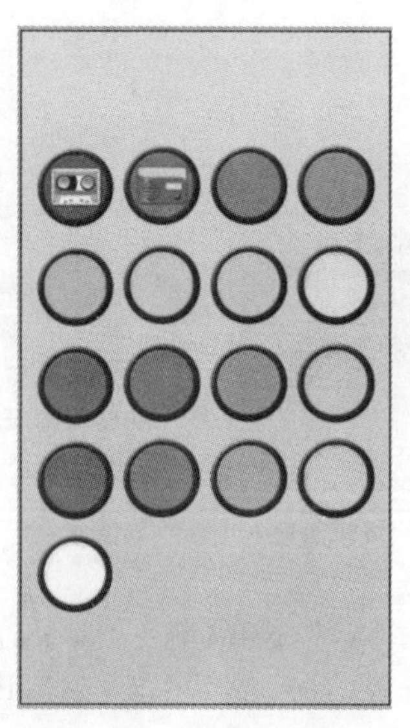

图 9－2－179　图标界面

(59)执行【文件】|【新建】命令,打开【新建】对话框,设置【名称】:商店,【宽度】:172 像素,

【高度】:172 像素,【分辨率】: 100 像素/英寸,【颜色模式】:RGB 颜色,【背景内容】:透明,单击【确定】按钮,如图 9－2－180 所示。

(60)新建“商店组,”新建“图层 1”,用【圆角矩形工具】画图,【Ctrl＋Enter】选区,设置前景色,R:255,G:255,B:255,【Alt＋Delete】填充,【Ctrl＋D】取消选区,效果如图 9－2－181 所示。

(61)双击“图层 1”后面的空白处,打开【图层样式】对话框,单击【斜面和浮雕】复选框后面的名称,打开【斜面和浮雕】面板,设置参数,【样式】:内斜面,【方法】:平滑,【深度】:100%,【方向】:上,【大小】:3 像素,【软化】:0 像素,取消【使用全局光】,【阴影颜色】:R:114,G:104,B:104,其他参数保持默认值,如图 9－2－182 所示。

(62)单击【斜面和浮雕】下【等高线】复选框后的名称,单击等高线后的图像,选择  ,【范围】:50%,如图 9－2－183 所示。

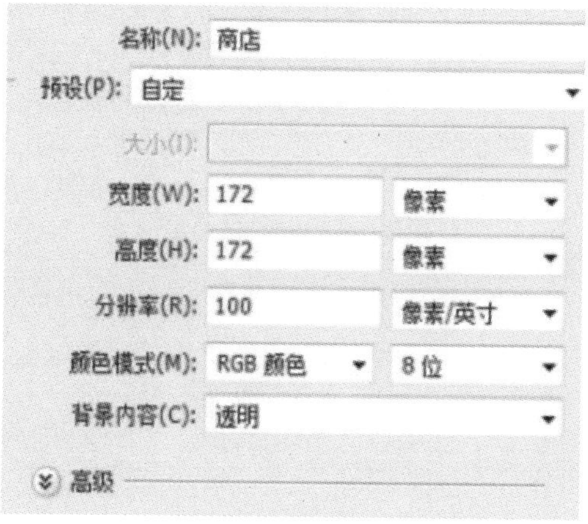

图 9－2－180　新建文件

图 9－2－181　新建图层 1

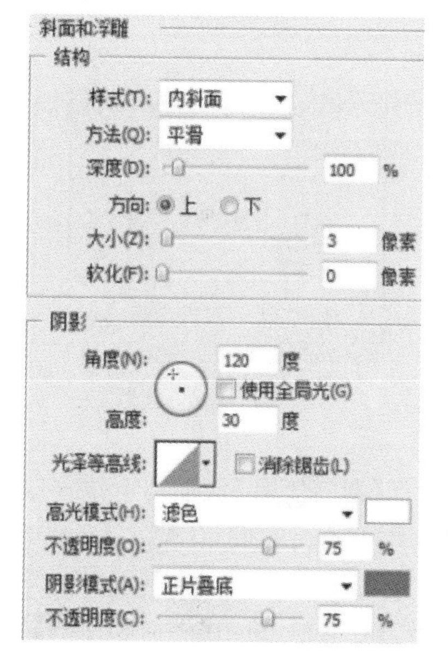

图 9－2－182　斜面和浮雕

图 9－2－183　等高线

(63)点击【确定】,效果如图 9-2-184 所示。

(64)新建"图层 2",用【圆角矩形工具】画图,【Ctrl+Enter】选区,设置前景色,R:211,G:212,B:214,【Alt+Delete】填充,【Ctrl+D】取消选区,效果如图 9-2-185 所示。

(65)双击"图层 2"后面的空白处,打开【图层样式】对话框,单击【斜面和浮雕】复选框后面的名称,打开【斜面和浮雕】面板,设置参数,【样式】:内斜面,【方法】:平滑,【深度】:100%,【方向】:上,【大小】:5 像素,【软化】:0 像素,其他参数保持默认值,如图 9-2-186 所示。

(66)点击【确定】,效果如图 9-2-187 所示。

图 9-2-184 效果

图 9-2-185 新建图层 2

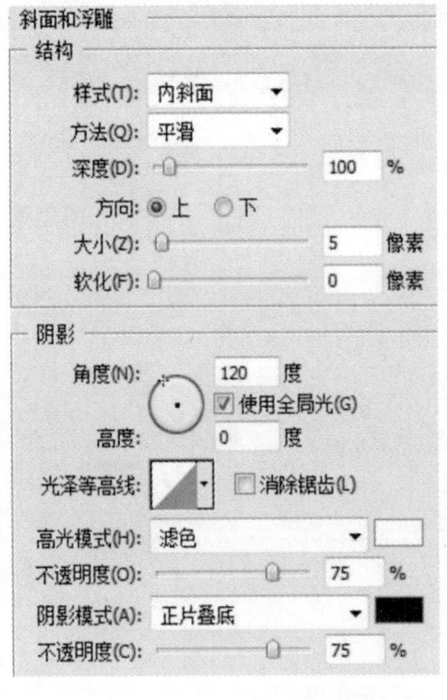

图 9-2-186 斜面和浮雕

图 9-2-187 效果

(67)新建"图层 3",用【矩形选框工具】画图,选择【渐变工具】从上到下拉一层渐变,设置渐变参数,位置:0,R:106,G:100,B:89;位置:100,R:108,G:163,B:216,【Ctrl+D】取消选区。点击【确定】,如图 9-2-188 所示。

(68)双击"图层 3"后面的空白处,打开【图层样式】对话框,单击【斜面和浮雕】复选框后面的名称,打开【斜面和浮雕】面板,设置参数,【样式】:内斜面,【方法】:平滑,【深度】:100%,【方向】:上,【大小】:5 像素,【软化】:0 像素,其他参数保持默认值。如图 9－2－189 所示。

(69)点击【确定】,效果如图 9－2－190 所示。

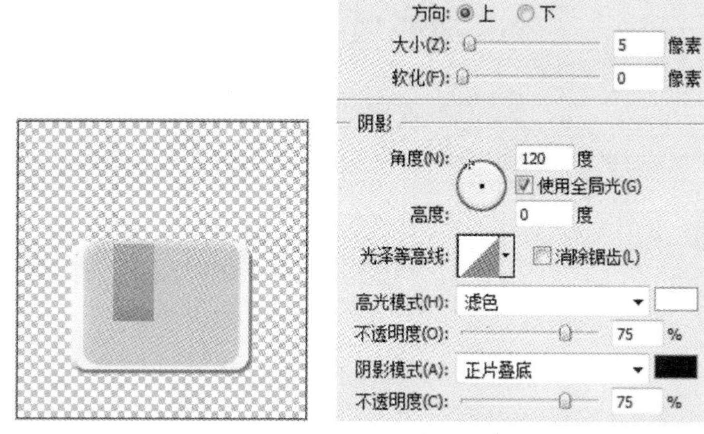

图 9－2－188　新建图层 3　　图 9－2－188　斜面和浮雕

图 9－2－190　效果

(70)复制“图层 3”,移动位置,效果如图 9－2－191 所示。

(71)新建“图层 4”,用【钢笔工具】画图,【Ctrl＋Enter】选区,选择【渐变工具】从上到下拉一层渐变,设置渐变参数,位置:0,R:241,G:75,B:89;位置:100,R:205,G:33,B:55,【Ctrl＋D】取消选区,点击【确定】,如图 9－2－192 所示。

(72)新建“图层 5”,用【钢笔工具】画图,【Ctrl＋Enter】选区,设置前景色,R:240,G:73,B:89,【Ctrl＋D】取消选区,点击【确定】,如图 9－2－193 所示。

图 9－2－191　复制图层 3

图 9－2－192　新建图层 4

图 9－2－193　新建图层 5

(73)按照“图层 4”和“图层 5”的绘制方法,绘制“图层 6”～“图层 11”,效果如图 9－2－194 所示。

(74)【Shift＋Ctrl＋Alt＋E】盖印,得到“图层 12”,双击“图层 12”后面的空白处,打开【图层样式】对话框,单击【斜面和浮雕】复选框后面的名称,打开【斜面和浮雕】面板,设置参数,【样式】:内斜面,【方法】:平滑,【深度】:100%,【方向】:上,【大小】:3 像素,【软化】:0 像素,取消【使用全局光】,【阴影颜色】:R:110,G:100,B:100,其他参数保持默认值,如图 9-2-195 所示。

(75)点击【确定】,效果如图 9-2-196 所示。

(76)将做好的"商店"移入【图标界面】psd 文件里,如图 9-2-197 所示。

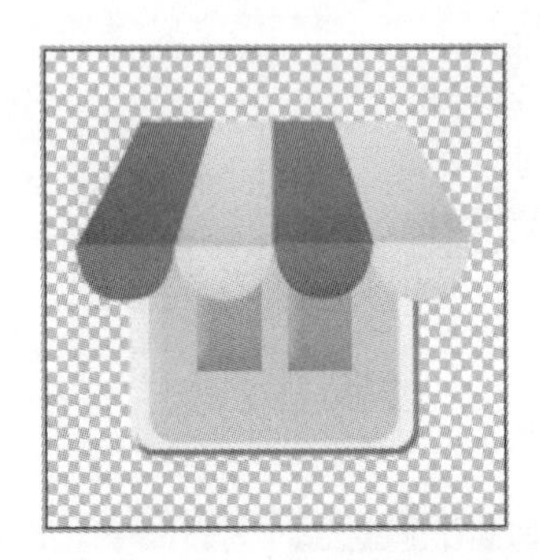

图 9-2-194 效果

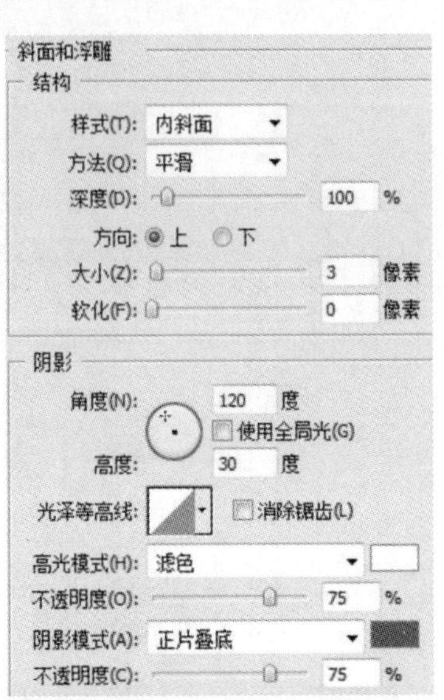

图 9-2-195 斜面和浮雕

图 9-2-196 效果

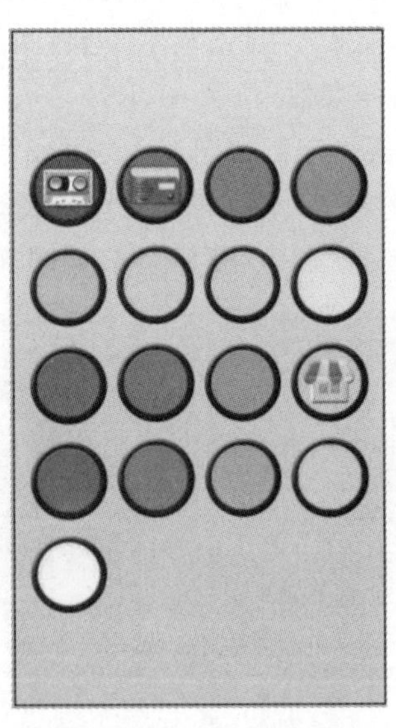

图 9-2-197 图标界面

(77)执行【文件】|【新建】命令,打开【新建】对话框,设置【名称】:安装包,【宽度】:172 像素,【高度】:172 像素,【分辨率】: 100 像素/英寸,【颜色模式】:RGB 颜色,【背景内容】:透明,单击【确定】按钮,如图 9-2-198 所示。

(78)新建"安装包组,"新建"图层 1",用【钢笔工具】画图,【Ctrl+Enter】选区,设置前景色，R：151，G：152，B：147，【Alt＋Delete】填充，【Ctrl＋D】取消选区，效果如图 9－2－199 所示。

(79)新建“图层 2”，用【钢笔工具】画图，【Ctrl＋Enter】选区，设置前景色，R：107，G：108，B：105，【Alt＋Delete】填充，【Ctrl＋D】取消选区，效果如图 9－2－200 所示。

(80)新建“图层 3”，用【矩形选框工具】画图，设置前景色，R：107，G：108，B：105，【Alt＋Delete】填充，【Ctrl＋D】取消选区，效果如图 9－2－201 所示。

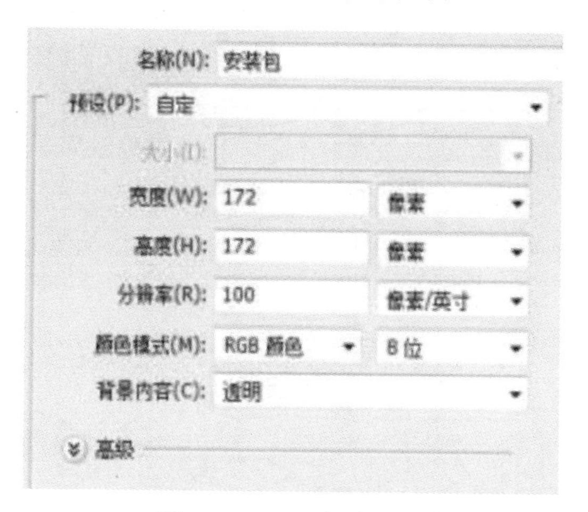

图 9－2－198　新建文件

图 9－2－199　新建图层 1

图 9－2－200　新建图层 2

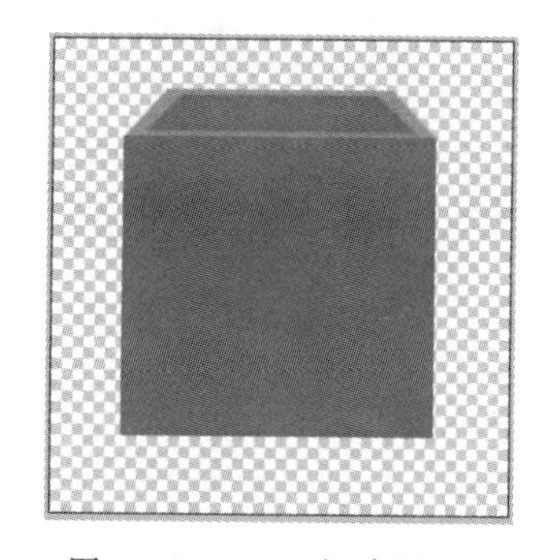

图 9－2－201　新建图层 3

(81)新建“图层 4”，用【矩形选框工具】画图，设置前景色，R：255，G：255，B：255，【Alt＋Delete】填充，【Ctrl＋D】取消选区，效果如图 9－2－202 所示。

(82)新建“图层 5”，用【矩形选框工具】画图，设置前景色，R：210，G：210，B：210，【Alt＋Delete】填充，【Ctrl＋D】取消选区，效果如图 9－2－203 所示。

(83)新建“图层 6”，用【矩形选框工具】画图，设置前景色，R：218，G：81，B：151，【Alt＋Delete】填充，【Ctrl＋D】取消选区，效果如图 9－2－204 所示。

(84)新建“图层 7”，用【椭圆选框工具】画图，设置前景色，R：107，G：108，B：105，【Alt＋Delete】填充，【Ctrl＋D】取消选区，掏空中心，效果如图 9－2－205 所示。

(85)新建“图层 8”，用【椭圆选框工具】画图，设置前景色，R：235，G：235，B：235，【Alt＋Delete】填充，【Ctrl＋D】取消选区，掏空中心，效果如图 9－2－206 所示。

(86)【Shift＋Ctrl＋Alt＋E】盖印，得到“图层 9”，双击“图层 9”后面的空白处，打开【图层样式】对话框，单击【投影】复选框后面的名称，打开【投影】面板，设置参数，【距离】：3 像素，【扩展】：0％，【大小】：5 像素，其他参数保持默认值，如图 9－2－207 所示。

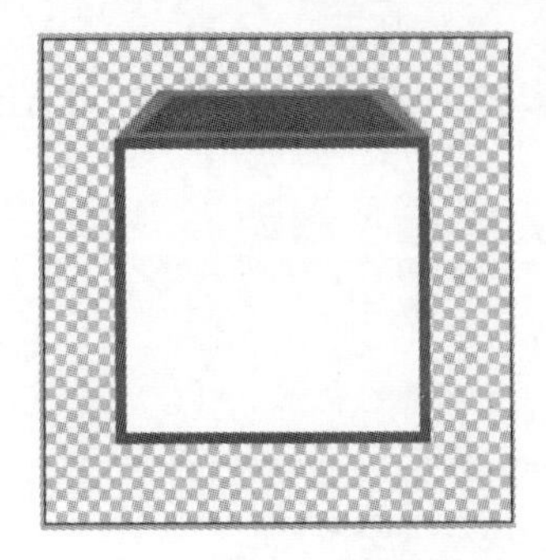

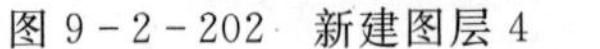

图 9－2－202　新建图层 4

图 9－2－203　新建图层 5

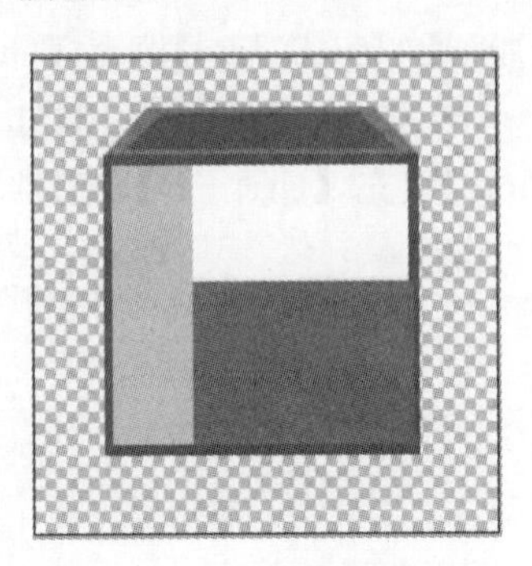

图 9－2－204　新建图层 6

图 9－2－205　新建图层 7

图 9－2－206　新建图层 8

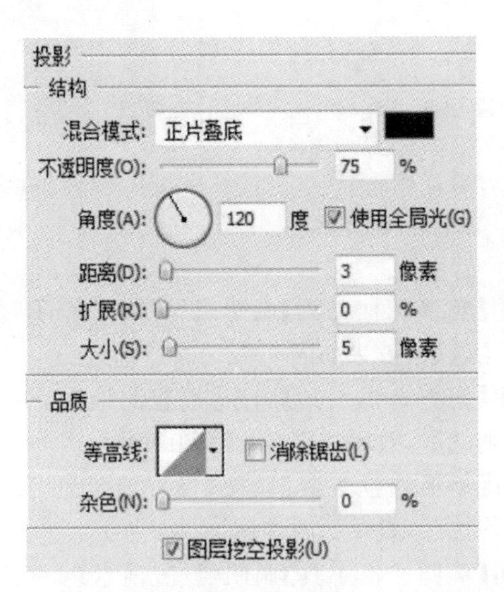

图 9－2－207　投影

(87)点击【确定】，效果如图 9－2－208 所示。

(88)将做好的“安装包”移入【图标界面】psd 文件里，如图 9－2－209 所示。

(89)执行【文件】|【新建】命令，打开【新建】对话框，设置【名称】：归属地，【宽度】：172 像素，【高度】：172 像素，【分辨率】：100 像素/英寸，【颜色模式】：RGB 颜色，【背景内容】：透明，单击【确定】按钮，如图 9－2－210 所示。

图 9－2－208　效果

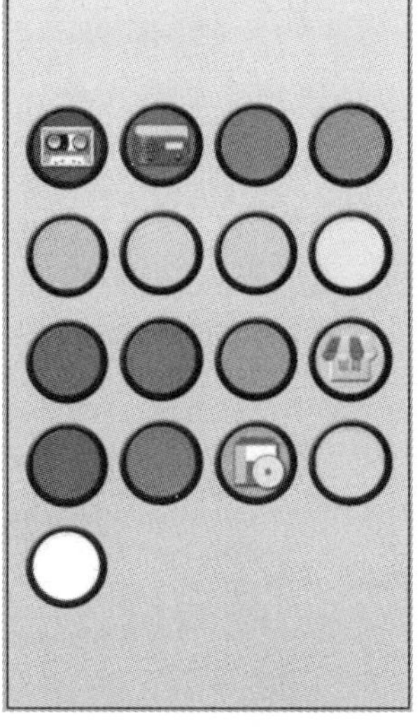

图 9－2－209　图标界面

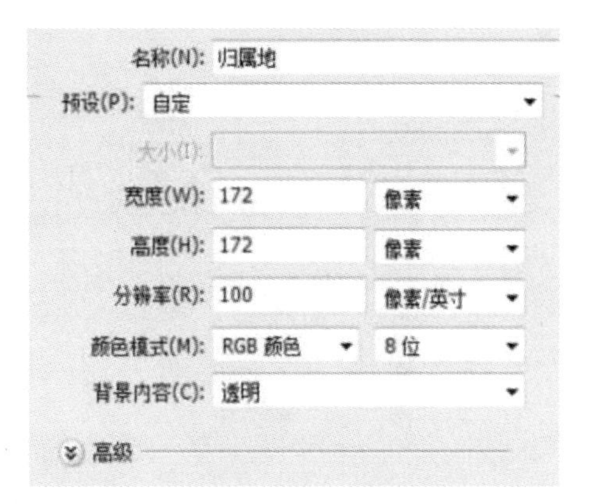

图 9－2－210　新建文件

(90)新建“归属地组”，新建“图层 1”，用【钢笔工具】画图，【Ctrl＋Enter】选区，用【渐变工具】从上到下拉一层渐变，设置渐变参数，位置：0，R：128，G：222，B：208；位置：50，R：56，G：145，B：206；位置：100，R：39，G：115，B：226，【Ctrl＋D】取消选区，效果如图 9－2－211 所示。

(91)双击“图层 1”后面的空白处，打开【图层样式】对话框，单击【斜面和浮雕】复选框后面的名称，打开【斜面和浮雕】面板，设置参数，【样式】：内斜面，【方法】：平滑，【深度】：100%，【方向】：上，【大小】：4 像素，【软化】：0 像素，取消【使用全局光】，其他参数保持默认值，如图 9－2－212所示。

(92)单击【内阴影】复选框后的名称，设置参数，【混合模式】：正片叠底，【混合颜色】：R：0，G：0，B：0，【不透明度】：75%，【距离】：3 像素，【阻塞】：0%，【大小】：5 像素，如图 9－2－213 所示。

(93)单击【内发光】复选框后的名称，设置参数，【混合模式】：滤色，【颜色】：R：255，G：255，B：255，【方法】：柔和，【源】：边缘，【阻塞】：0%，【大小】：5 像素，其他参数保持默认值。如图}所示。

(94)点击【确定】，效果如图 9－2－215 所示。

(95)新建“图层 2”，用【椭圆选框工具】画圆，设置前景色为白色，【Alt＋Delete】填充，【Ctrl＋D】取消选区，掏空中心，如图 9－2－216 所示。

(96)双击“图层 2”后面的空白处，打开【图层样式】对话框，单击【外发光】复选框后的名称，设置参数，【颜色】：R：255，G：255，B：190，【扩展】：0%，【大小】：5 像素，其他参数保持默认值。如图 9－2－217 所示。

(97)点击【确定】，效果如图 9－2－218 所示。

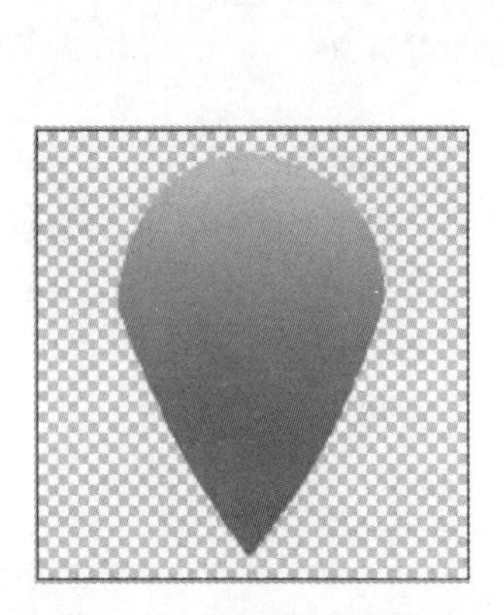

图 9-2-211　新建图层 1

斜面和浮雕
结构
样式(T): 内斜面
方法(Q): 平滑
深度(D): 100 %
方向: 上 下
大小(Z): 4 像素
软化(F): 0 像素
阴影
角度(N): 120 度
使用全局光(G)
高度: 30 度
光泽等高线:
消除锯齿(L)
高光模式(H): 滤色
不透明度(O): 75 %
阴影模式(A): 正片叠底
不透明度(C): 75 %

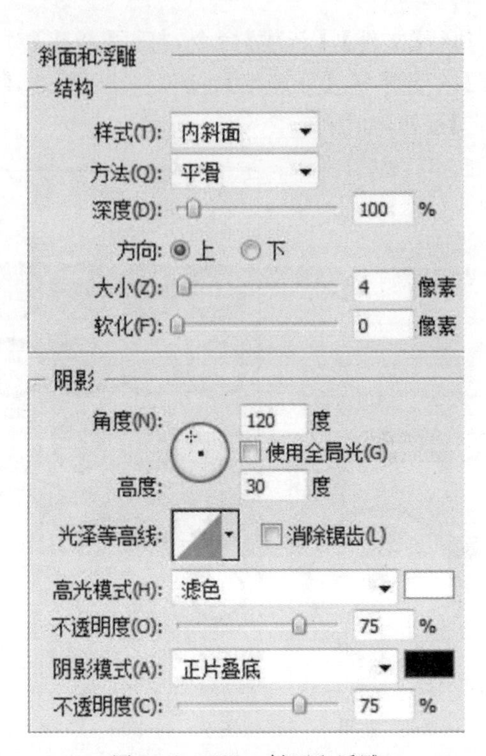

图 9-2-212　斜面和浮雕

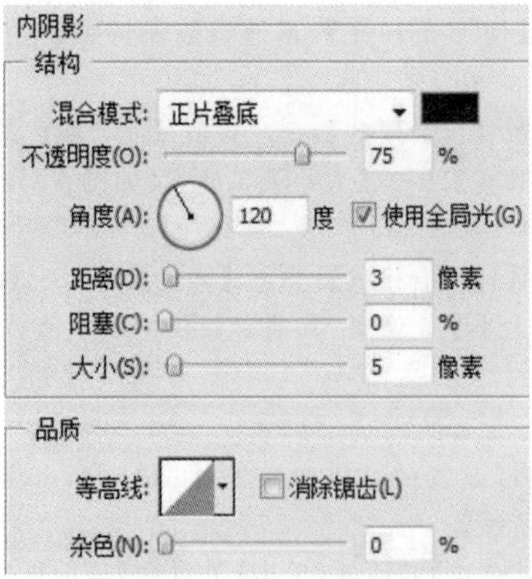

内阴影
结构
混合模式: 正片叠底
不透明度(O): 75 %
角度(A): 120 度 使用全局光(G)
距离(D): 3 像素
阻塞(C): 0 %
大小(S): 5 像素
品质
等高线:
消除锯齿(L)
杂色(N): 0 %

图 9-2-213　内阴影

内发光
结构
混合模式: 滤色
不透明度(O): 75 %
杂色(N): 0 %
图素
方法(Q): 柔和
源: 居中(E) 边缘(G)
阻塞(C): 0 %
大小(S): 5 像素
品质
等高线:
消除锯齿(L)
范围(R): 50 %
抖动(J): 0 %

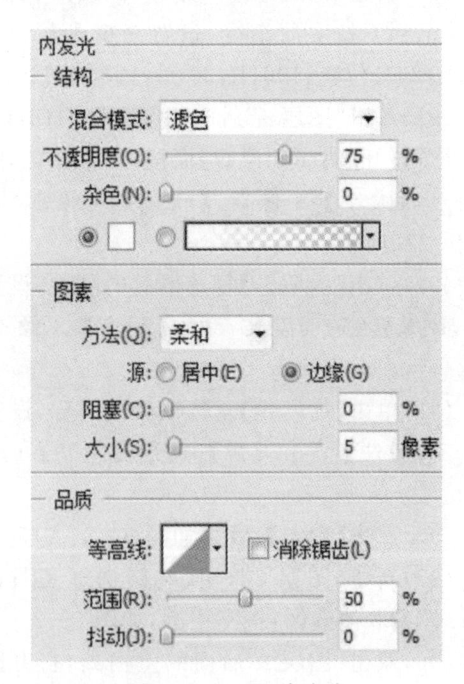

图 9-2-214　内发光

图 9-2-215　效果

图 9-2-216　新建图层 2

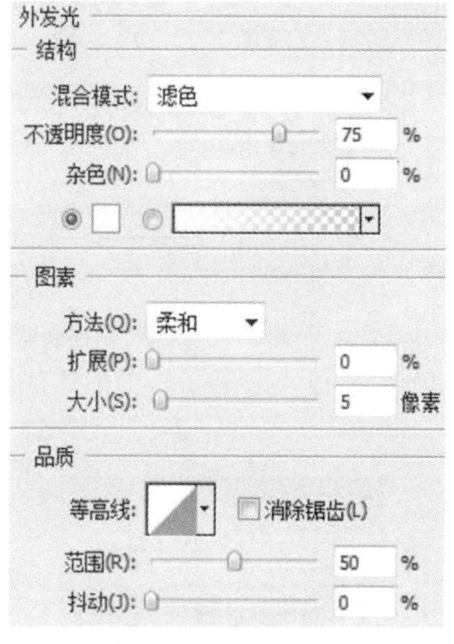

图 9-2-217　外发光

图 9-2-218　效果

(98)【Shift+Ctrl+Alt+E】盖印,得到"图层 3",双击"图层 3"后面的空白处,打开【图层样式】对话框,单击【投影】复选框后面的名称,打开【投影】面板,设置参数,【距离】:3 像素,【扩展】:0%,【大小】:5 像素,其他参数保持默认值,如图 9-2-219 所示。

(99)单击【斜面和浮雕】复选框后面的名称,打开【斜面和浮雕】面板,设置参数:【样式】:内斜面,【方法】:平滑,【深度】:100%,【方向】:上,【大小】:5 像素,【软化】:0 像素,其他参数保持默认值,如图 9-2-220 所示。

(100)点击【确定】,效果如图 9-2-221 所示

(101)将做好的"归属地"移入【图标界面】psd 文件里,如图 9-2-222 所示。

(102)按照上述方法,绘制其他图标,再将"源文件\图片\图标界面\信号电量时间" 移入【天气与图标】psd 文件里,最终效果如图 9-2-223 所示。

(103)用【椭圆选框工具】画三个圆,如图 9-2-224 所示。

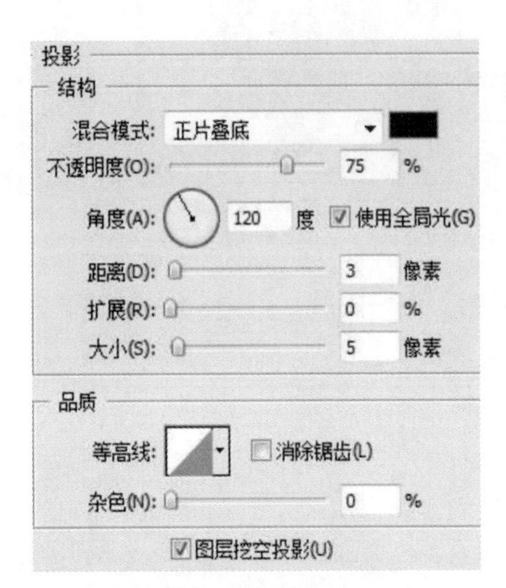

图 9-2-219　投影

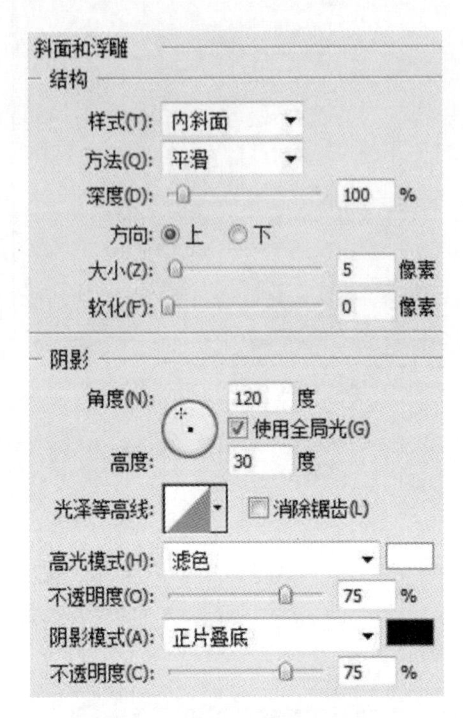

图 9-2-220　斜面和浮雕

图 9-2-221　效果

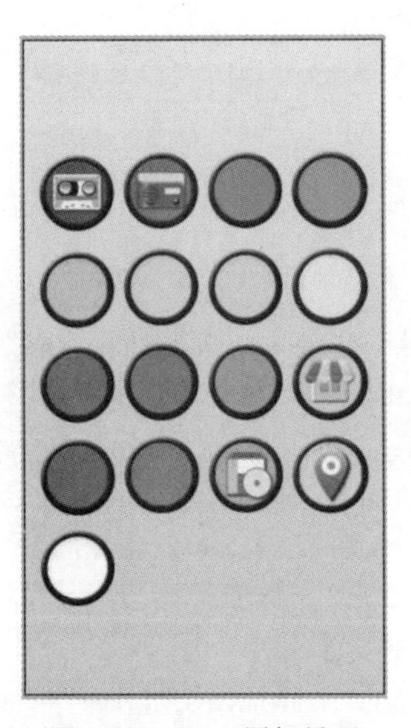

图 9-2-222　图标界面

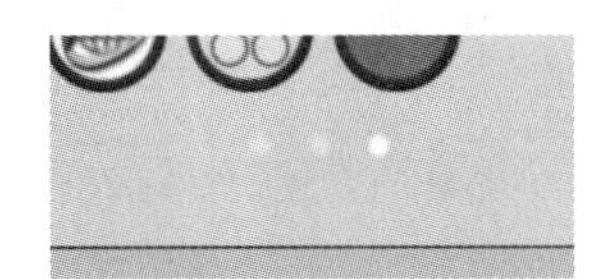

图 9－2－223　天气与图标　　　图 9－2－224　三圆点

9.2.4　壁纸

(1)执行【文件】|【新建】命令，打开【新建】对话框，设置【名称】:壁纸，【宽度】:2 160 像素，【高度】:1 920 像素，【分辨率】: 100 像素/英寸，【颜色模式】:RGB 颜色，【背景内容】:白色，单击【确定】按钮，如图 9－2－225 所示。

(2)用【渐变工具】从下到上拉一层渐变，设置渐变参数，位置:0，R:204，G:209，B:255;位置:100，R:194，G:239，B:255，点击【确定】，效果如图 9－2－226 所示。

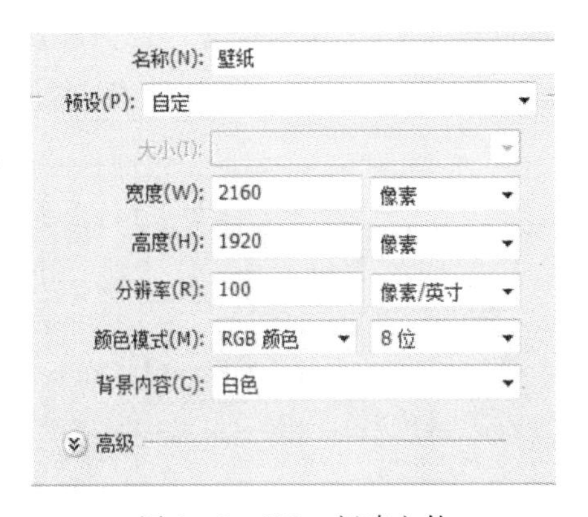

图 9－2－225　新建文件

图 9－2－226　渐变效果

9.3　电脑界面设计

本节主要讲解质感和纹理在 UI 中的运用，制作一副颜色鲜艳，内容丰富，具有质感效果的电脑桌面图像。制作过程中主要运用【椭圆形选框工具】【矩形选框工具】【钢笔工具】【圆角矩形工具】【多边形套索工具】【魔棒工具】和【油漆桶工具】等，制作出各种所需要的形状。通过对图像添加【图层样式】，最终达到理想效果。制作时主要需要对【图层样式】参数进行掌握，参数不同，图像的颜色和形状大也会有不同。下面详细讲解制作的全过程，效果如图 9－3－1 所示(素材图片源于网络)。

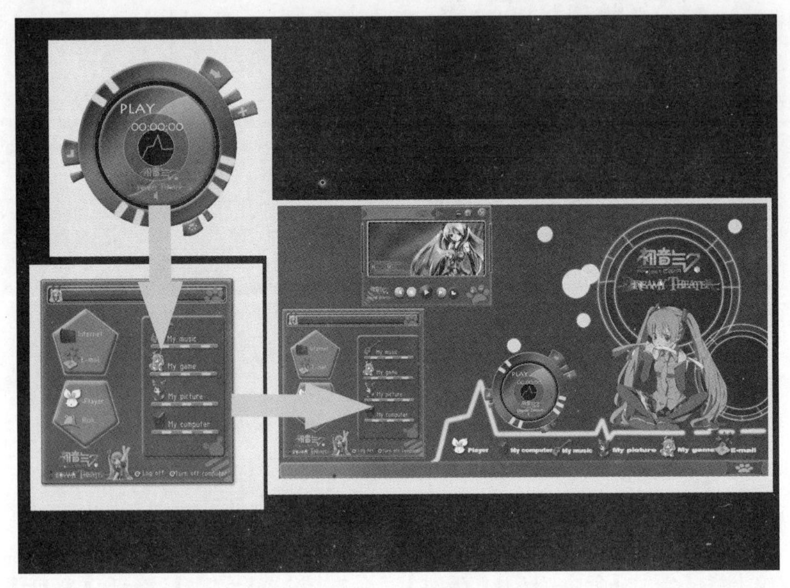

图 9－3－1　UI 质感表现

9.3.1　制作音乐播放器

(1)执行【文件】|【新建】命令，打开【新建】对话框，设置【名称】：音乐播放器，【宽度】：20 厘米，【高度】：20 厘米，【分辨率】：300 像素/英寸，【颜色模式】：RGB 颜色，【背景内容】：白色，单机【确定】按钮。

(2)新建“图层 1”，选择【椭圆选框工具】，在文件窗口中按住“Shift”键拖移绘制正圆选区。设置前景色为渐变色，位置：0，R：1，G：25，B：37；位置：40，R：16，G：114，B：117；位置：85，R：10，G：46，B：56；位置：100，R：25，G：87，B：101，从左上角成 45°斜拉到右下角，如图 9－3－2所示。

(3)双击“图层 1”后面的空白处，打开【图层样式】对话框，点击【外放光】复选框后面的名称，打开【外放光】面板，设置参数，【不透明度】：75％，【颜色】：R：126，G：228，B：237，【扩展】：4％，【大小】：5 像素，【方法】：柔和。

(4)单击【内放光】复选框后面的名称，打开【内放光】面板，设置【透明度】：75％，【颜色】：R：158，G：237，B：244，【阻塞】：4％，【大小】5％，【方法】：柔和。

(5)单击【斜面与浮雕】复选框后面的名称，打开【斜面与浮雕】面板，设置【深度】：100％，【方向】：上，【大小】：24 像素，【软化值】：0 像素，【阴影】面板部分，调整【角度】：120 度，使用【全局光】，【高度】：30 度，【高光模式】：滤色，【颜色】：调整为 R：101，G：247，B：249，【不透明度】：75％；【阴影模式】：正片叠底，【颜色】：R：4，G：68，B：80，【透明度】75％，如图 9－3－3 所示。

(6)单击【光泽】复选框后面的名称，打开【光泽】面板，设置【混合模式】：正片叠底，【颜色】：R：192，G：247，B：248，【不透明度】：50％，【角度】：19 度，【距离】：11 像素，【大小】：14 像素，【等高线】：，选择反相。最后效果如图 9－3－3 和图 9－3－4 所示。

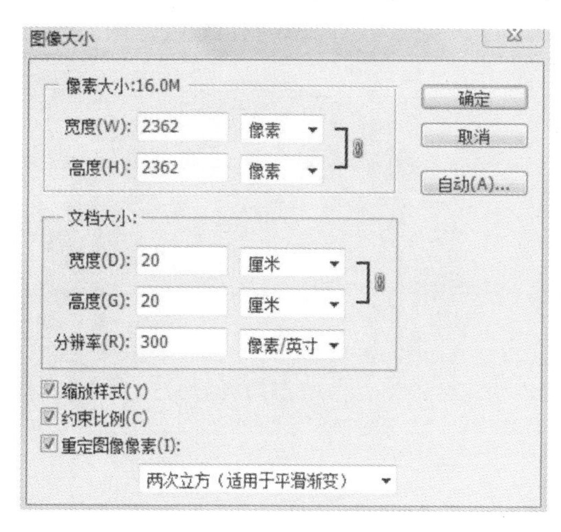

图 9－3－2　制作音乐播放

图 9－3－3　斜面和浮雕

图 9－3－4　光泽

(7)新建“图层 2”，选择【椭圆选框工具】，在文件窗口中按住【Shift】键拖移绘制正圆选区，与第一图层的圆成同心圆，设置前景色为黑色。

(8)复制“图层 1”，将“图层 1 副本”缩小到适当大小，成为“图层 1”的同心圆，按住【Ctrl＋T】，并旋转一点角度，如图 9－3－5 和图 9－3－6 所示。

(9)新建“图层 3”，选择【钢笔工具】，单击属性上的【路径】按钮，在文件窗口中绘制路径，按【Ctrl＋Enter】组合键，将路径转换为选区，并填色，R：72，G：191，B：163，并调整【透明度】为 61％。

(10)双击“图层 3” 后面的空白处，打开【图层样式】对话框，选择【混合模式】中的“正片叠底”，【颜色】：R：4，G：42，B：59，【不透明度】调整为 75％。【角度】调整为 120 度，使用【全局光】，【距离】：5 像素，【扩展】：5％，【大小】：5 像素，【等高线】：。

(11)单击【外放光】复选框后面的名称,打开【外放光】面板,设置参数,【不透明度】:75%;【颜色】:R:100,G:246,B:217,【扩展】:0%,【大小】:5 像素,【等高线】: ,【范围】:50%。

图 9-3-5 椭圆工具前

图 9-3-6 椭圆工具后

(12)单击【斜面与浮雕】复选框后面的名称,打开【斜面与浮雕】面板,设置【深度】:100%,【方向】:上,【大小】:21 像素,【软化】:0 像素,【阴影】;面板部分,调整【角度】:120 度,使用【全局光】,【高度】:30 度,【光泽等高线】: ,【高光模式】滤色,【颜色】调整为 R:198,G:247,B:227,【不透明度】:75%,【阴影模式】:正片叠底,【颜色】R:2,G:63,B:41,【透明度】75%。

(13)单击【光泽】复选框后面的名称,打开【光泽】面板,设置【混合模式】:正片叠底,【颜色】:R:96,G:245,B:215,【不透明度】:50%,【角度】:19 度,【距离】:15 像素,【大小】:14 像素,【等高线】: ,选择反相。

(14)单击【渐变叠加】复选框后面的名称,打开【渐变叠加】面板,【不透明度】:100%,【渐变】:位置:0,R:4,G:137,B:107;位置:50,R:9,G:157,B:124;位置:100,R:153,G:244,B:224,【角度】:90 度,【缩放】:100%,如图 9-3-7 所示。

图 9-3-7 渐变叠加

图 9-3-8 绘制正圆

(15)新建"图层 4",选择【椭圆选框工具】 ,在文件窗口中按住【Shift】键拖移绘制正圆选区，与第一图层的圆成同心圆，设置前景色为黑色，并点击菜单栏的编辑里面的【描边】选项，【颜色】：R：105，G：184，B：176，【大小】：3，【位置】：居外，如图 9－3－8 所示。

(16)新建“图层 5”，并调整位置处于“图层 4”下面一层。选择【椭圆选框工具】，在文件窗口中按住【Shift】键拖移绘制正圆选区，与第一图层的圆成同心圆，设置前景色为 R：3，G：50，B：72，并点击菜单栏的编辑里面的【描边】选项，【颜色】：R：105，G：184，B：176，【大小】：3，【位置】：居外。

(17)单击【外放光】复选框后面的名称，打开【外放光】面板，设置参数，【不透明度】：75%，【颜色】：R：139，G：248，B：236，【扩展】：8%，【大小】：9 像素，【等高线】：，【范围】：50%。

(18)单击【内放光】复选框后面的名称，打开【内放光】面板，设置【透明度】：75%，【颜色】：R：94，G：244，B：239，【阻塞】：9%，【大小】：7%，【方法】：柔和。

(19)单击【颜色叠加】复选框后面的名称，打开【颜色叠加】面板混合模式，【混合模式】：正常，【颜色】：R：3，G：50，B：72。最后在“图层 5”的图层控制面板里，调整【透明度】为 55%。

(20)新建“组 1”，并“组 1”下新建“图层 6”，选择【钢笔工具】，单击属性上的【路径】按钮，在文件窗口中绘制路径，按【Ctrl＋Enter】组合键，将路径转换为选区，并设置前景色为渐变色：位置：0，R：1，G：25，B：37；位置：40，R：16，G：114，B：117；位置：85，R：10，G：46，B：56；位置，100，R：25，G：87，B：101，从左上角成 45°斜拉到右下角，如图 9－3－9 和图 9－3－10 所示。

图 9－3－9　钢笔工具前

图 9－3－10　钢笔工具后

(21)复制“图层 6”，形成“图层 6 副本”，并按住【Ctrl＋T】，调整形状并旋转一点角度和位置。

(22)右击“图层 1”，选择【拷贝图层样式】，然后右击“图层 6”，选择【粘贴图层样式】。再右击“图层 6 副本”，选择【粘贴图层样式】，再复制“图层 6”形成“图层 6 副本 2”，先点击隐藏。最后按住“Ctrl”键，左击“图层 6”和“图层 6 副本”，再按【E】，合并“图层 6”和“图层 6 副本”成“图层 6 副本”。最后效果如图 9－3－11 和图 9－3－12 所示。

图 9-3-11　拷贝前

图 9-3-12　拷贝后

(23)复制“图层 6 副本”两次,形成“图层 6 副本 3”和“图层 6 副本 4”,再点开隐藏的“图层副本 2”,再按住【Ctrl+T】,调整大小和位置。

(24)新建“图层 7”,选择【钢笔工具】,单击属性上的【路径】按钮,在文件窗口中绘制形状的心电图路径,并点击【路径】,选择【画笔工具】,设置前景色为 R:255,G:2,B:94,【大小】:5 像素。在路径上右键选择【描边路径】,选择【画笔】,完成描边,最后效果如图 9-3-13 和图 9-3-14 所示。

图 9-3-13　画笔前

图 9-3-14　画笔后

(25)新建“图层 8”,选择【圆角矩形工具】,选择填充像素,把前景色设置为 R:77,G:251,B:233。按住【Ctrl+T】,调整大小和位置,并调整一点角度。

(26)双击“图层 8”后面的空白处,打开【图层样式】对话框,点击【外放光】复选框后面的名称,打开【外放光】面板,设置参数,【不透明度】:75%,【颜色】:R:190,G:255,B:250,【扩展】:7%,【大小】:15 像素,【方法】:柔和。

(27)复制“图层 8”6 次,再把 6 个图层,按住【Ctrl+T】,调整大小和位置,并调整一点角度,效果如图 9-3-15 和图 9-3-16 所示。

图 9-3-15　圆角矩形工具前

图 9-3-16　圆角矩形工具后

(28)新建“组 2”，并在新建“组 2”下新建“图层 9”，选择【自定形状工具】，选择形状：，选择填充像素，把前景色设置为 R:92，G:207，B:183。按住【Ctrl＋T】，调整大小和位置，并调整一点角度。

(29)双击“图层 9”后面的空白处，打开【图层样式】对话框，点击【内阴影】复选框后面的名称，打开【内阴影】面板，设置【混合模式】：正片叠底，【颜色】：R:3，G:61，B:49，【不透明度】：75%，【角度】：120 度，使用【全局光】，【距离】：8 像素，【阻塞】：5%，【大小】：5 像素，【等高线】：。

(30)新建“图层 10”，选择【自定形状工具】，选择形状：，选择填充像素，把前景色设置为 R:92，G:207，B:183。按住【Ctrl＋T】，调整大小和位置，并调整一点角度。右击“图层 9”【拷贝图层样式】，再右击“图层 10”【粘贴图层样式】。

(31)新建“图层 11”，选择【多边形套索工具】，选择新选区，画出的形状，将前景色设置为 R:92，G:207，B:183。按住【Ctrl＋T】，调整大小和位置，并调整一点角度。右击“图层 11”【粘贴图层样式】。

(32)新建“图层 12”，选择【矩形选框工具】，将前景色设置为 R:92，G:207，B:183。按住【Ctrl＋T】，调整大小和位置，并调整一点角度绘制的形状，右击“图层 12”【粘贴图层样式】。最后效果图如 9-3-17 和图 9-3-18 所示。

(33)新建“图层 13”，并改名称为“小喇叭”，选择【多边形套索工具】，选择新选区，将前景色设置为 R:70，G:181，B:157。用【多边形套索工具】绘制出小喇叭的形状。

图 9－3－17　粘贴前

图 9－3－18　粘贴后

(34)双击“小喇叭”后面的空白处，打开【图层样式】对话框，点击【内阴影】复选框后面的名称，打开【内阴影】面板，设置【混合模式】：正片叠底，【颜色】：R：3G：61B：49，【不透明度】：75％，【角度】：120 度，使用【全局光】，【距离】：8 像素，【阻塞】：5％，【大小】：5 像素，【等高线】：。

(35)把之前找好的素材，放在图层中，形成“图层 14”。

(36)最后按住【Ctrl＋Shift＋Alt＋E】组合键，盖印可视图层，形成新的“图层 15”图层 15，音乐播放器完成，成品如图 9－3－19 所示。

图 9－3－19　成品

9.3.2　制作开始菜单

运用【圆角矩形工具】绘制不同的形状：运用【图层样式】分别为各形状图加样式；再使用【移动工具】导入不同的动漫素材，如图 9－3－20 所示。

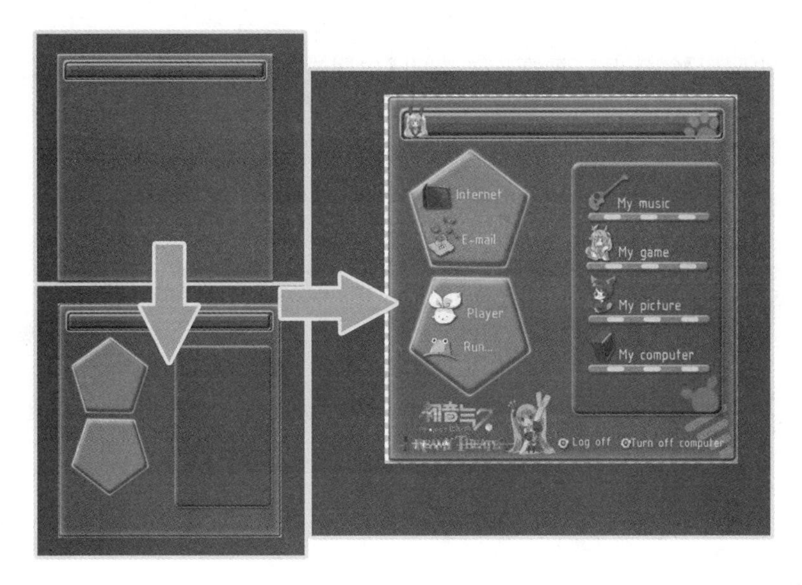

图9-3-20　菜单制作

(1)执行【文件】|【新建】命令,打开【新建】对话框,设置【名称】:开始菜单,【宽度】:16厘米,【高度】:16厘米,【分辨率】:150像素/英寸,【颜色模式】:RGB颜色,【背景内容】:白色,如图9-3-21所示,单击【确定】按钮。

(2)新建"图层1",设置前景色为:蓝色(R:6,G:78,B:108),选择工具箱中的【自定形状工具】,单击属性栏上的【圆角矩形工具】按钮和填充像素按钮,在文件窗口中绘制圆角矩形,图像效果如图9-3-22所示。

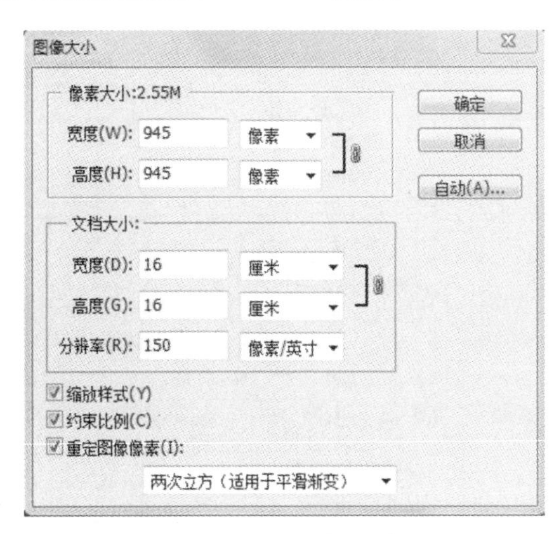

图9-3-21　制作数据

图9-3-22　效果

(3)双击"图层1"空白处,打开【图层样式】对话框。单击【投影】复选框后面的名称,打开【投影】面板,设置【混合模式】:正片叠底,【颜色】:R:52,G:38,B:38,【不透明度】:57%,【角度】:120度,【距离】:5像素,【扩展】:0%,【大小】:10像素,其他参数保持默认值,如图

9-3-23所示。

(4)单击【内阴影】复选框后面的名称,打开【内阴影】面板,设置【混合模式】:正片叠底,【颜色】:R:5,G:77,B:83,【不透明度】:75%,【角度】:120 度,【距离】:1 像素,【扩展】:0%,【大小】:7 像素,其他参数保持默认值,如图 9-3-24 所示。

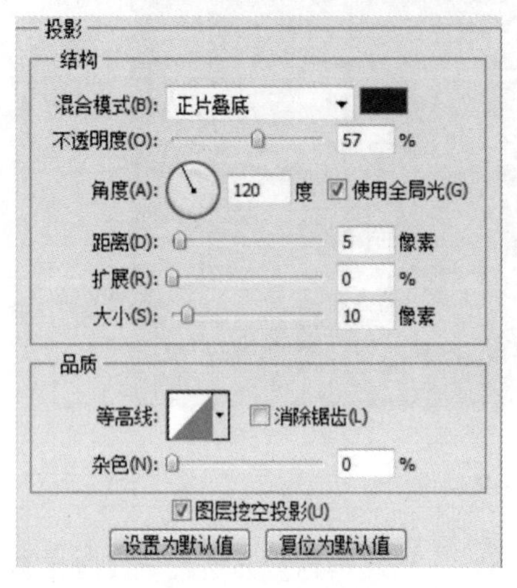

图 9-3-23 投影

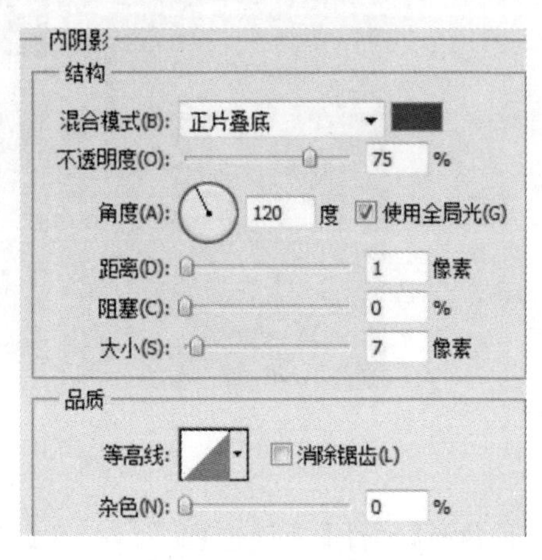

图 9-3-24 内阴影

(5)单击【内发光】复选框后面的名称,打开【内发光】面板,设置【混合模式】:滤色,【不透明度】:75%,【颜色】:R:3,G:149,B:154,【阻塞】:9%,【大小】:40 像素,其他参数保持默认值,如图 9-3-25 所示。

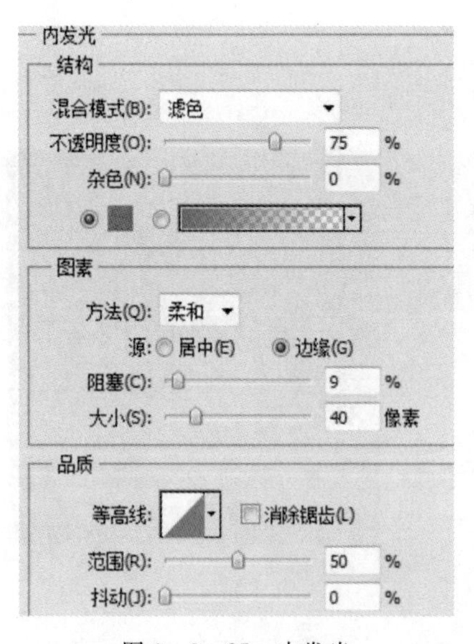

图 9-3-25 内发光

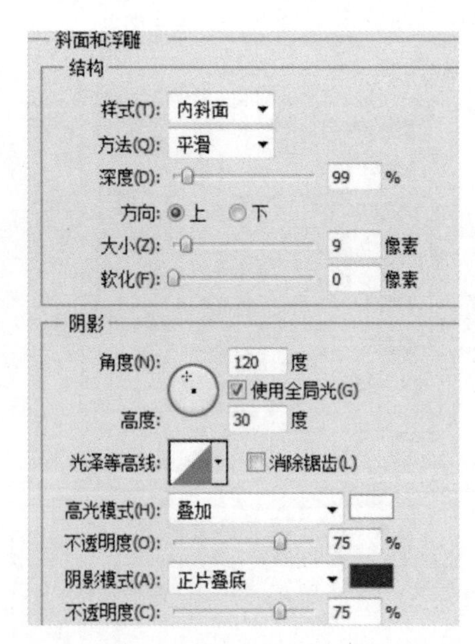

图 9-3-26 斜面和浮雕

(6)单击【斜面和浮雕】复选框后面的名称,打开【斜面和浮雕】面板,在【结构】面板中设置

【深度】:99%,【方向】:上,【大小】:9 像素,【软化值】:0 像素。在【阴影】面板中设置【角度】:120 度,使用【全局光】,【高度】:30 度,【高光模式】:叠加颜色设置为白色,【不透明度】:75%,【阴影模式】:正片叠底,颜色设置为 R:87,G:10,B:4,【不透明度】:75%,【斜面和浮雕】下的【等高线】,选择,单击【确定】按钮,效果如图 9-3-26 所示。

(7)将【图层样式】添加到“图层 1”,如图 9-3-27 所示。

(8)新建“图层 2”,设置前景色为渐变色:53%位置:R:18,G:65,B:134;57%位置:R:41,G:92,B:167。选择工具箱中的【自定形状工具】,单击属性栏上的【圆角矩形工具】按钮和填充像素按钮,在文件窗口中绘制圆角矩形,图像效果如图 9-3-28 所示。

图 9-3-27　图层样式

图 9-3-28　新建图层“2”

(9)双击“图层 2”空白处,打开【图层样式】对话框。单击【外发光】复选框后面的名称,打开【外发光】面板,设置【混合模式】:“滤色”,【不透明度】:75%,【颜色】:白色,【扩展】:13%,【大小】:8 像素,其他参数保持默认值,如图 9-3-29 所示。

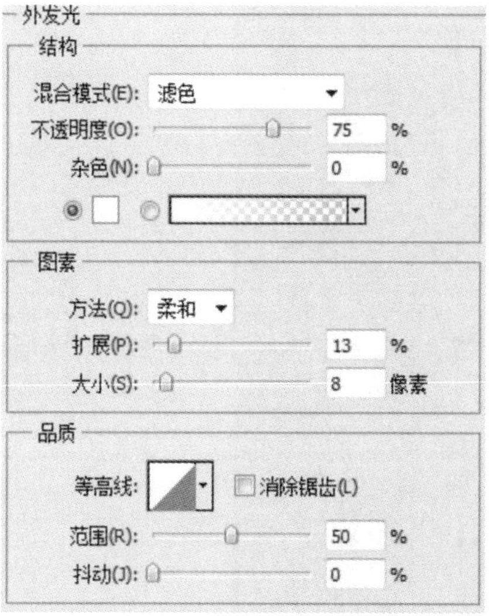

图 9-3-29　外发光数据

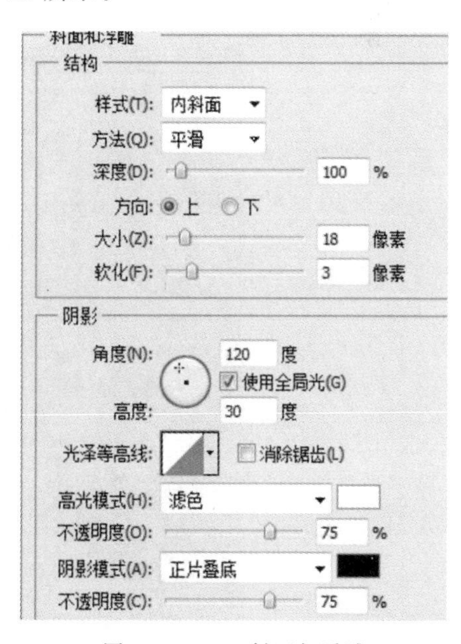

图 9-3-30　斜面与浮雕

(10)单击【斜面和浮雕】复选框后面的名称，打开【斜面和浮雕】面板，在【结构】面板中设置【深度】:100%,【方向】:上,【大小】:18 像素,【软化值】:3 像素。在【阴影】面板中设置【角度】:120 度,使用【全局光】,【高度】:30 度,【高光模式】:滤色,颜色设置为白色,【不透明度】:75%。【阴影模式】:正片叠底,颜色设置为黑色,【不透明度】:75%,【斜面和浮雕】下的【等高线】,选择 ,其他参数保持默认值,如图 9-3-30 所示。

(11)单击【光泽】复选框后面的名称，打开【光泽】面板，设置【混合模式】:正片叠底,【颜色】:R:167,G:227,B:249,【透明度】:50%,【角度】:99%,【距离】:15 像素,【大小】:51 像素,【等高线】: ,选择“反向”, 其他参数保持默认值,如图 9-3-31 所示。

(12)单击【渐变叠加】复选框后面的名称，打开【渐变叠加】面板，设置【混合模式】:正常，渐变色调整为:53%位置:R:18,G:65,B:134;57%位置:R:41,G:92,B:167,【角度】:90 度,其他参数保持默认值,如图 9-3-32 所示。

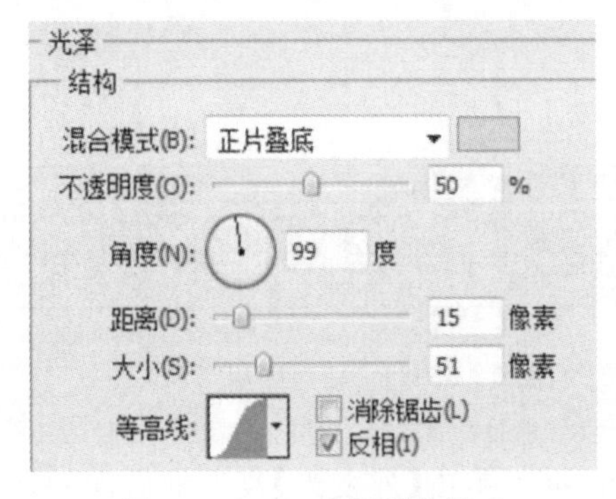

图 9-3-31　光泽混合模式

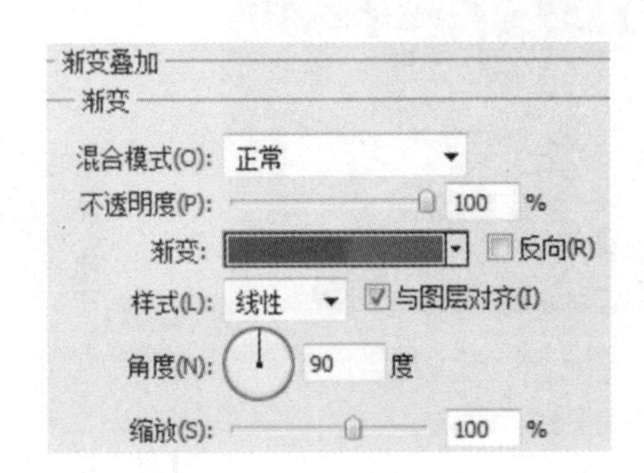

图 9-3-32　渐变叠加

(13)将【图层样式】添加到“图层 2”,效果如图 9-3-33 所示。

图 9-3-33　图层样式

(14)新建“图层 3”,设置前景色为 R:51,G:150,B:151,选择工具箱中的【自定形状工具】,选择 形状: ,选择 填充像素,按住【Ctrl+T】,调整大小和位置,并调整一点角度,使图案出一点条形框。按住【Ctrl】键,点击“图层 2”,再按【Ctrl+Shift+I】“反选”指令,再单击“图层 3”,按【Del】键,并调整【透明度】为“79%”,最后效果如图 9-3-34 所示。

图 9-3-34　图层样式添加

(15)新建“图层 4”,设置前景色为 R:13,G:142,B:141,选择工具箱中的【多边形工具】,选择 填充像素,按住【Ctrl+T】,调整大小和位置,并调整一点角度,图像效果如 9-3-35所示。

(16)双击“图层 4”空白处,打开【图层样式】对话框。单击【投影】复选框后面的名称,打开【投影】面板,设置【混合模式】:正片叠底,【颜色】:黑色,【不透明度】:75%,【角度】:120 度,【距离】:5 像素,【扩展】:0%,【大小】:5 像素,其他参数保持默认值,如图 9-3-36 所示。

图 9-3-35　多边形工具

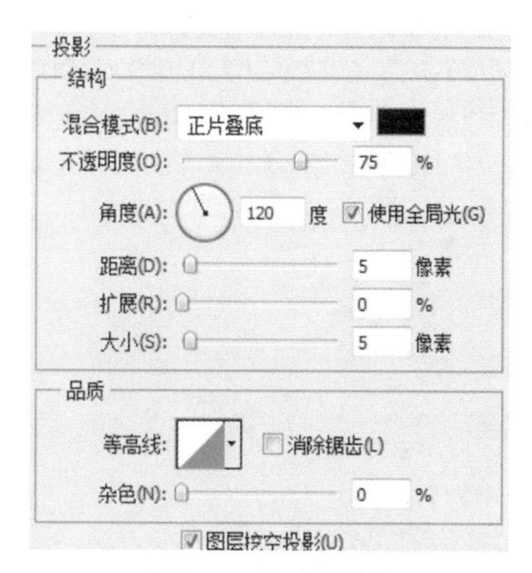

图 9-3-36　投影数据

(17)单击【外发光】复选框后面的名称,打开【外发光】面板,设置【混合模式】:滤色,【不透明度】:75%,【颜色】:R:144,G:243,B:226,【扩展】:2%,【大小】:10 像素,其他参数保持默认值,如图 9-3-37 所示。

(18)单击【内发光】复选框后面的名称,打开【内发光】面板,设置【混合模式】:滤色,【不透明度】:75%,【颜色】:R:190,G:255,B:44,【阻塞】:16%,【大小】:5 像素,【等高线】: ,其他参数保持默认值，如图 9－3－38 所示。

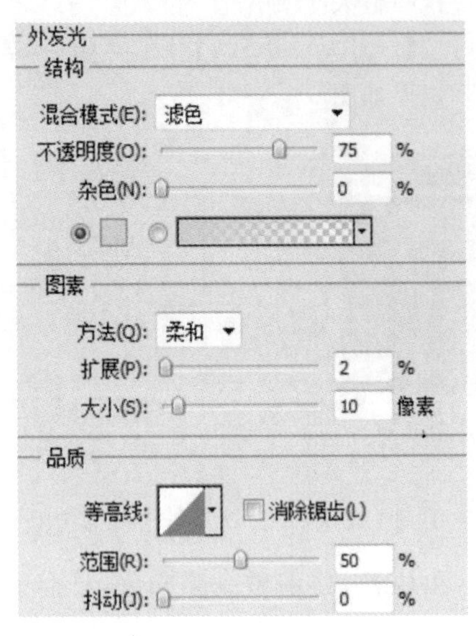

图 9－3－37　颜色数据

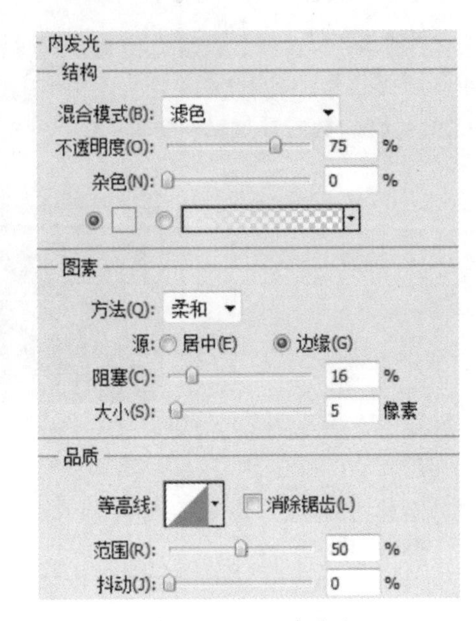

图 9－3－38　内发光

(19)单击【斜面和浮雕】复选框后面的名称，打开【斜面和浮雕】面板，在【结构】面板中设置【深度】：100％，【方向】：上，【大小】：24 像素，【软化值】：2 像素。在【阴影】面板中设置【角度】：120 度，使用【全局光】，【高度】：30 度，【高光模式】：滤色，颜色设置：R：98，G：203，B：204，【不透明度】：75％，【阴影模式】：正片叠底，颜色设置为 R：3，G：77，B：67，【不透明度】为 75％，【斜面和浮雕】下的【等高线】，选择，其他参数保持默认值，如图 9－3－39 所示。

(20)将【图层样式】添加到"图层 2"，效果如图 9－3－40 所示。

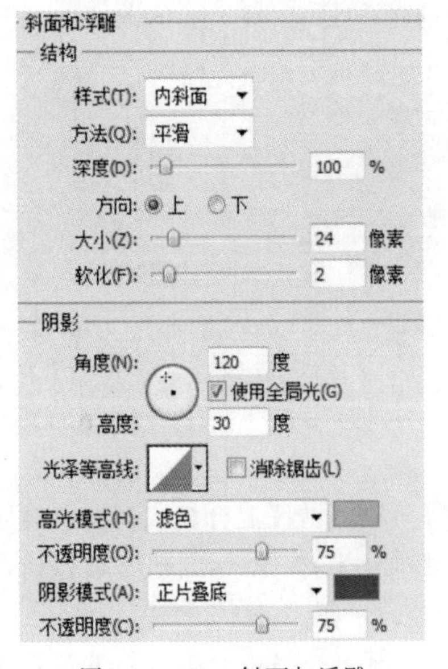

图 9－3－39　斜面与浮雕

图 9－3－40　图层样式添加

(21)复制“图层 4”,形成“图层 4 副本”, 按住【Ctrl+T】,调整大小和位置,并水平翻转,与“图层 4”的图形成轴对称图形,效果如图 9-3-41 所示。

(22)新建“图层 5”, 选择【圆角矩形工具】,选择 填充像素,把前景色设置为 R:22,G:661,B:108。在文件窗口中绘制圆角矩形,图像效果如图 9-3-42 所示。

图 9-3-41　水平翻转后

图 9-3-42　添加矩形

(23)双击“图层 5”空白处,打开【图层样式】对话框。单击【投影】复选框后面的名称,打开【投影】面板,设置【混合模式】:正片叠底,【颜色】:R:4,G:52,B:55,【不透明度】:75%,【角度】:120 度,【距离】:7 像素,【扩展】:2%,【大小】:7 像素,其他参数保持默认值,如图 9-4-43 所示。

(24)单击【外发光】复选框后面的名称,打开【外发光】面板,设置【混合模式】:滤色,【不透明度】:75%,【颜色】:R:190,G:236,B:255,【扩展】:5%,【大小】:5 像素,其他参数保持默认值,如图 9-3-44 所示。

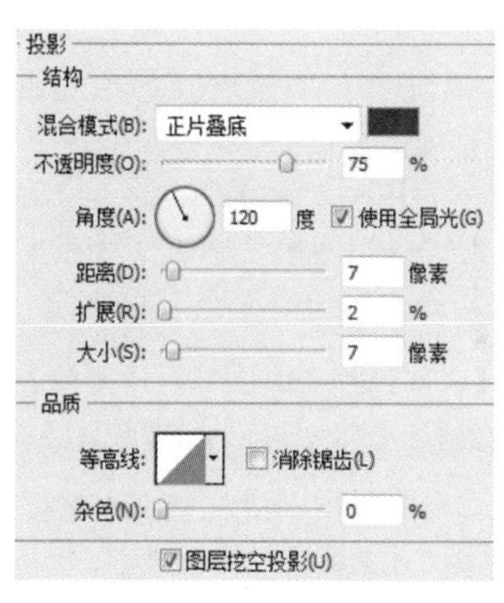

图 9-4-43　投影

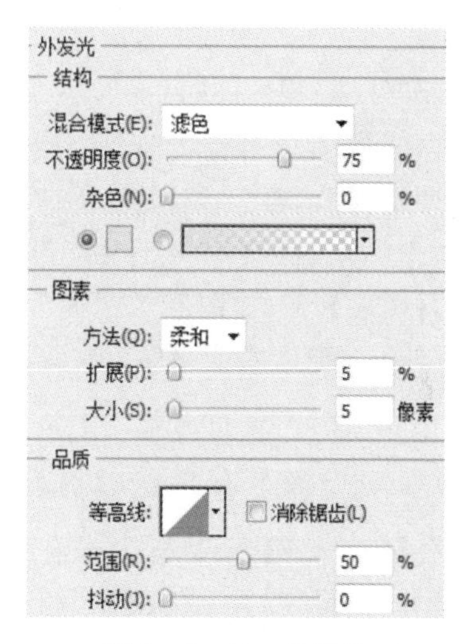

图 9-3-44　外发光

(25)单击【斜面和浮雕】复选框后面的名称，打开【斜面和浮雕】面板，在【结构】面板中设置【深度】：100%，【方向】：上，【大小】：10 像素，【软化值】：2 像素。在【阴影】面板中设置【角度】：120 度，使用【全局光】，【高度】：30 度，【高光模式】：滤色，颜色设置为白色，【不透明度】：75%，【阴影模式】：正片叠底，颜色设置为黑色，【不透明度】：75%，其他参数保持默认值，如图 9-3-45所示。

(26)单击“确定”，将【图层样式】添加到“图层 2”，效果如 9-3-46 所示。

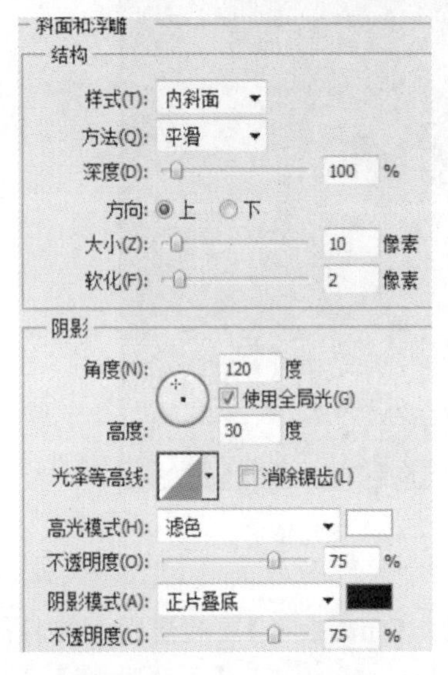

图 9-3-45　斜面和浮雕

图 9-3-46　添加图层

(27)新建“组 1”，并改名称为：“条形装饰”，并在“条形装饰”组下新建“图层 6”，设置前景色为 R：13，G：142，B：141，选择工具箱中的【自定形状工具】，单击属性栏上的【圆角矩形工具】按钮和填充像素按钮，在文件窗口中绘制圆角矩形。右击“图层 5”，选择【拷贝图层样式】，再右击“图层 6”，选择【粘贴图层样式】。再新建“图层 7”，设置前景色为 R：125，G：229，B：254，选择工具箱中的【自定形状工具】，单击属性栏上的【圆角矩形工具】按钮和填充像素按钮，在文件窗口中绘制圆角矩形在“图层 6”的圆角矩形上，并复制“图层 7”两次，形成“图层 7 副本”和“图层 7 副本 2”，依次等距排列圆角矩形，效果如图 9-3-47 所示。

(28)击“图层 6”，并按住“Ctrl”键，再单击“图层 7”“图层 7 副本”和“图层 7 副本 2”，再右键，选择【合并图层】，形成“图层 7 副本”，再复制三次，形成“图层 7 副本 2”“图层 7 副本 3”和“图层 7 副本 4”，再把这四个图形依次等距排列，最后效果图如图 9-3-48 所示。

(29)新建“图层 8”，这里要画一个老鼠头 选择【椭圆选框工具】，设置前景色为 R：13，G：142，B：141，在“图层 5”右下角用【椭圆选框工具】画出一个小椭圆，复制“图层 8”形成“图层 8 副本”，按住【Ctrl+T】，调整方向和位置。最后新建“图层 9”，用【椭圆选框工具】画出一个大椭圆，合并“图层 8”“图层 8 副本”和“图层 9”形成“图层 8 副本”。按住【Ctrl+T】，调整“图层 8 副本”的方向和位置，使图案出一点“图层 5”的位置，按住【Ctrl】，并单击“图层 5”，再按【Ctrl+Shift+I】“反选”指令，再单击“图层 8 副本”，按【Del】键，并调整【透明度】为“70%”，最后效果如图 9－3－49 所示。

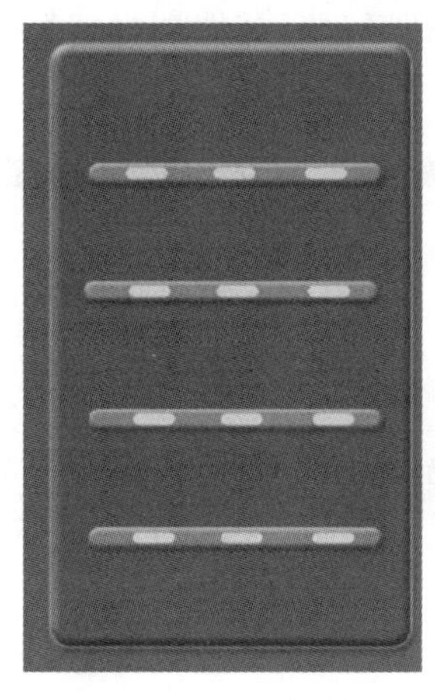

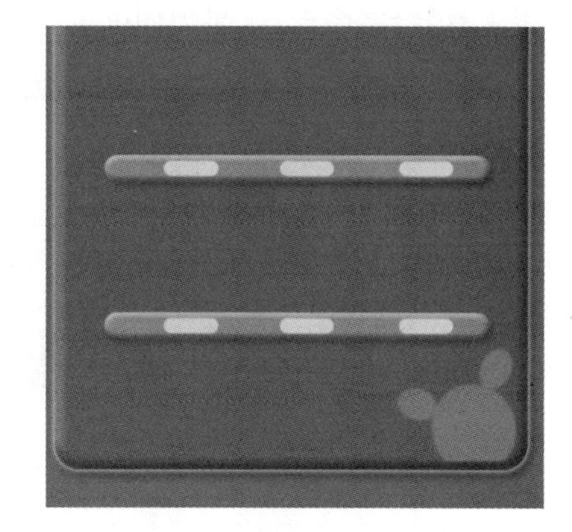

图 9－3－47　圆角矩形工具　　图 9－3－48　复制后　　图 9－3－49　添加图层后

(30)新建“图层 10”，选择工具箱中的【自定形状工具】，单击属性栏上的【圆角矩形工具】按钮和填充像素按钮，设置前景色为 R:20,G:160,B:195，在文件窗口中绘制圆角矩形。复制“图层 10”3 次，形成“图层 10 副本”“图层 10 副本 2”和“图层副本 3”，再按住【Ctrl＋T】，调整这四个图层的大小位置，并整体调整【透明度】为 71%，最后效果图如图 9－3－50 所示。

(31)打开之前准备好的素材文件夹，选择工具箱中的【移动工具】，将素材拖入文件窗口，并调整好位置大小，最后效果图如图 9－3－51 所示。

图 9－3－50　自定形状工具后

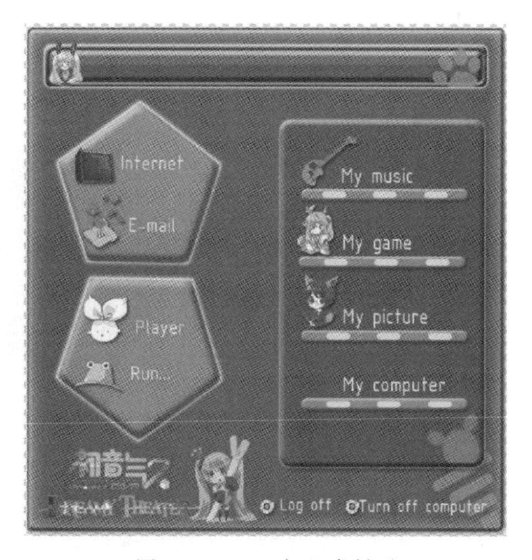

图 9－3－51　加入素材后

(32)最后按住【Ctrl＋Shift＋Alt＋E】组合键，盖印可视图层，形成新的“图层 11”，“开始菜单”制作完成。

9.3.3 制作各种按钮

运用【椭圆选框工具】绘制按钮图像选区;使用【图层样式】为其添加样式,再使用【多边形套索工具】绘制图形,效果如图 9-3-52 所示。

图 9-3-52 绘制图形

(1)执行【文件】|【新建】命令,打开【新建】对话框,设置【名称】:开始菜单,【宽度】:20 厘米,【高度】:15 厘米,【分辨率】:100 像素/英寸,【颜色模式】:RGB 颜色,【背景内容】:白色,单击【确定】按钮。

(2)新建“组 1”,在“组 1”下新建“图层 1”,选择【椭圆选框工具】,设置前景色为 R:22,G:66,B:108,按住【Shift】键,在文件窗口中拖移绘制正圆选区,按住【Alt+Del】键,填色,图像效果如图 9-3-53 所示。

图 9-3-53 椭圆工具

(3)双击“图层 1”空白处,打开【图层样式】对话框。单击【投影】复选框后面的名称,打开【投影】面板,设置【混合模式】:正片叠底,【颜色】:黑色,【不透明度】:75%,【角度】:120 度,【距离】:5 像素,【扩展】:0%,【大小】:5 像素,其他参数保持默认值,如图 9-3-54 所示。

(4)单击【外发光】复选框后面的名称,打开【外发光】面板,设置【混合模式】:滤色,【不透明度】:75%,【颜色】:R:146,G:234,B:239,【扩展】:13%,【大小】:10 像素,其他参数保持默认值，如图 9－3－55 所示。

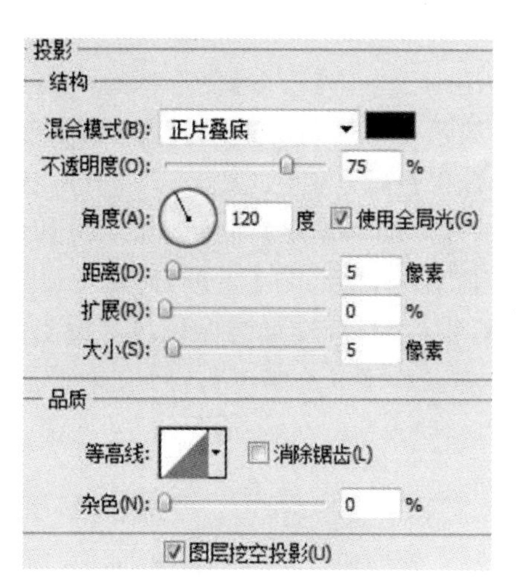

图 9－3－54　投影数据

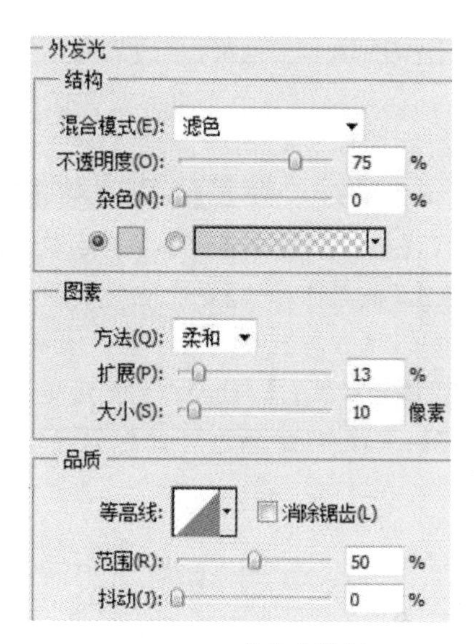

9－3－55　外发光数据

(5)单击【斜面和浮雕】复选框后面的名称，打开【斜面和浮雕】面板，在【结构】面板中设置【深度】：100%，【方向】：上，【大小】：191 像素，【软化值】：4 像素。在【阴影】面板中设置【角度】：120 度，使用【全局光】，【高度】：21 度，【高光模式】：滤色，颜色设置为 R：123，G：196，B：207，【不透明度】：75%。【阴影模式】：正片叠底，颜色设置为 R：41，G：90，B：145，【不透明度】：75%，其他参数保持默认值，如图 9－3－56 所示。

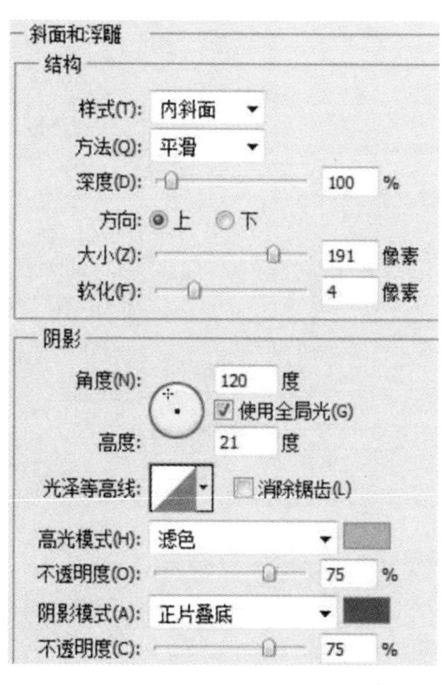

图 9－3－56　斜面与浮雕

(6)【斜面和浮雕】下的【等高线】，选择[图标]，【范围】调整为 50%，单击【确定】，将【图层样式】添加到“图层 1”，效果如图 9-3-57 所示。

(7)新建“图层 2”，选择【多边形套索工具】，选择新选区，将前景色设置为 R:129，G:238，B:238，绘制出一个三角形在文件窗口中，效果如图 9-3-58 所示。

(8)双击“图层 2”空白处，打开【图层样式】对话框。单击【投影】复选框后面的名称，打开【投影】面板，设置【混合模式】:正片叠底，【颜色】:黑色，【不透明度】:75%，【角度】:120 度，【距离】:5 像素，【扩展】:15%，【大小】:5 像素，其他参数保持默认值，如图 9-3-59 所示。

(9)单击【斜面和浮雕】复选框后面的名称，打开【斜面和浮雕】面板，在【结构】面板中设置【深度】:100%，【方向】:上，【大小】:5 像素，【软化值】:0 像素。在【阴影】面板中设置【角度】:120 度，使用【全局光】，【高度】:21 度，【高光模式】:滤色，颜色设置为白色，【不透明度】:75%，【阴影模式】:正片叠底，颜色设置为 R:41，G:181，B:221，【不透明度】:75%，其他参数保持默认值，如图 9-3-60 所示。

图 9-3-57　底层样式

图 9-3-58　加入三角形

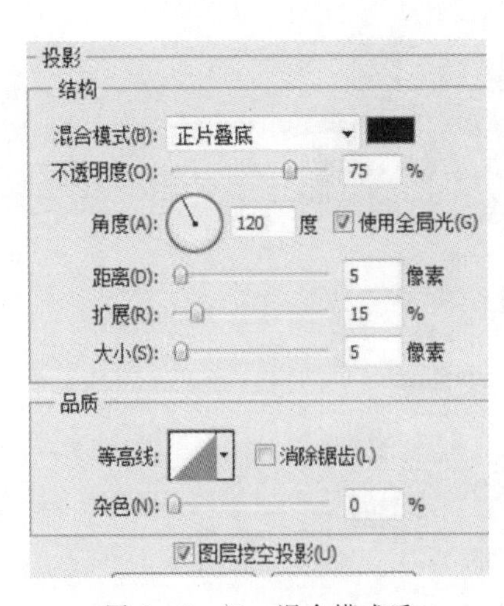

图 9-3-59　混合模式后

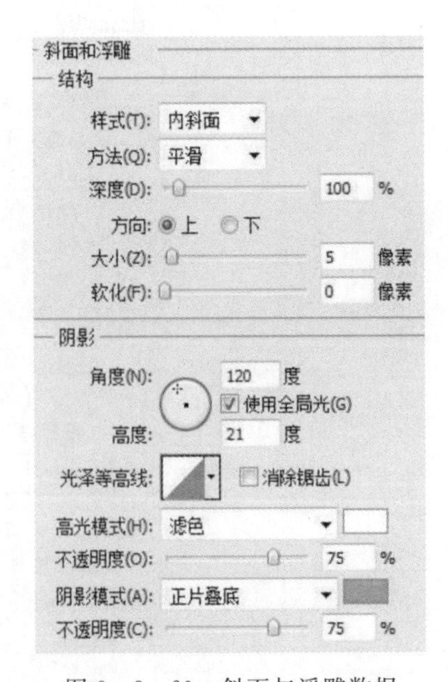

图 9-3-60　斜面与浮雕数据

(10)单击【确定】，将【图层样式】添加到“图层 2”，效果如图 9-3-61 所示

(11)最后按住【Ctrl＋Shift＋Alt＋E】组合键，盖印可视图层，形成新的“图层 3”，按钮完成。

(12)新建“组 2”，在“组 2”下新建“图层 4”，选择【椭圆选框工具】，设置前景色为 R：9，G：139，B：146，按住【Shift】键，在文件窗口中拖移绘制正圆选区，按住【Alt＋Del】键，填色，图像效果如图 9-3-62 所示。

图 9-3-61　图层样式

图 9-3-62　绘制图

(13)双击“图层 4”空白处，打开【图层样式】对话框。单击【投影】复选框后面的名称，打开【投影】面板，设置【混合模式】：正片叠底，【颜色】：黑色，【不透明度】：75%，【角度】：120 度，【距离】：5 像素，【扩展】：0%，【大小】：5 像素，其他参数保持默认值，如图 9-3-63 所示。

(14)单击【斜面和浮雕】复选框后面的名称，打开【斜面和浮雕】面板，在【结构】面板中设置【深度】：100%，【方向】：上，【大小】：51 像素，【软化值】：1 像素。在【阴影】面板中设置【角度】：120 度，使用【全局光】，【高度】：21 度，【高光模式】：滤色，颜色设置为白色，【不透明度】：75%。【阴影模式】：正片叠底，颜色设置为 R：18，G：91，B：96，【不透明度】：75%，其他参数保持默认值，如图 9-3-64 所示。

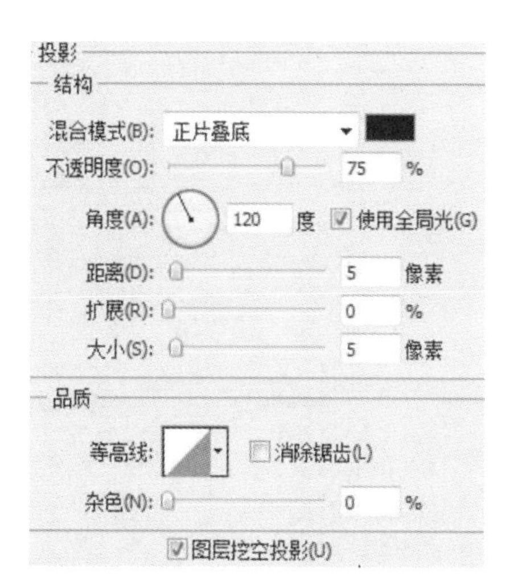

图 9-3-63　数据参考

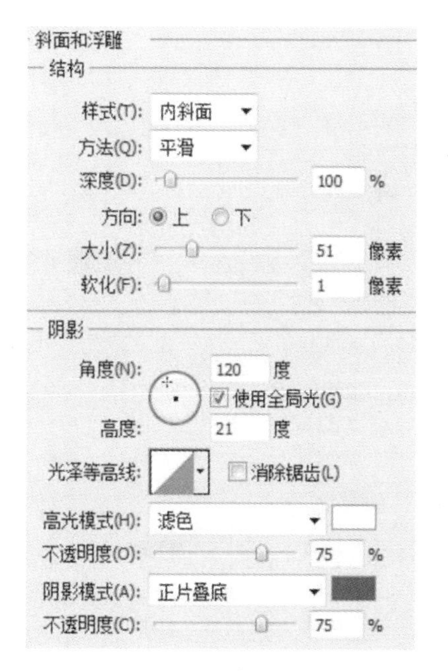

图 9-3-64　斜面与浮雕

(15)单击【确定】,将【图层样式】添加到“图层 4”,效果如图 9-3-65 所示。

(16)新建“图层 5”,选择工具箱中的【自定形状工具】,单击属性栏上的【圆角矩形工具】按钮,和填充像素按钮,设置前景色为白色,在文件窗口中绘制圆角矩形,效果如图 9-3-66 所示。

图 9-3-65　图层样式　　图 9-3-66　加入元素

(17)双击“图层 5”空白处,打开【图层样式】对话框。单击【投影】复选框后面的名称,打开【投影】面板,设置【混合模式】:正片叠底,【颜色】:R:4,G:48,B:49,【不透明度】:75%,【角度】:120 度,【距离】:5 像素,【扩展】:0%,【大小】:5 像素,其他参数保持默认值,如图 9-3-67 所示。

(18)单击【斜面和浮雕】复选框后面的名称,打开【斜面和浮雕】面板,在【结构】面板中设置【深度】:100%,【方向】:上,【大小】:21 像素,【软化值】:0 像素。在【阴影】面板中设置【角度】:120 度,使用【全局光】,【高度】:21 度,【高光模式】:滤色,颜色设置为白色,【不透明度】:75%,【阴影模式】:正片叠底,颜色设置为 R:21,G:170,B:188,【不透明度】:75%,其他参数保持默认值,如图 9-3-68 所示。

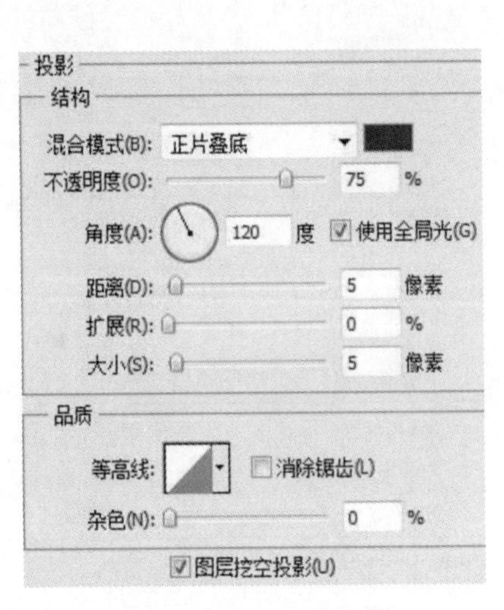

图 9-3-67　投影数据

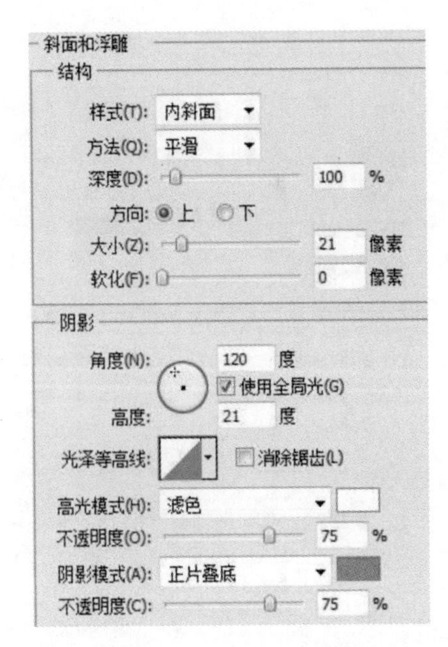

图 9-3-68　斜面与浮雕

(19)单击“确定”,将【图层样式】添加到“图层 5”,效果如图 9－3－69 所示。

(20)复制“图层 5”形成“图层 5 副本”,单击“图层 5 副本” 按住【Ctrl＋T】,再右击图形,选择【旋转 90 度(顺时针)】,最后效果如图 9－3－70 所示。

(21)最后按住【Ctrl＋Shift＋Alt＋E】组合键,盖印可视图层,形成新的“图层 6”,按钮完成。

(22)新建“组 3”,在“组 3”下新建“图层 7”, 选择【椭圆选框工具】,设置前景色为 R:16,G:136,B:170,按住【Shift】键,在文件窗口中拖移绘制正圆选区,按住【Alt＋Del】键,填色,图像效果如图 9－3－71 所示。

图 9－3－69　效果图

图 9－3－70　效果图

图 9－3－71　效果图

(23)双击“图层 7”空白处,打开【图层样式】对话框。单击【斜面和浮雕】复选框后面的名称,打开【斜面和浮雕】面板,在【结构】面板中设置【深度】:100%,【方向】:上,【大小】:144 像素,【软化值】:0 像素。在【阴影】面板中设置【角度】:120 度,使用【全局光】,【高度】:21 度,【高光模式】:滤色,颜色设置为 R:126,G:239,B:240,【不透明度】:75%,【阴影模式】:正片叠底,颜色设置为 R:9,G:55,B:87,【不透明度】:75%,其他参数保持默认值,如图 9－3－72 所示。

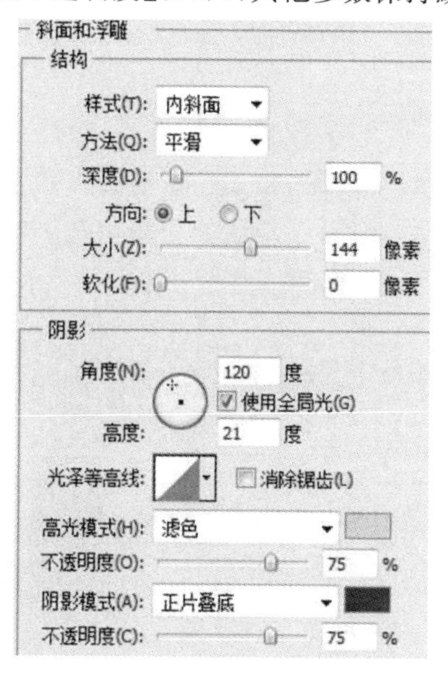

图 9－3－72　阴影模式

(24)单击【确定】,将【图层样式】添加到“图层 7”,效果如图 9-3-73 所示。

(25)新建“图层 8”,选择【矩形选框工具】,按住【Shift】键,在文件窗口中拖移绘制正方形选区,单击【编辑】选择【描边】,设置【颜色】:白色,【大小】:15 像素,其他的参数不变,再点击【确定】,图像效果如图 9-3-75 所示。

图 9-3-73 效果图

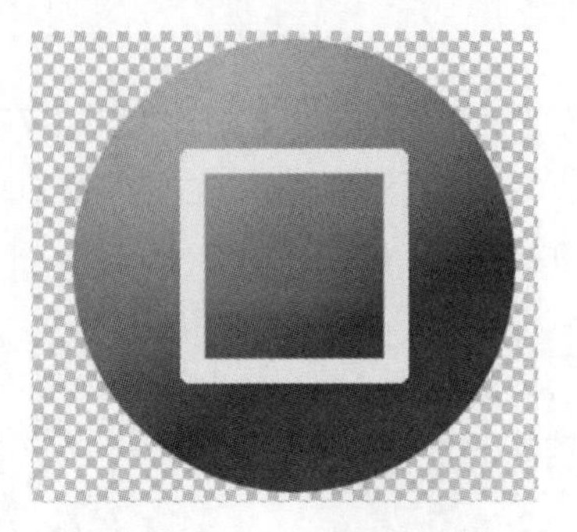

图 9-3-74 加入元素后

(26)双击“图层 8”空白处,打开【图层样式】对话框。单击【斜面和浮雕】复选框后面的名称,打开【斜面和浮雕】面板,在【结构】面板中设置【深度】:100%,【方向】:上,【大小】:24 像素,【软化值】:0 像素。在【阴影】面板中设置【角度】:120 度,使用【全局光】,【高度】:21 度,【高光模式】:滤色,颜色设置为白色,【不透明度】:75%,【阴影模式】:正片叠底,颜色设置为 R:52,G:190,B:195,【不透明度】:75%,其他参数保持默认值,如图 9-3-75 所示。

(27)单击【确定】,将【图层样式】添加到“图层 8”,效果如图 9-3-76 所示。

(28)最后按住【Ctrl+Shift+Alt+E】组合键,盖印可视图层,形成新的“图层 9”,按钮完成。

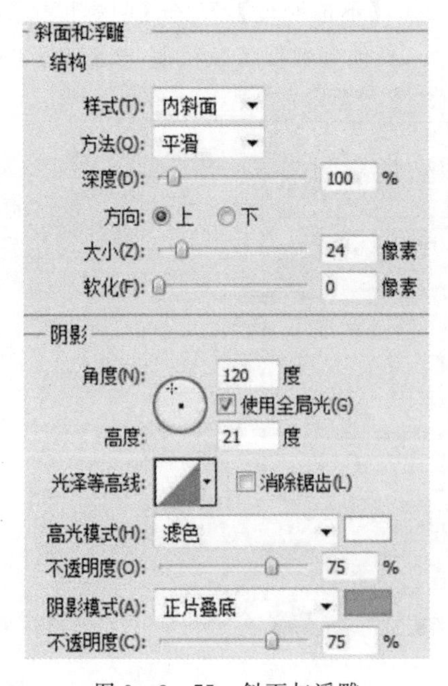

图 9-3-75 斜面与浮雕

图 9-3-76 效果图

(29)新建"组 4",在"组 4"下新建"图层 10",选择【椭圆选框工具】,设置前景色为 R:79,G:169,B:229,按住【Shift】键,在文件窗口中拖移绘制正圆选区,按住【Alt+Del】键,填色。选择【画笔工具】,设置属性栏上的【画笔】:柔角 100 像素,【不透明度】:50%,【流量】:50%,在选区下面涂抹绘制颜色,图像效果如图 9-3-77 所示。

(30)双击"图层 10"空白处,打开【图层样式】对话框。单击【外发光】复选框后面的名称,打开【外发光】面板,设置【混合模式】:滤色,【不透明度】:75%,【颜色】:R:46,G:235,B:242,【扩展】:0%,【大小】:5 像素,其他参数保持默认值,如图 9-3-78 所示。

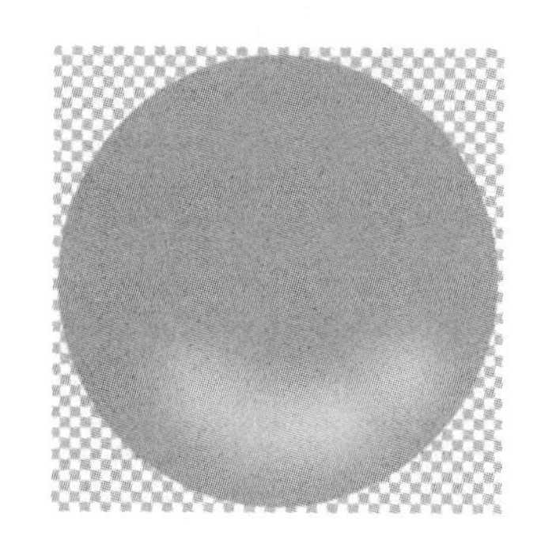

图 9-3-77　效果图

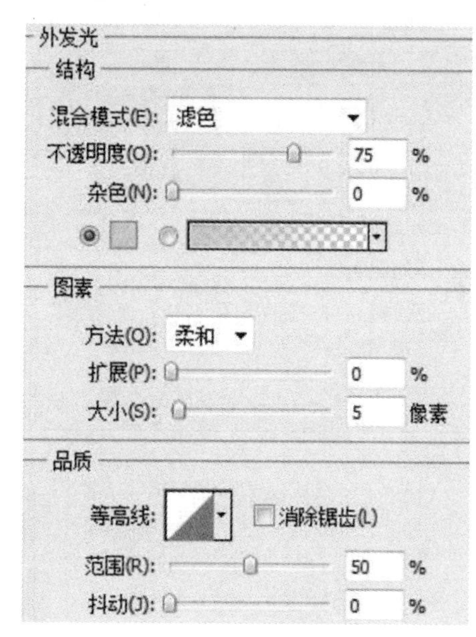

图 9-3-78　颜色参考

(31)单击【斜面和浮雕】复选框后面的名称,打开【斜面和浮雕】面板,在【结构】面板中设置【深度】:100%,【方向】:上,【大小】:141 像素,【软化值】:2 像素。在【阴影】面板中设置【角度】:120 度,使用【全局光】,【高度】:21 度,【高光模式】:滤色,颜色设置为白色,【不透明度】:75%,【阴影模式】:正片叠底,颜色设置为 R:40,G:119,B:174,【不透明度】:75%,其他参数保持默认值,如图 9-3-79 所示。

(32)单击【确定】,将【图层样式】添加到"图层 8",效果如图 9-3-80 所示。

(33)新建"图层 11",选择【多边形套索工具】,选择新选区,将前景色设置为白色,绘制出一个三角形在文件窗口中,效果如图 9-3-81 所示。

(34)双击"图层 11"空白处,打开【图层样式】对话框。单击【投影】复选框后面的名称,打开【投影】面板,设置【混合模式】:正片叠底,【颜色】:R:8,G:119,B:223,【不透明度】:75%,【角度】:120 度,【距离】:5 像素,【扩展】:0%,【大小】:5 像素,其他参数保持默认值,如图 9-3-82所示。

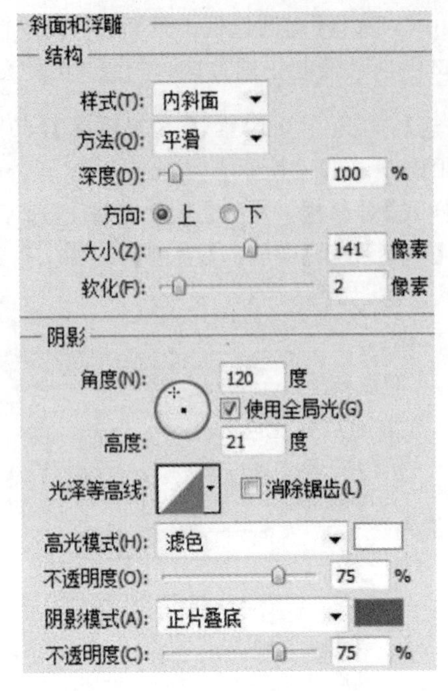

图 9-3-79　斜面与浮雕

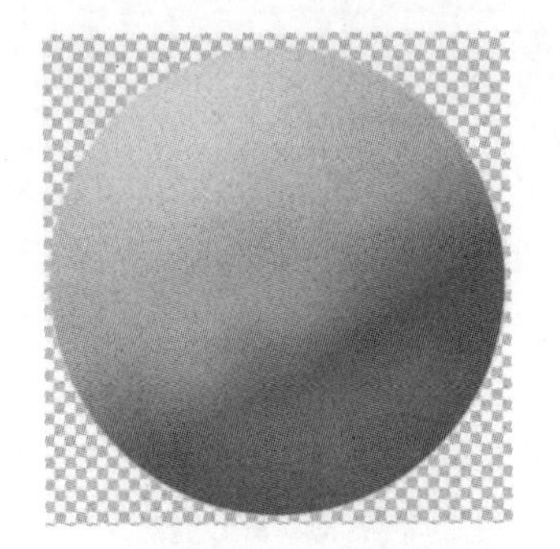

图 9-3-80　效果图

图 9-3-81　效果图

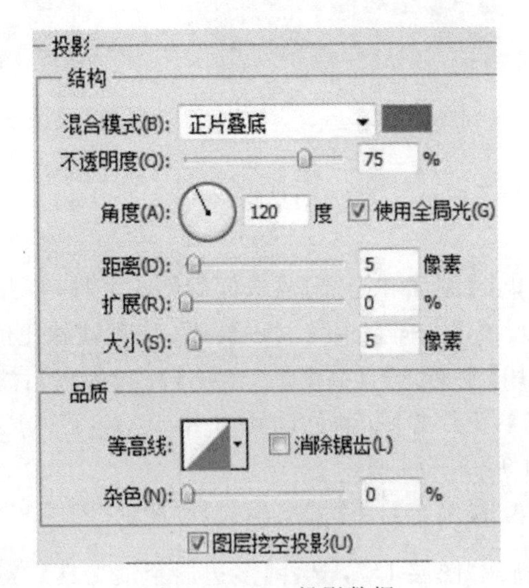

图 9-3-82　投影数据

(35)单击【斜面和浮雕】复选框后面的名称，打开【斜面和浮雕】面板，在【结构】面板中设置【深度】:100%，【方向】:上，【大小】:141 像素，【软化值】:2 像素。在【阴影】面板中设置【角度】:120 度，使用【全局光】，【高度】:21 度，【高光模式】:滤色，颜色设置为白色，【不透明度】:75%，【阴影模式】:正片叠底，颜色设置为 R:58，G:169，B:232，【不透明度】:75%，其他参数保持默认值，如图 9-3-83 所示。

(36)单击【确定】，将【图层样式】添加到“图层 11”，效果如图 9-3-84 所示。

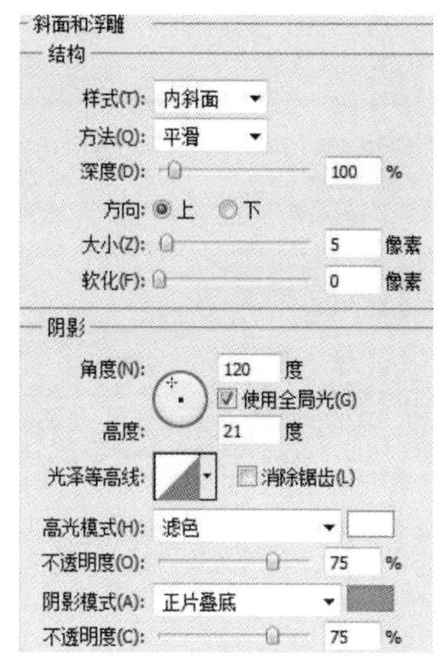

图 9－3－83　斜面与浮雕

图 9－3－84　效果图

(37)新建“图层 12”,选择【矩形选框工具】,设置前景色为白色,在文件窗口中绘制长方形选区,按住【Alt＋Del】键,填色,图像效果如图 9－3－85 所示。

(38)右击“图层 11”,选择【拷贝图层样式】,再右击“图层 12”,选择【粘贴图层样式】,最后效果如图 9－3－86 所示。

图 9－3－85　效果图

图 9－3－86　复制后

(39)最后按住【Ctrl＋Shift＋Alt＋E】组合键,盖印可视图层,形成新的“图层 13”,按【确定】按钮完成。

(40)新建“组 5”,在“组 5”下新建“图层 14”,选择【椭圆选框工具】,设置前景色为 R:105,G:237,B:208,按住【Shift】键,在文件窗口中拖移绘制正圆选区,按住【Alt＋Del】键,填色,图像效果如图 9－3－87 所示。

(41)双击“图层 14”空白处,打开【图层样式】对话框。单击【外发光】复选框后面的名称,打开【外发光】面板,设置【混合模式】:滤色,【不透明度】:75%,【颜色】:R:179,G:234,B:233,

【扩展】:15%,【大小】:10 像素,其他参数保持默认值,如图 9-3-88 所示。

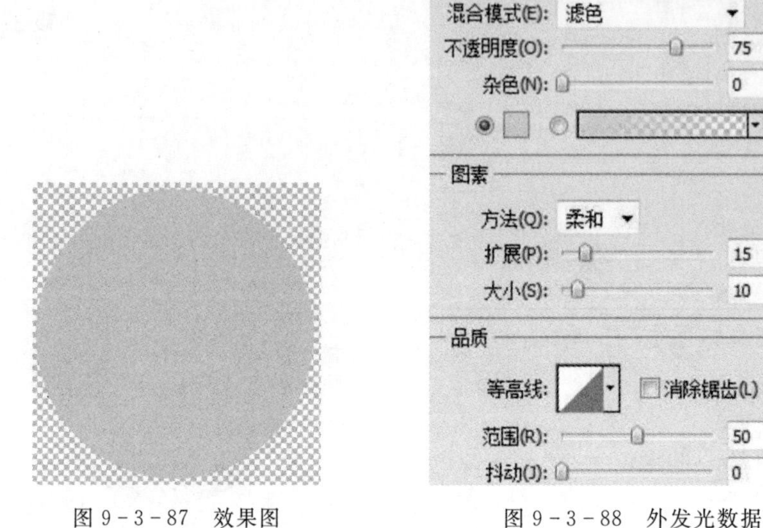

图 9-3-87　效果图　　　　图 9-3-88　外发光数据

(42)单击【斜面和浮雕】复选框后面的名称,打开【斜面和浮雕】面板,在【结构】面板中设置【深度】:100%,【方向】:上,【大小】:59 像素,【软化值】:1 像素。在【阴影】面板中设置【角度】:120 度,使用【全局光】,【高度】:21 度,【高光模式】:滤色,颜色设置为 R:184,G:241,B:218,【不透明度】:75%,【阴影模式】:正片叠底,颜色设置为 R:13,G:122,B:113,【不透明度】:75%,其他参数保持默认值,如图 9-3-89 所示。

(43)单击【确定】,将【图层样式】添加到"图层 14",效果如图 9-3-90 所示。

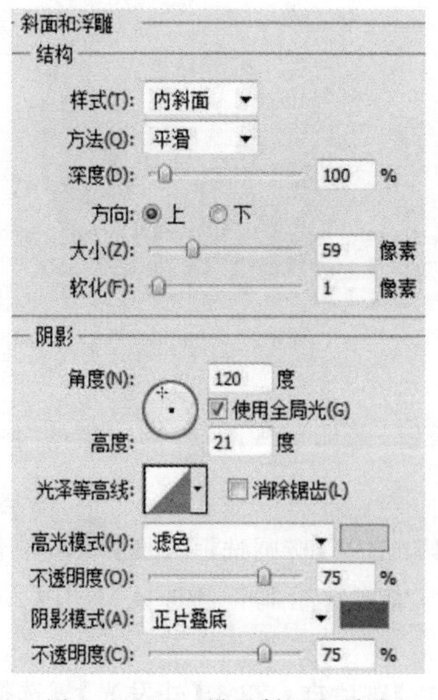

图 9-3-89　设置斜面和浮雕

图 9-3-90　添加图层样式

(44)新建“图层 15”，选择【矩形选框工具】，设置前景色为白色，按住【Shift】键，在文件窗口中绘制正方形选区，按住【Alt+Del】键，填色，图像效果如图 9-3-91 所示。

(45)双击“图层 15”空白处，打开【图层样式】对话框。单击【投影】复选框后面的名称，打开【投影】面板，设置【混合模式】：正片叠底，【颜色】：R：5，G：90，B：73，【不透明度】：75%，【角度】：120 度，【距离】：5 像素，【扩展】：0%，【大小】：5 像素，其他参数保持默认值，如图 9-3-92 所示。

图 9-3-91　绘制正方形选区

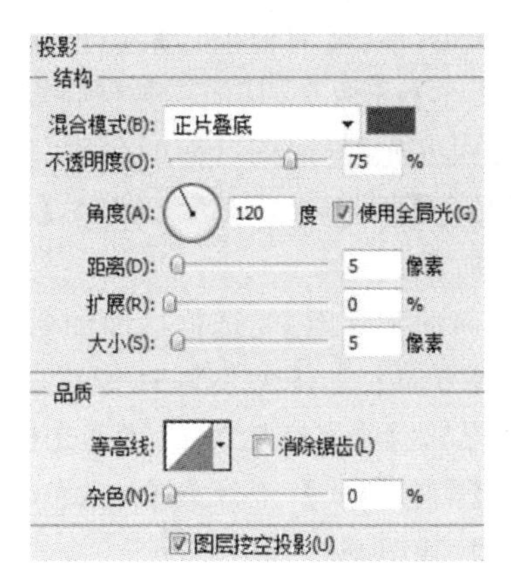

图 9-3-92　设置投影

(46)单击【斜面和浮雕】复选框后面的名称，打开【斜面和浮雕】面板，在【结构】面板中设置【深度】：100%，【方向】：上，【大小】：13 像素，【软化值】：1 像素。在【阴影】面板中设置【角度】：120 度，使用【全局光】，【高度】：21 度，【高光模式】：滤色，颜色设置为 R：166，G：237，B：221，【不透明度】：75%，【阴影模式】：正片叠底，颜色设置为 R：25，G：199，B：136，【不透明度】：75%，其他参数保持默认值，如图 9-3-93 所示。

(47)单击【确定】，将【图层样式】添加到“图层 15”，效果如图 9-3-94 所示。

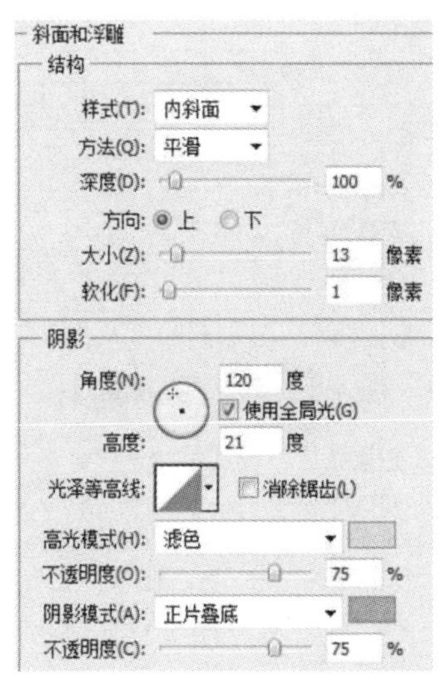

图 9-3-93　斜面和浮雕

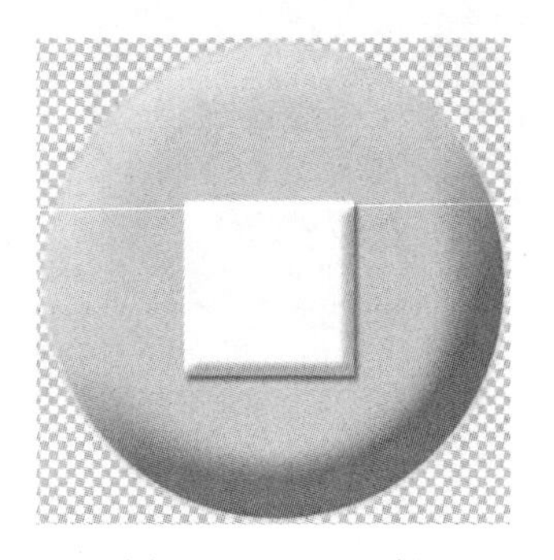

图 9-3-94　面板

(48)最后按住【Ctrl+Shift+Alt+E】组合键,盖印可视图层,形成新的"图层 16",按【确定】按钮完成。

(49)新建"组 6",在"组 6"下新建"图层 17",选择【椭圆选框工具】,设置前景色为 R:19,G:59,B:100,按住【Shift】键,在文件窗口中拖移绘制正圆选区,按住【Alt+Del】键,填色,图像效果如图 9-3-95 所示。

(50)双击"图层 17"空白处,打开【图层样式】对话框。单击【外发光】复选框后面的名称,打开【外发光】面板,设置【混合模式】:滤色,【不透明度】:75%,【颜色】:R:136,G:233,B:237,【扩展】:2%,【大小】:8 像素,其他参数保持默认值,如图 9-3-96 所示。

(51)单击【内发光】复选框后面的名称,打开【内发光】面板,设置【混合模式】:滤色,【不透明度】:75%,【颜色】:R:154 G:255 B:254,【阻塞】:0%,【大小】:5 像素,其他参数保持默认值,如图 9-3-97 所示。

(52)单击【斜面和浮雕】复选框后面的名称,打开【斜面和浮雕】面板,在【结构】面板中设置【深度】:100%,【方向】:上,【大小】:54 像素,【软化值】:2 像素。在【阴影】面板中设置【角度】:120 度,使用【全局光】,【高度】:21 度,【高光模式】:滤色,颜色设置为 R:65,G:196,B:234,【不透明度】:75%,【阴影模式】:正片叠底,颜色设置为 R:7,G:56,B:76,【不透明度】:75%,其他参数保持默认值,如图 9-3-98 所示。

(53)单击【光泽】复选框后面的名称,打开【光泽】面板,设置【混合模式】:正片叠底,【颜色】:R:56,G:208,B:203,【不透明度】:50%,【角度】:19 度,【距离】:11 像素,【大小】:14 像素,【等高线】:,选择反相,最后效果如图 9-3-99 所示。

(54)单击【确定】,将【图层样式】添加到"图层 17",效果如图 9-3-100 所示。

图 9-3-95 内发光

图 9-3-96 外发光

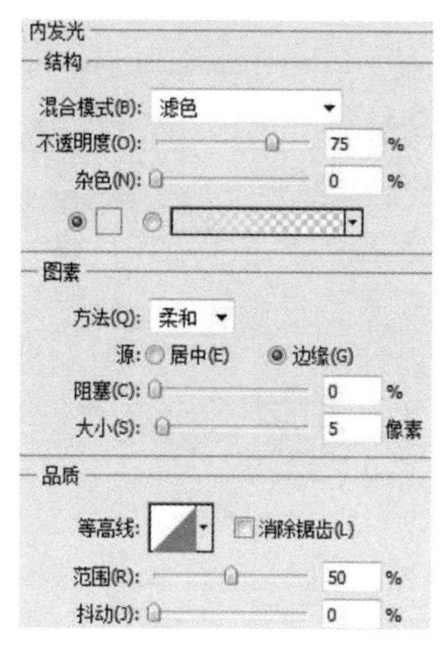

图 9-3-97 内发光

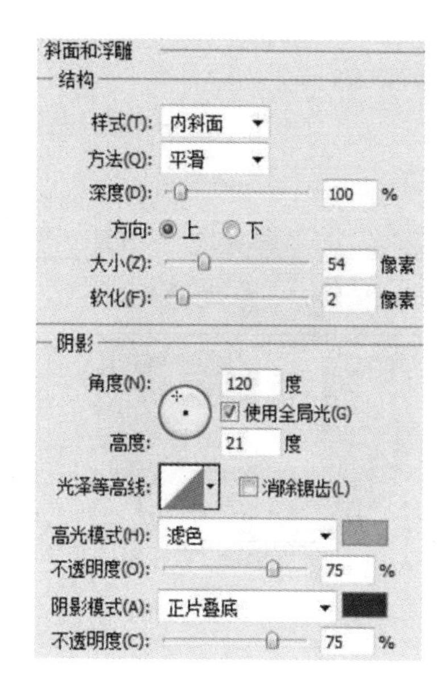

图 9-3-98 斜面和浮雕

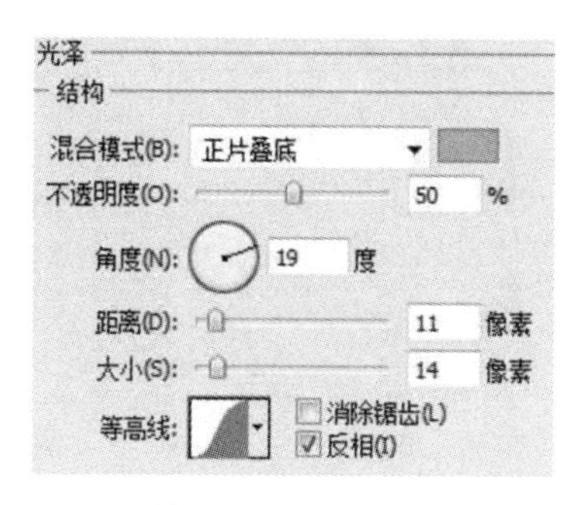

图 9-3-99 光泽

图 9-3-100 图层样式

(55)新建“图层 18”，选择【多边形套索工具】，选择新选区，将前景色设置为白色，绘制出一个楼梯的形状在文件窗口中，效果如图 9-3-101 所示。

(56)双击“图层 18”空白处，打开【图层样式】对话框。单击【投影】复选框后面的名称，打开【投影】面板，设置【混合模式】：正片叠底，【颜色】：R：4，G：46，B：65，【不透明度】：75%，【角度】：120 度，【距离】：10 像素，【扩展】：4%，【大小】：10 像素，其他参数保持默认值，如图 9-3-102所示。

(57)单击【内发光】复选框后面的名称，打开【内发光】面板，设置【混合模式】：滤色，【不透明度】：75%，【颜色】：R：142，G：234，B：233，【阻塞】：0%，【大小】：5 像素，其他参数保持默认值，如图 9-3-103 所示。

(58)单击【斜面和浮雕】复选框后面的名称，打开【斜面和浮雕】面板，在【结构】面板中设置【深度】：100%，【方向】：上，【大小】：16 像素，【软化值】：1 像素。在【阴影】面板中设置【角度】：120 度，使用【全局光】，【高度】：21 度，【高光模式】：滤色，颜色设置为白色，【不透明度】：75%，【阴影模式】：正片叠底，颜色设置为 R：10，G：130，B：164，【不透明度】：75%，其他参数保持默认值，如图 9－3－104 所示。

图 9－3－101　图层样式

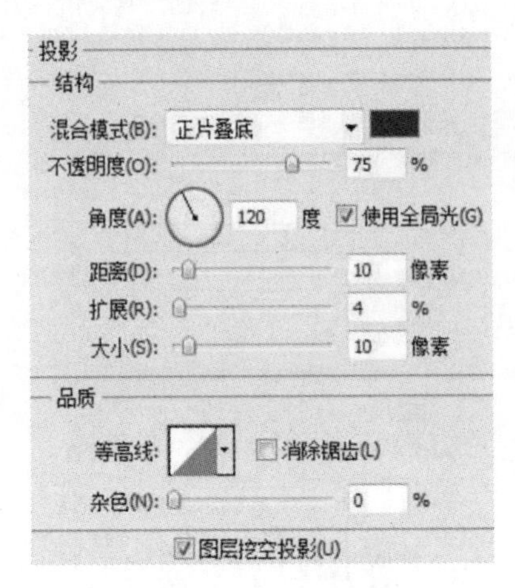

图 9－3－102　投影

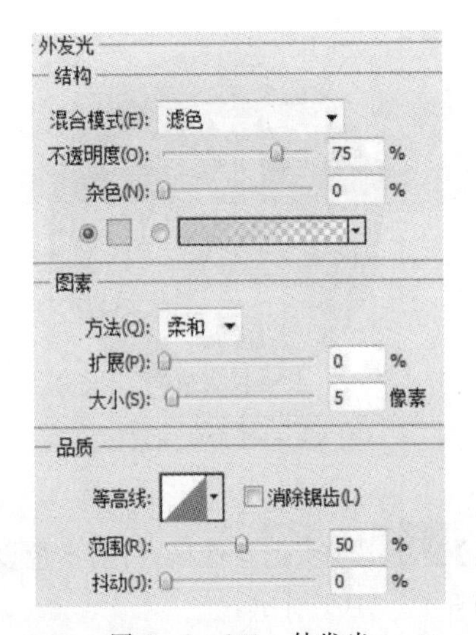

图 9－3－103　外发光

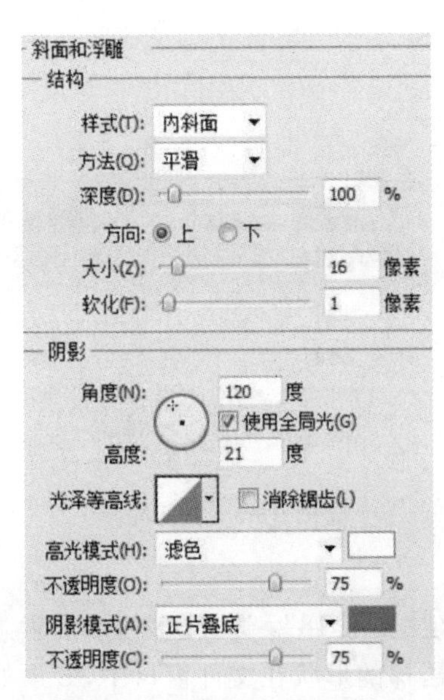

图 9－3－104　斜面和浮雕

(59)单击【确定】，将【图层样式】添加到“图层 18”，效果如图 9－3－105 所示。

(60)最后按住【Ctrl＋Shift＋Alt＋E】组合键，盖印可视图层，形成新的“图层 19”，按【确定】按钮完成。

(61)新建“组 7”，右击“组 6”中的“图层 17”，选择【复制图层】形成“图层副本 17”，将“图层 17 副本”移到“组 7”下，并在“图层 17 副本”上新建“图层 20”，选择【矩形选框工具】，设置前景色为白色，在文件窗口中绘制长方形选区，按住【Alt＋Del】键，填色，图像效果如图 9－3－106拷贝图层样式所示。

(62)右击“组 6”中的“图层 18”，选择【拷贝图层样式】，再右击“组 7”中的“图层 20”，选择【粘贴图层样式】。

(63)最后按住【Ctrl+Shift+Alt+E】组合键，盖印可视图层，形成新的“图层 21”，按【确定】按钮完成，效果如图 9-3-107 所示。

图 9-3-105　图层样式

图 9-3-106　拷贝图层样式

图 9-3-107　可视图层

(64)新建“组 8”，在“组 8”下新建“图层 22”，选择【椭圆选框工具】，设置前景色为 R：225，G：18，B：76，按住【Shift】键，在文件窗口中拖移绘制正圆选区，按住【Alt+Del】键，填色。

(65)双击“图层 22”空白处，打开【图层样式】对话框。单击【外发光】复选框后面的名称，打开【外发光】面板，设置【混合模式】：滤色，【不透明度】：75%，【颜色】：R：153，G：245，B：242，【扩展】：2%，【大小】：5 像素，其他参数保持默认值。

(66)单击【斜面和浮雕】复选框后面的名称，打开【斜面和浮雕】面板，在【结构】面板中设置【深度】：100%，【方向】：上，【大小】：65 像素，【软化值】：1 像素。在【阴影】面板中设置【角度】：120 度，使用【全局光】，【高度】：21 度，【高光模式】：滤色，颜色设置为 R：245，G：189，B：223，【不透明度】：75%，【阴影模式】：正片叠底，颜色设置为 R：100，G：4，B：40，【不透明度】：75%，其他参数保持默认值，如图 9-3-108 所示。

(67)单击【确定】，将【图层样式】添加到“图层 22”。

(68)新建“图层 23”，选择【矩形选框工具】，设置前景色为白色，在文件窗口中绘制长方形选区，按住【Alt+Del】键，填色，如图 9-3-109 所示。

(69)双击“图层 23”空白处，打开【图层样式】对话框。单击【投影】复选框后面的名称，打开【投影】面板，设置【混合模式】：正片叠底，如图 9-3-110 所示。【颜色】：R：117，G：7，B：77，【不透明度】：75%，【角度】：120 度，【距离】：7 像素，【扩展】：4%，【大小】：5 像素，其他参数保持默认值，如图9－3－111所示。

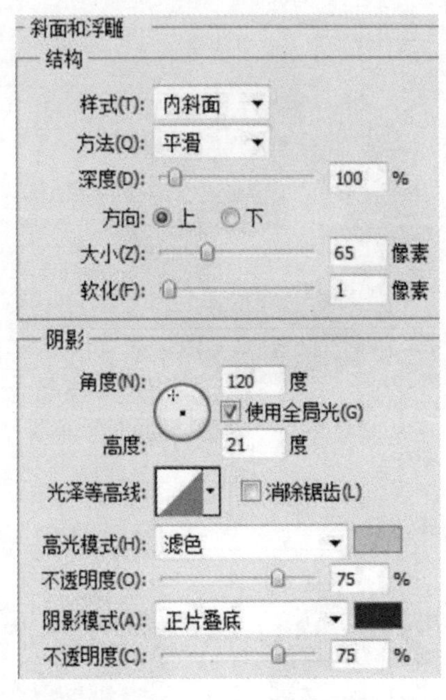

图 9－3－108　面板设置

图 9－3－109　新建图层

图 9－3－110　图层样式

(70)单击【外发光】复选框后面的名称，打开【外发光】面板，设置【混合模式】：滤色，【不透明度】：75％，【颜色】：R：244，G：82，B：174，【扩展】：0％，【大小】：5 像素，其他参数保持默认值，如图 9－3－112 所示。

(71)单击【斜面和浮雕】复选框后面的名称，打开【斜面和浮雕】面板，在【结构】面板中设置【深度】：100％，【方向】：上，【大小】：18 像素，【软化值】：0 像素。在【阴影】面板中设置【角度】：120 度，使用【全局光】，【高度】：21 度，【高光模式】：滤色，颜色设置为白色，【不透明度】：75％，【阴影模式】：正片叠底，颜色设置：R：241，G：125，B：182，【不透明度】：75％，其他参数保持默认值，如图 9－3－113 所示。

(72)单击【确定】，将【图层样式】添加到“图层 23”，效果如图 9－3－114 所示。

(73)最后按住【Ctrl＋Shift＋Alt＋E】组合键，盖印可视图层，形成新的“图层 24”，按【确定】按钮完成。

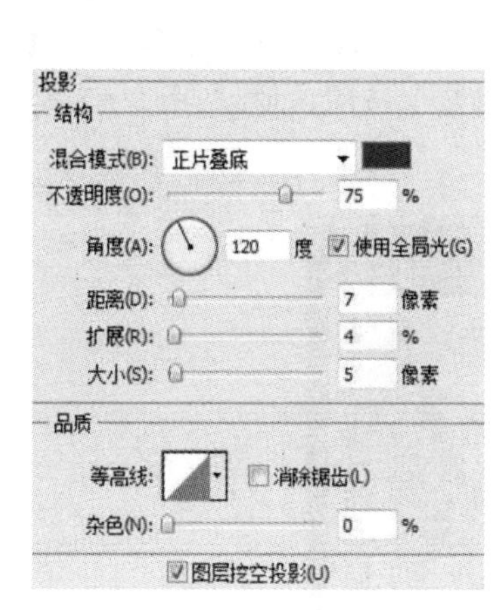

图 9-3-111　图层样式

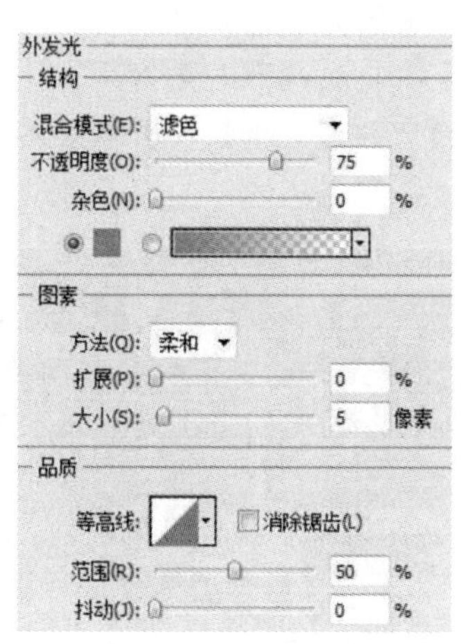

图 9-3-112　外发光

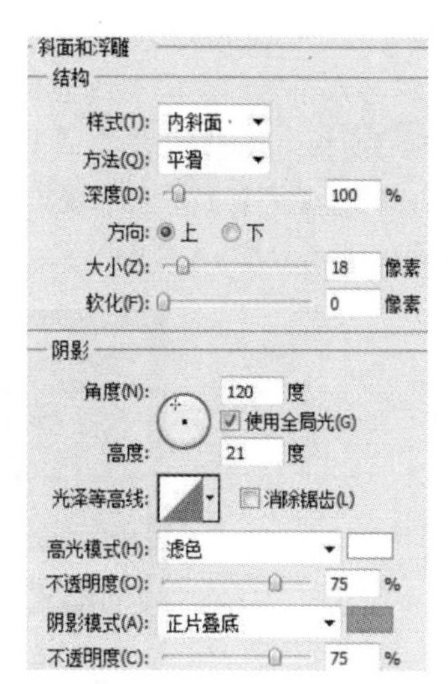

图 9-3-113　斜面和浮雕

(74)隐藏“图层 23”和“图层 24”，右击“图层 23”选择【复制图层】形成“图层 23 副本”，拖到“图层 24”上面，点击可见。单击“图层 24 副本”再按住【Ctrl+T】，右击图形，选择【旋转 90 度(顺时针)】，再点击“图层 23”可见，效果如图 9-3-115 所示。

(75)最后按住【Ctrl+Shift+Alt+E】组合键，盖印可视图层，形成新的“图层 25”，按【确定】按钮完成。

图 9-3-114　制作播放界面

图 9-3-115　制作播放界面

9.3.4　制作播放

运用【圆角矩形工具】绘制播放面板路径；运用【图层样式】制作质感的播放界面；最后运用【移动工具】导入动漫素材和按钮，效果如图 9-3-116 所示。

(1)执行【文件】|【新建】命令，打开【新建】对话框，设置【名称】：开始菜单，【宽度】：20 厘米，【高度】：15 厘米，【分辨率】：100 像素/英寸，【颜色模式】：RGB 颜色，【背景内容】：白色，单击【确定】按钮。

(2)新建“图层 1”，设置前景色为 R：6，G：78，B：108，选择工具箱中的【自定形状工具】，单击属性栏上的【圆角矩形工具】按钮和填充像素按钮，在文件窗口中绘制圆角矩形，如图 9－3－117 所示。

(3)双击“图层 1”空白处，打开【图层样式】对话框。单击【投影】复选框后面的名称，打开【投影】面板，设置【混合模式】：正片叠底，【颜色】：R：52，G：38，B：38，【不透明度】：57%，【角度】：86 度，【距离】：3 像素，【扩展】：0%，【大小】：7 像素，其他参数保持默认值，如图 9－3－118 所示。

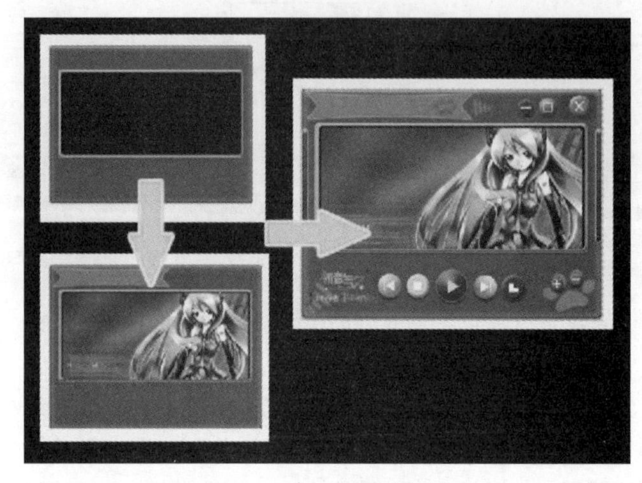

图 9－3－116　制作播放

图 9－3－117　新建图层

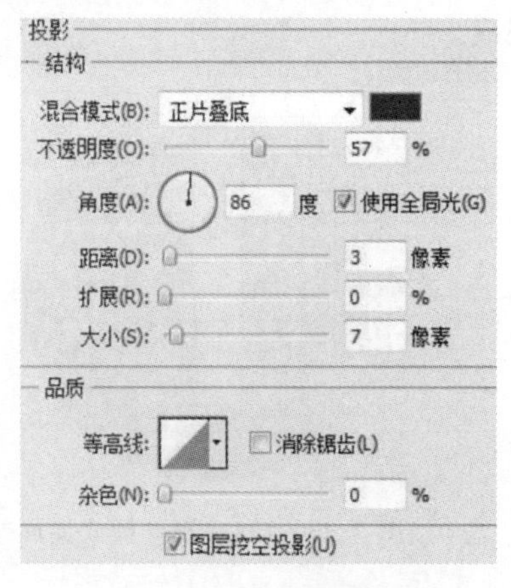

图 9－3－118　图层样式

(4)点击【内阴影】复选框后面的名称，打开【内阴影】面板，设置【混合模式】：正片叠底，颜色为 R：5，G：77，B：83，【不透明度】：75%，【角度】：86 度，使用【全局光】，【距离】：1 像素，【阻塞】：0%，【大小】：5 像素；【等高线】：◩，效果图如 9－3－119 所示。

(5)单击【内发光】复选框后面的名称，打开【内发光】面板，设置【混合模式】：滤色，【不透明度】：75%，【颜色】：R：3，G：149，B：154，【阻塞】：9%，【大小】：27 像素，其他参数保持默认值，如图 9－3－120 所示。

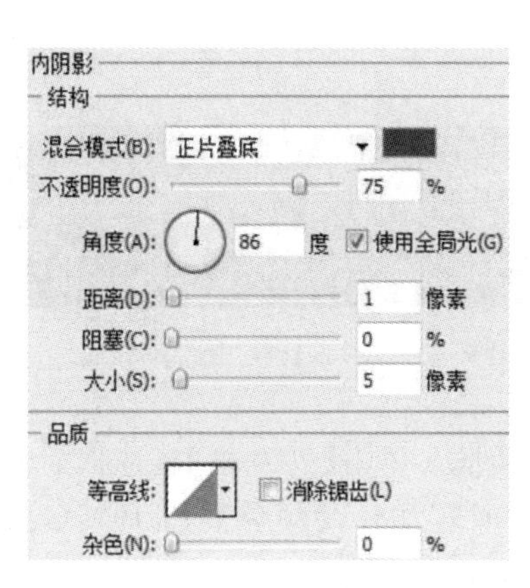

图 9－3－119　内阴影

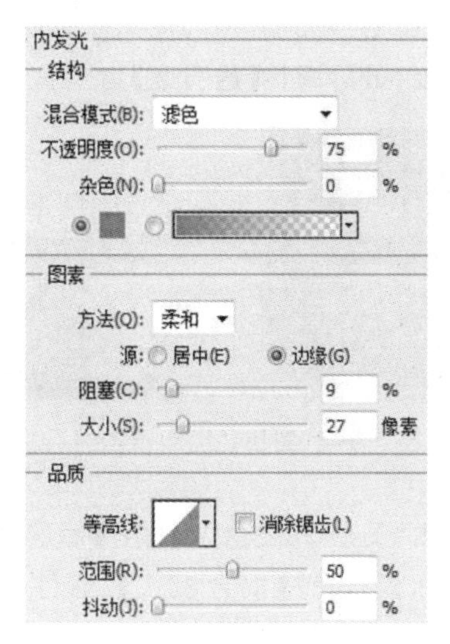

图 9－3－120　内发光

(6)单击【斜面和浮雕】复选框后面的名称，打开【斜面和浮雕】面板，在【结构】面板中设置【深度】:99%，【方向】:上，【大小】:6 像素，【软化值】:0 像素。在【阴影】面板中设置【角度】:86 度，使用【全局光】，【高度】:21 度，【高光模式】:叠加，颜色设置为白色，【不透明度】:75%，【阴影模式】:正片叠底，颜色设置为 R:87，G:10，B:4，【不透明度】:75%，其他参数保持默认值，【斜面和浮雕】下的【等高线】，选择，单击【确定】按钮，如图 9－3－121 所示。

(7)单击【确定】，将【图层样式】添加到"图层 1"，效果如图 9－3－122 所示。

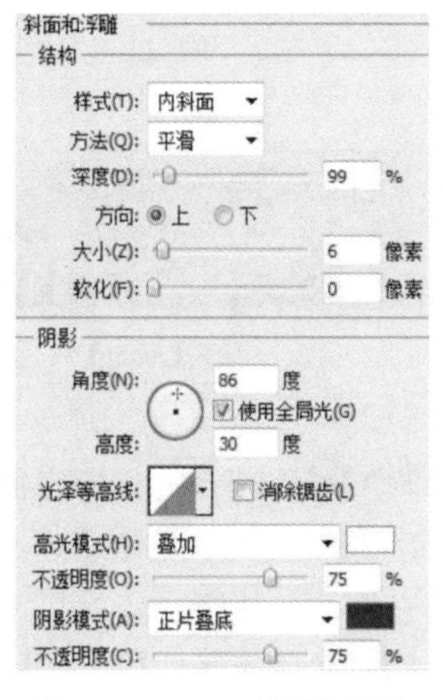

图 9－3－121　斜面和浮雕

图 9－3－122　单击【确定】

(8)新建"图层 2"，选择【自定形状工具】，选择 形状: ，选择 填充像素，把前景色设置为 R:10，G:162，B:161，在文件窗口右下角画图形，按住【Ctrl＋T】，调整大小和位置，并调整一点角度，最后调整【透明度】为 81%，效果图如图 9－3－123 所示。

(9)新建"图层 3"，选择【自定形状工具】，选择 形状: ，选择 填充像素，把前景色设置为 R:10 G:162 B:161,在文件窗口左上角画图形,按住【Ctrl+T】,调整大小和位置,并调整一点角度,最后调整【透明度】为 72%,效果图如图 9-3-124 所示。

图 9-3-123　新建“图层 2”

图 9-3-124　新建“图层 3”

(10)双击“图层 3”空白处,打开【图层样式】对话框。单击【外发光】复选框后面的名称,打开【外发光】面板,设置【混合模式】:滤色,【不透明度】:75%,【颜色】:R:190,G:254,B:255,【扩展】:11%,【大小】:6 像素,其他参数保持默认值,如图 9-3-125 所示。

(11)单击【确定】,将【图层样式】添加到“图层 3”,效果如图 9-3-126 所示。

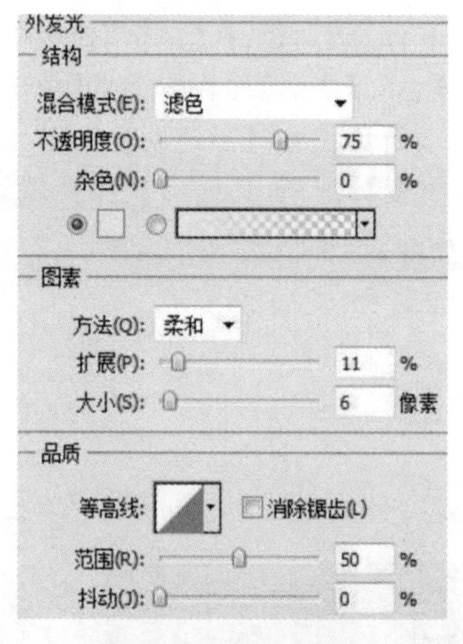

图 9-3-125　外发光

图 9-3-126　单击【确定】

(12)新建“图层 4”,选择【自定形状工具】,选择 形状: ,选择 填充像素,把前景色设置为 R:22,G:66,B:108,在文件窗口左上角画图形,按住【Ctrl+T】,调整大小和位置,并调整一点角度,最后调整【透明度】为 44%,效果图如图 9-3-127 所示。

(13)新建“图层 5”,选择工具箱中的【自定形状工具】,单击属性栏上的【圆角矩形工具】按钮和填充像素按钮,设置前景色为 R:22 G:66 B:108,在文件窗口中绘制圆角矩形,效果如图 9-3-128 所示。

(14)双击“图层 5”空白处,打开【图层样式】对话框。单击【投影】复选框后面的名称,打开【投影】面板,设置【混合模式】:正片叠底,【颜色】:R:160 ,G:198,B:254,【不透明度】:75%,【角度】:86 度,【距离】:3 像素,【扩展】:0%,【大小】:3 像素,其他参数保持默认值,如图 9-3-129所示。

(15)单击【外发光】复选框后面的名称，打开【外发光】面板，设置【混合模式】：滤色，【不透明度】：75%，【颜色】：白色，【扩展】：13%，【大小】：5 像素，其他参数保持默认值，如图 9－3－130所示。

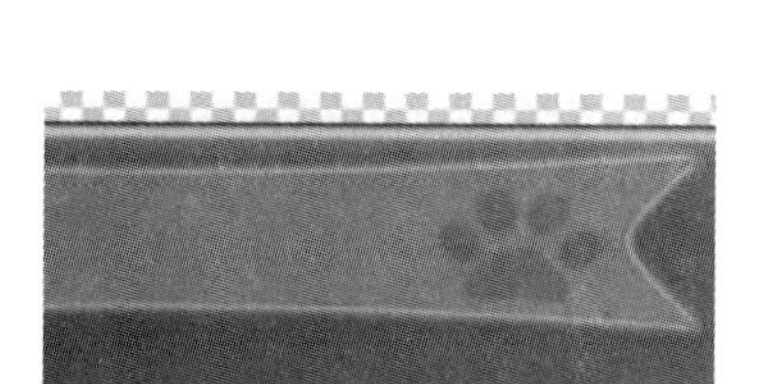

图 9－3－127　新建"图层 4"

图 9－3－128　新建"图层 5"

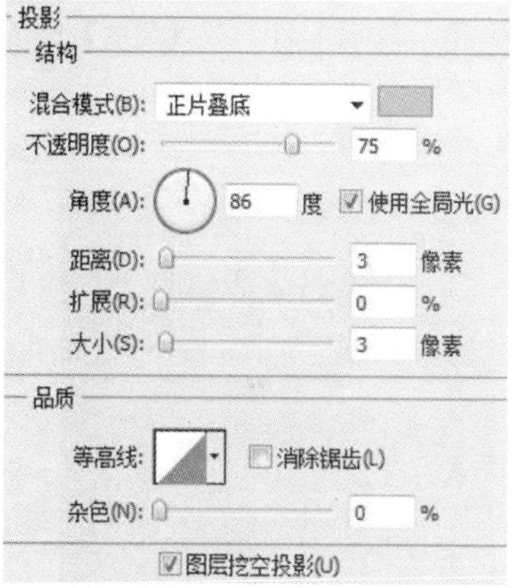

图 9－3－129　投影

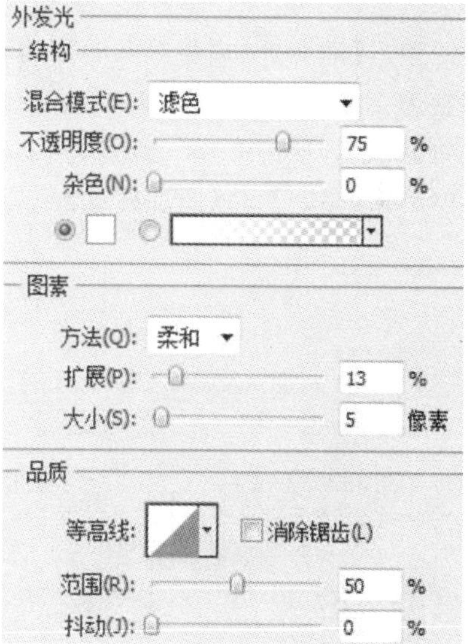

图 9－3－130　外发光

(16)单击【斜面和浮雕】复选框后面的名称，打开【斜面和浮雕】面板，在【结构】面板中设置【深度】：100%，【方向】：上，【大小】：12 像素，【软化值】：2 像素。在【阴影】面板中设置【角度】：86 度，使用【全局光】，【高度】：30 度，【高光模式】：滤色，颜色设置为白色，【不透明度】：75%，【阴影模式】：正片叠底，颜色设置为黑色，【不透明度】：75%，其他参数保持默认值，【斜面和浮雕】下的【等高线】，选择，单击【确定】按钮，如图 9－3－131 所示。

(17)单击【光泽】复选框后面的名称，打开【光泽】面板，设置【混合模式】：正片叠底，颜色为 R：167，G：227，B：249，【不透明度】：50％，【角度】：99 度，【距离】：10 像素，【大小】：34 像素，【等高线】：，选择反相，最后效果如图 9－3－132 所示。

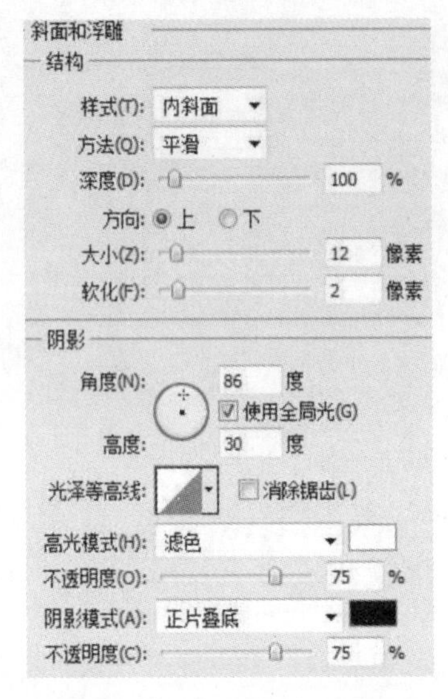

图 9－3－131 斜面和浮雕

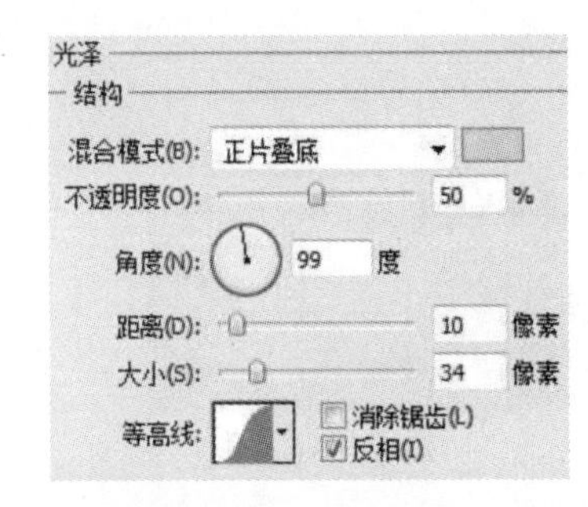

图 9－3－132 光泽

(18)单击【渐变叠加】复选框后面的名称，打开【渐变叠加】面板，设置【混合模式】：正常，渐变色调整为 53％位置：R：18，G：65，B：134；57％位置：R：41，G：92，B：167，【角度】：90 度，其他参数保持默认值，如图 9－3－133 所示

(19)单击【确定】，将【图层样式】添加到“图层 5”，效果如图 9－3－134 所示。

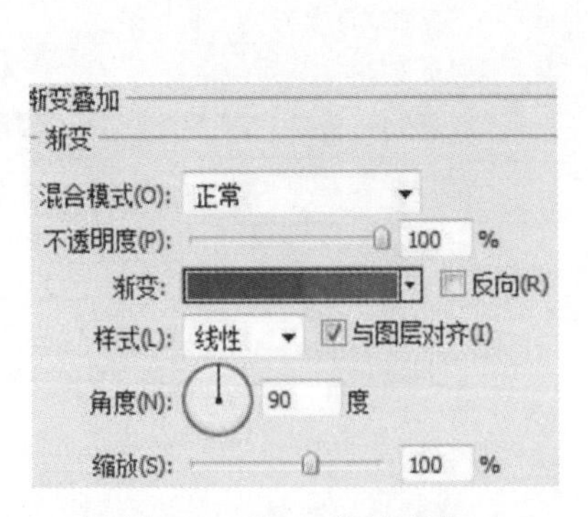

图 9－3－133 渐变叠加

图 9－3－134 单击【确定】

(20)右击“图层 5”，选择【复制图层】形成“图层 5 副本”，将“图层 5 副本”拖至左侧对称，效果如图 9－3－135 所示。

图 9－3－135　右击“图层 5”

(21)打开【开始菜单】，拖出这个装饰图层，拉到【播放界面】这个文件中，并复制一次，按住【Ctrl＋T】，分别调整大小和位置，并调整一点角度，最后调整【透明度】均为 71%，效果如图 9－3－136 所示。

图 9－3－136　调整大小和位置

(22)新建“图层 6”，选择工具箱中的【自定形状工具】，单击属性栏上的【圆角矩形工具】按钮和填充像素按钮，设置前景色为 R:72，G:233，B:233，在文件窗口中绘制圆角矩形，右击“图层 5”选择【拷贝图层样式】，再右击“图层 6”选择【粘贴图层样式】，并将【外发光】样式取消“可看”。再新建“图层 7”，选择工具箱中的【自定形状工具】，单击属性栏上的【圆角矩形工具】按钮和填充像素按钮，设置前景色为黑色，在文件窗口中绘制圆角矩形，最后效果如图 9－3－137 所示。

(23)新建“图层 7”，选择工具箱中的【自定形状工具】，单击属性栏上的【圆角矩形工具】按钮和填充像素按钮，设置前景色为 R:22，G:66，B:108，在文件窗口中绘制圆角矩形，如图 9－3－138 所示。

图 9－3－137　新建“图层 6”

图 9－3－138　新建“图层 7”

(24)双击“图层 7”空白处，打开【图层样式】对话框。单击【投影】复选框后面的名称，打开【投影】面板，设置【混合模式】：正片叠底，【颜色】：R：1，G：191，B：211，【不透明度】：75％，【角度】：86 度，【距离】：6 像素，【扩展】：7％，【大小】：4 像素，其他参数保持默认值，如图 9－3－139 所示。

(25)单击【斜面和浮雕】复选框后面的名称，打开【斜面和浮雕】面板，在【结构】面板中设置【深度】：100％，【方向】：上，【大小】：0 像素，【软化值】：0 像素。在【阴影】面板中设置【角度】：86 度，使用【全局光】，【高度】：30 度，【高光模式】：滤色，颜色设置为白色，【不透明度】：75％，【阴影模式】：正片叠底，颜色设置为 R：97，G：161，B：240，【不透明度】：75％，其他参数保持默认值，如图 9－3－140 所示。

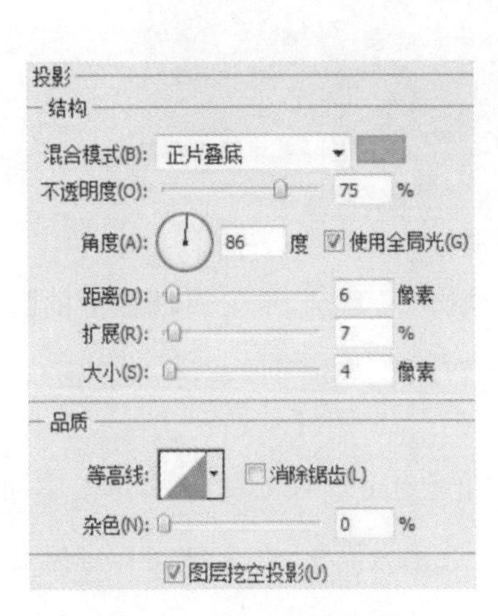

图 9－3－139　图层样式

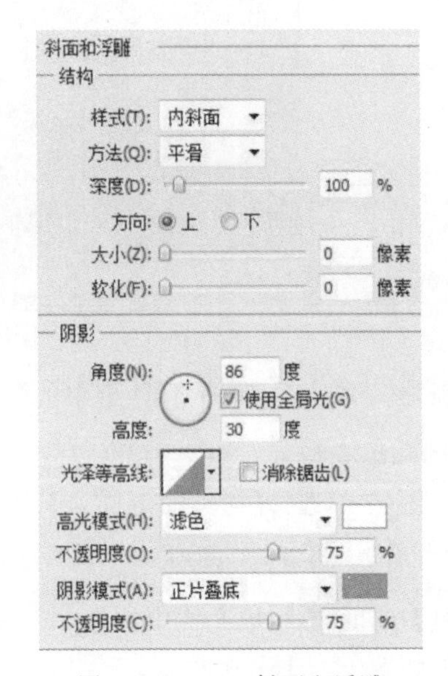

图 9－3－140　斜面和浮雕

(26)单击【确定】，将【图层样式】添加到“图层 7”，效果如图 9－3－141 所示。

(27)打开素材文件夹,将准备好的素材,拖到【播放界面】文件窗口,摆放到适当的位置,最后效果如图 9-3-142 所示。

图 9-3-141　单击【确定】

图 9-3-142　效果图

(28)打开之前准备好的【按钮】文件,选择工具箱中的【移动工具】,将素材拖入文件窗口,并调整好位置大小。并点开【图层样式】面板,添加【投影】效果,设置【混合模式】:正片叠底,【颜色】:R:4,G:48,B:79,【不透明度】:75%,【角度】:86 度,【距离】:8 像素,【扩展】:7%,【大小】:5 像素,其他参数保持默认值,如图 9-3-143 所示。

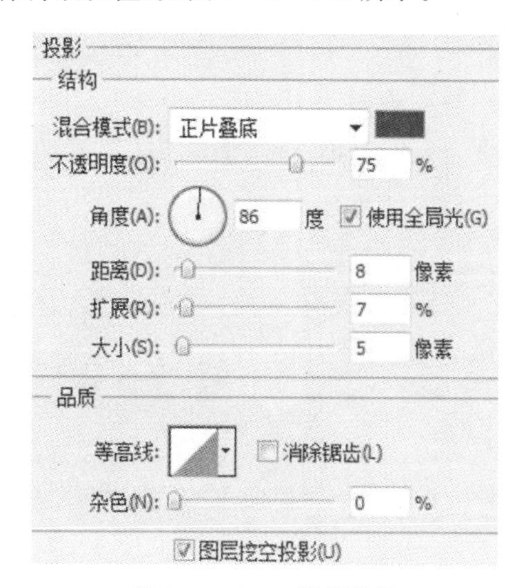

图 9-3-143　设置投影

(29)打开之前准备好的素材文件夹,选择工具箱中的【移动工具】,将标志字符拖入文件窗口,并调整好位置大小。

(30)最后按住【Ctrl+Shift+Alt+E】组合键,盖印可视图层,形成新的“图层 19”,播放界面完成,最终效果如图 9-3-144 所示。

图 9-3-144　组合

9.3.5　制作背景

运用【渐变工具】与【矩形选框工具】制作背景，并添加【图层样式】；运用【移动工具】分别导入各个面板、按钮等图像，如图 9-3-145 所示。

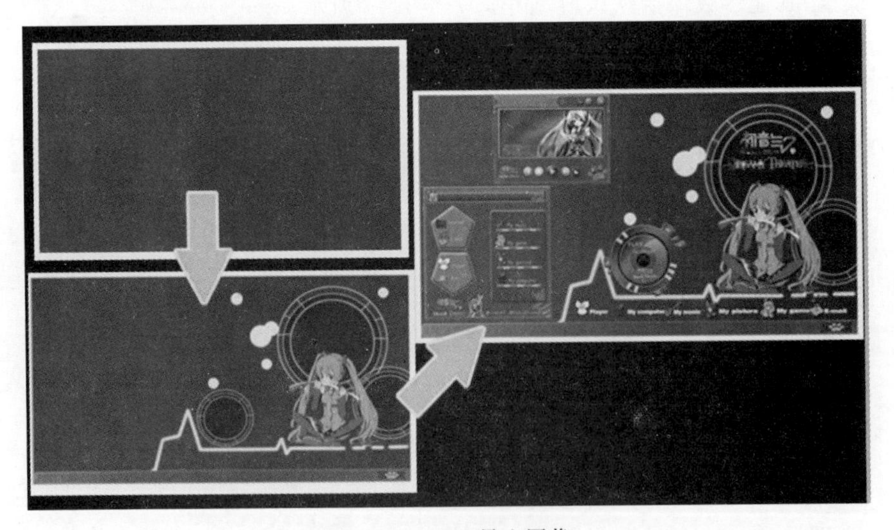

图 9-3-145　导入图像

(1)执行【文件】|【新建】命令，打开【新建】对话框，设置【名称】：开始菜单，【宽度】：35 厘米，【高度】：19 厘米，【分辨率】：100 像素/英寸，【颜色模式】：RGB 颜色，【背景内容】：白色，单击【确定】按钮，如图 9-3-146 所示。

新建
名称(N): 未标题-1
预设(P): 自定
大小(I):
宽度(W): 35 厘米
高度(H): 19 厘米
分辨率(R): 100 像素/英寸
颜色模式(M): RGB 颜色 8 位
背景内容(C): 白色
高级
颜色配置文件(O): sRGB IEC61966-2.1
像素长宽比(X): 方形像素

图 9－3－146　新建

(2)新建“图层 1”，设置前景色为渐变色，位置:0，R:12，G:43，B:61；位置:25，R:29，G:66，B:92；位置:62，R:28，G:63，B:85；位置:82，R:36，G:84，B:106；位置，100，R:29，G:74，B:103，从左拉到右，如图 9－3－149 所示。

图 9－3－147　设置前景色

(3)新建“图层 2”，选择【钢笔工具】，单击属性上的【路径】按钮，在文件窗口中绘制形状的心电图路径，并点击【路径】，选择【画笔工具】，设置前景色为 R:176，G:238，B:225，【大小】:7 像素。在路径上右键选择【描边路径】，选择【画笔】，完成描边，双击“图层 2”空白处，打开【图层样式】对话框。单击【外发光】复选框后面的名称，打开【外发光】面板，设置【混合模式】:滤色，【不透明度】:75%，【颜色】:R:83，G:244，B:238，【扩展】:5%，【大小】:6 像素，其他参数保持默认值，点击【确定】，最后效果如图 9－3－148 所示。

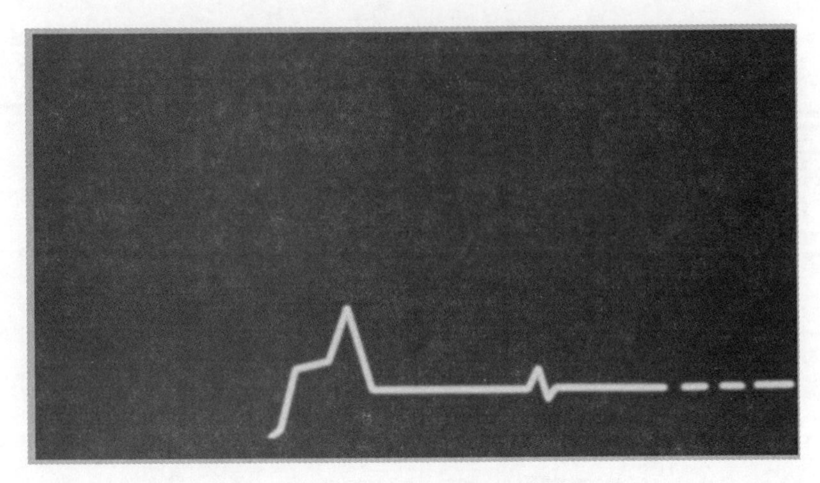

图 9-3-148　设置颜色

(4)新建“图层 3”，设置前景色为渐变色，位置：0，R：17，G：194，B：204；位置：48，R：29，G：99，B：109；位置：79，R：12，G：109，B：117；位置，100，R：11，G：133，B：140。选择工具箱中的【自定形状工具】，单击属性栏上的【圆角矩形工具】按钮和填充像素按钮，在文件窗口中绘制圆角矩形，将渐变色从左拉到右，如图 9-3-149 所示。

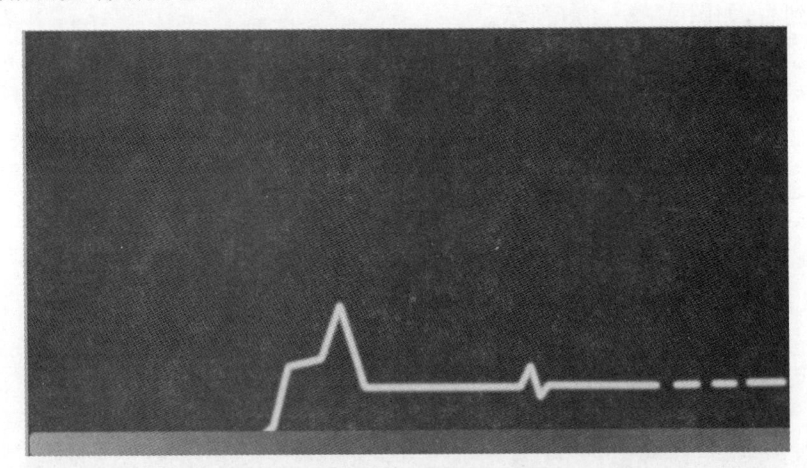

图 9-3-149　设置颜色，图形

(5)双击“图层 3”空白处，打开【图层样式】对话框。单击【外发光】复选框后面的名称，打开【外发光】面板，设置【混合模式】：滤色，【不透明度】：75%，【颜色】：R：73，G：248，B：246，【扩展】：0%，【大小】：2 像素，其他参数保持默认值，如图 9-3-150 所示。

(6)单击【斜面和浮雕】复选框后面的名称，打开【斜面和浮雕】面板，在【结构】面板中设置【深度】：100%，【方向】：上，【大小】：5 像素，【软化值】：0 像素。在【阴影】面板中设置【角度】：120 度，使用【全局光】，【高度】：30 度，【高光模式】：滤色，颜色设置为 R：68，G：247，B：241，【不透明度】：75%，【阴影模式】：正片叠底，颜色设置为 R：17，G：163，B：165，【不透明度】：75%，【光泽等高线】选择光泽等高线：，其他参数保持默认值，如图 9-3-151 所示。

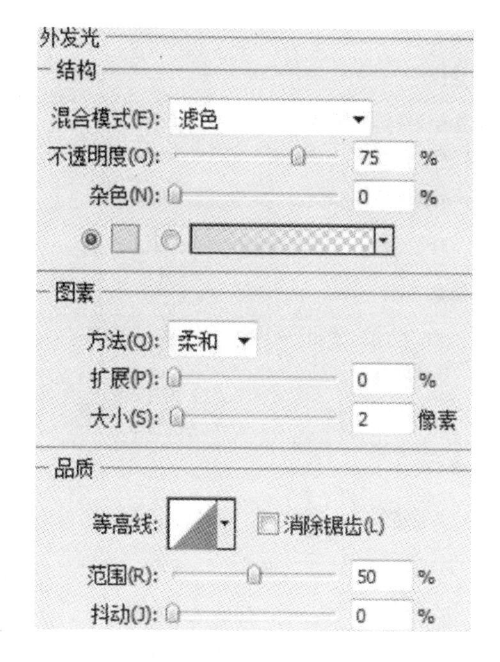

图 9－3－150　设置外发光

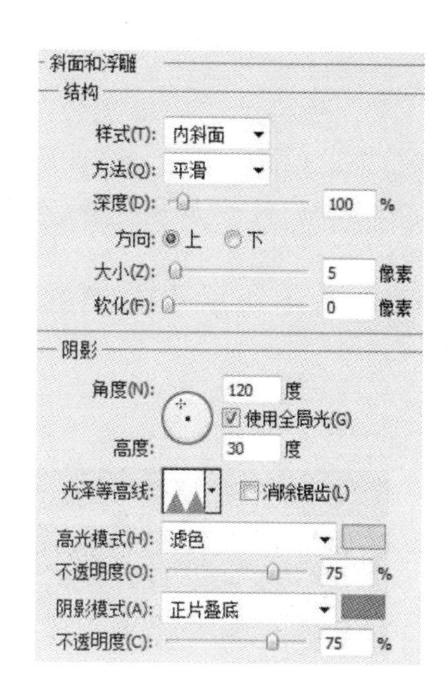

图 9－3－151　设置斜面和浮雕

(7)单击【确定】,将【图层样式】添加到“图层 3”,效果如图 9－3－152 所示。

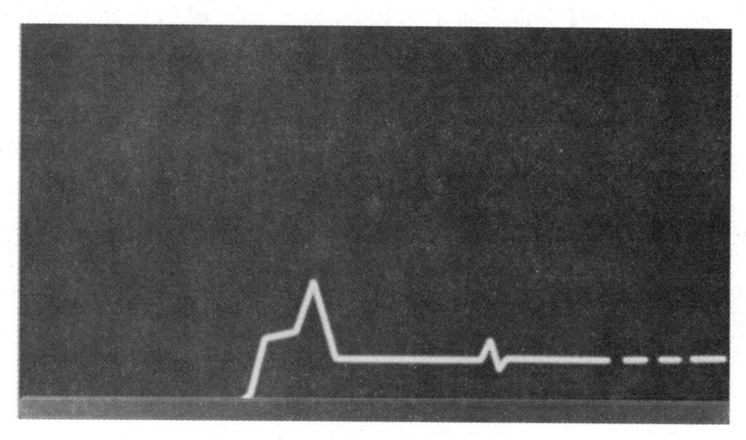

图 9－3－152　添加图层样式

(8)新建“图层 4”,选择【自定形状工具】,选择形状:,选择填充像素,把前景色设置为 R:3,G:50,B:59,在文件窗口左上角画图形,按住【Ctrl＋T】,调整大小和位置,最后调整【透明度】为 74％,效果如图 9－3－153 所示。

(9)双击“图层 4”空白处,打开【图层样式】对话框。单击【外发光】复选框后面的名称,打开【外发光】面板,设置【混合模式】:滤色,【不透明度】:75％,【颜色】:R:37,G:247,B:240,【扩展】:0％,【大小】:3 像素,其他参数保持默认值,如图 9－3－154 所示。

图 9-3-153　填充颜色

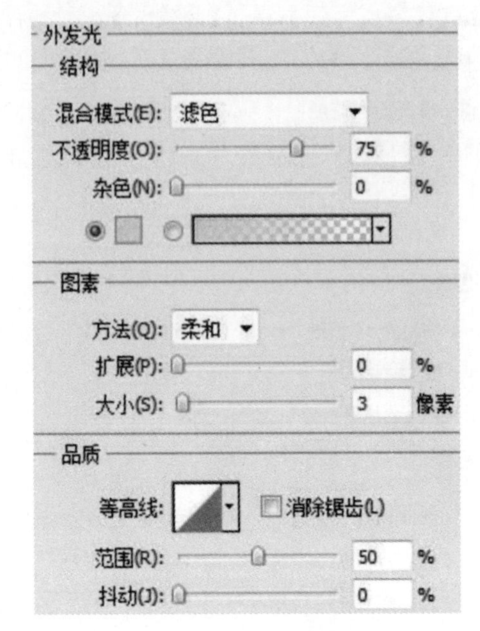

图 9-3-154　设置外发光

(10)单击【确定】,将【图层样式】添加到“图层 4”,效果如图 9-3-155 所示。

(11)新建“图层 5”,选择【自定形状工具】,选择形状: ,选择填充像素,把前景色设置为 R:180,G:242,B:229,在文件窗口左上角画图形,按住【Ctrl+T】,调整大小和位置,并调整一点角度,最后调整【透明度】为 74%,效果如图 9-3-156 所示。

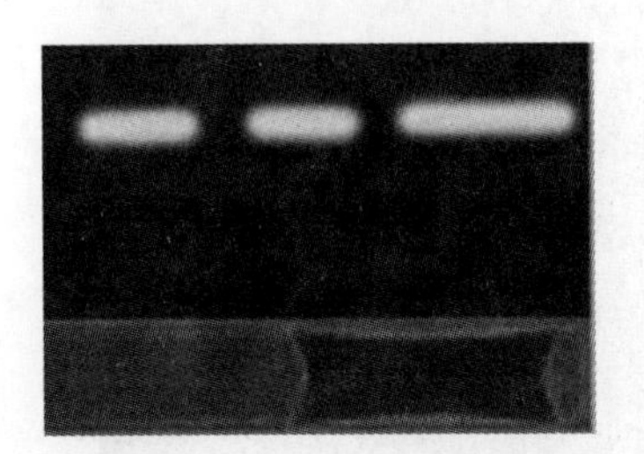

图 9-3-159　添加图层样式

图 9-3-160　选择形状

(12)双击“图层 5”空白处,打开【图层样式】对话框。单击【外发光】复选框后面的名称,打开【外发光】面板,设置【混合模式】:滤色,【不透明度】:75%,【颜色】:R:37,G:247,B:230,【扩展】:0%,【大小】:3 像素,其他参数保持默认值,如图 9-3-157 所示。

(13)单击【确定】,将【图层样式】添加到“图层 5”,效果如图 9-3-158 所示。

(14)新建“图层 6”,在文件窗口中画一个如图 9-3-159 所示的装饰。选择【椭圆选框工具】,设置前景色为 R:0,G:24,B:36,按住【Shift】键,在文件窗口中拖移绘制正圆选区,按住【Alt+Del】键,填色;新建“图层 7”,选择【椭圆选框工具】,按住【Shift】键,在文件窗口中拖移绘制正圆选区与“图层 6”成同心圆,点击【编辑】选择描边,【颜色】:R:176,G:238,B:225,【大小】:1,【位置】:居中,点击【确定】,并双击“图层 7”空白处。

(15)编辑【图层样式】,单击【外发光】复选框后面的名称,打开【外发光】面板,设置【混合模式】:滤色,【不透明度】:75%,【颜色】:白色,【扩展】:0%,【大小】:3 像素,其他参数保持默认值。并用同样的方法画出其他两个同心圆圈。并选择【多边形套索工具】,添加其他斜线装饰,同样添加【图层样式】【外发光】效果。最后合并图层形成“图层 6”。

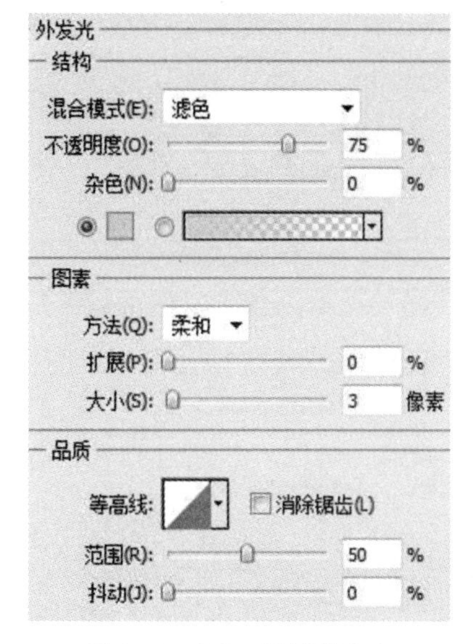

图 9-3-157　设置外发光

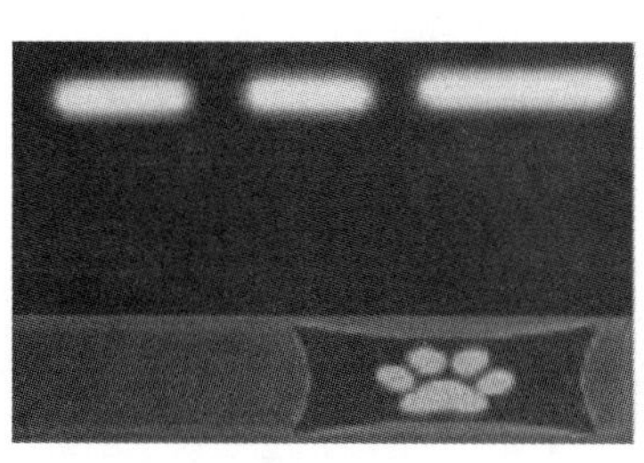

图 9-3-158　添加图层样式

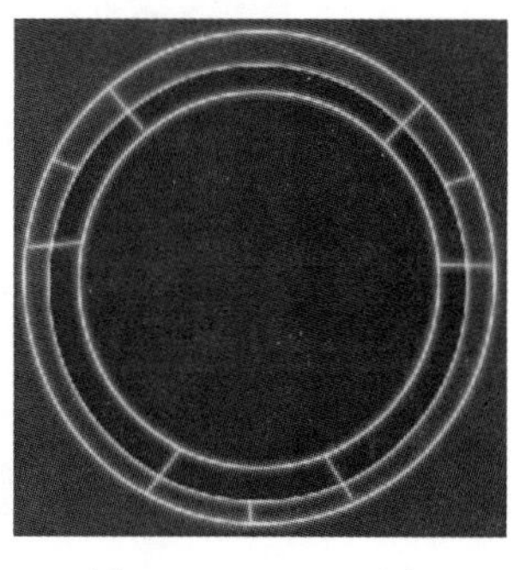

图 9-3-159　画布

(16)复制“图层 6”两次形成“图层 6 副本”和“图层 6 副本 2”,按住【Ctrl+T】,调整两个图形大小和位置,摆至适当位置,最后效果如图 9-3-160 所示。

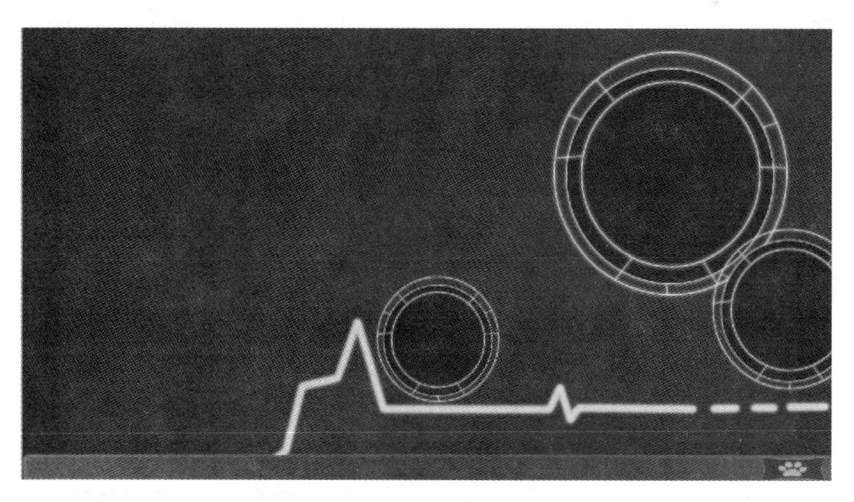

图 9-3-160　复制图层

(17)新建“图层 7”,选择【椭圆选框工具】,设置前景色为 R:187,G:245,B:245,按住【Shift】键,在文件窗口中拖移绘制正圆选区,按住【Alt+Del】键,填色,效果如图9-3-161 所示。

(18)双击“图层 7”空白处,打开【图层样式】对话框。单击【外发光】复选框后面的名称,打开【外发光】面板,设置【混合模式】:滤色,【不透明度】:75%,【颜色】:R:50,G:246,B:248,【扩展】:5%,【大小】:5 像素,其他参数保持默认值,如图 9-3-162 所示。

图 9-3-161 填色

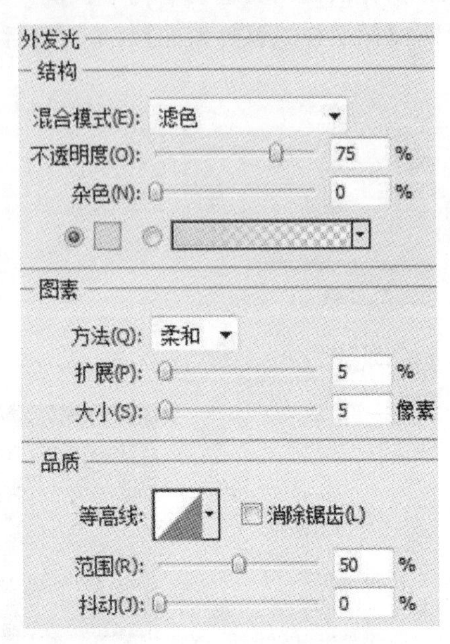

图 9-3-162 设置外发光

(19)单击【内发光】复选框后面的名称,打开【内发光】面板,设置【混合模式】:滤色,【不透明度】:75%,【颜色】:R:59,G:244,B:242,【阻塞】:9%,【大小】:7 像素,其他参数保持默认值,如图 9-3-163 所示。

(20)单击【确定】,将【图层样式】添加到“图层 7”,效果如图 9-3-164 所示。

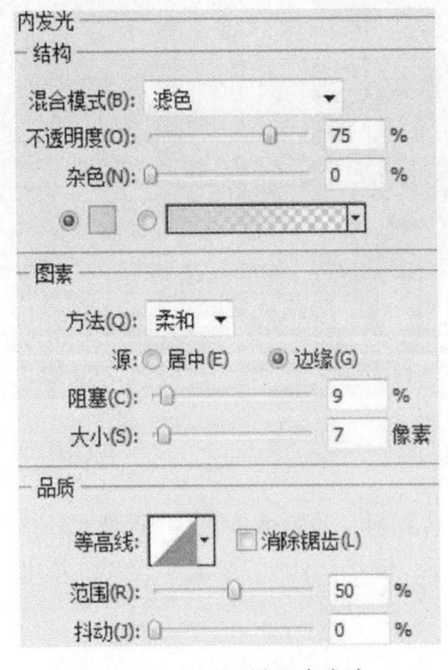

图 9-3-163 设置内发光

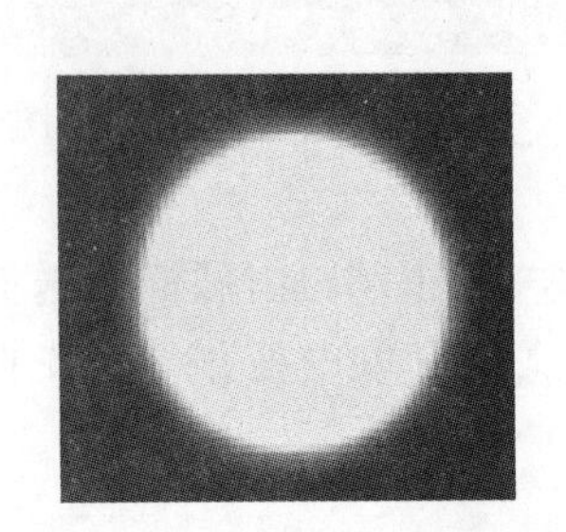

图 9-3-164 添加图层样式

(21)将“图层 7”复制 5 次，按住【Ctrl＋T】，调整 5 个图形大小和位置，摆至适当位置，最后效果如图 9－3－165 所示。

(22)打开素材文件夹，选择工具箱中的【移动工具】，将素材拖入文件窗口，并调整好位置大小。并点开【图层样式】面板，添加【投影】效果，设置【混合模式】：正片叠底，【颜色】：R：2，G：29，B：59，【不透明度】：75％，【角度】：120 度，【距离】：5 像素，【扩展】：0％，【大小】：5 像素，其他参数保持默认值，如图 9－3－166 所示。

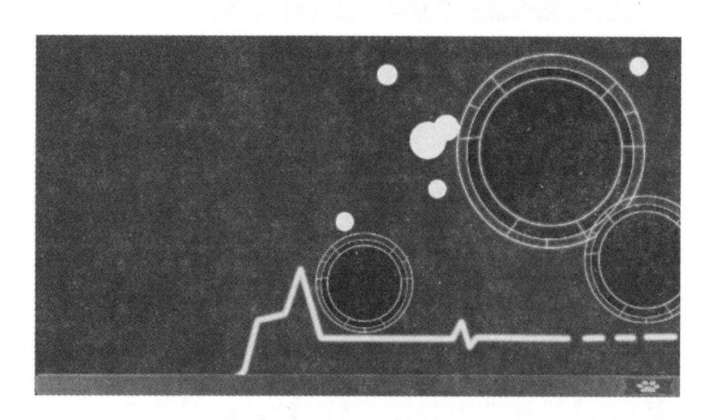

图 9－3－165　复制图层

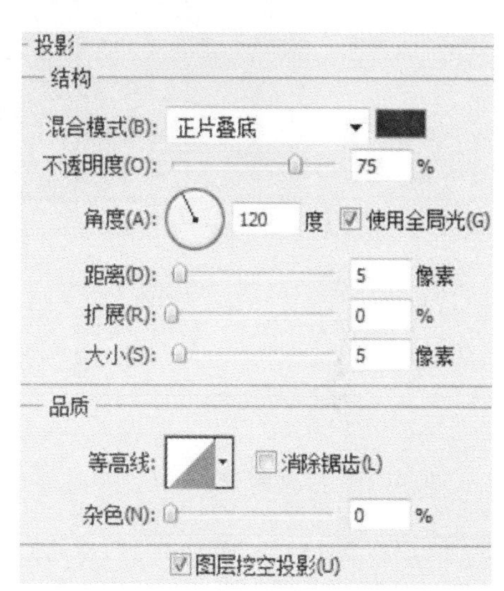

图 9－3－166　添加投影效果

(23)打开之前做好的【音乐播放器】【开始菜单】和【播放界面】文件，选择工具箱中的【移动工具】，将覆盖层拖入【背景】文件窗口，按住【Ctrl＋T】，调整 3 个图形大小和位置，摆至适当位置，最后效果如图 9－3－167 所示。

图 9－3－167　效果图

(24)最后按住【Ctrl＋Shift＋Alt＋E】组合键，盖印可视图层，形成新的图层，整个图像制作完成，如图 9－3－168 所示。

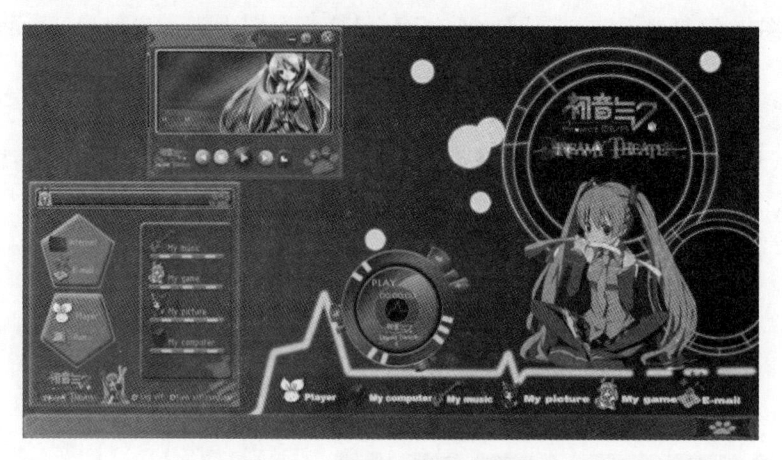

图 9-3-168　图像制作完成

9.4　房地产类网页设计

9.4.1　首页制作

(1)启动 Dreamweaver 后，执行【文件】|【新建】菜单命令，打开【新建文档】对话框，选择【页面类型】列表框中的【HTML】选项，在【布局】列表框中在选择【无】选项，如图 9-4-1 所示。

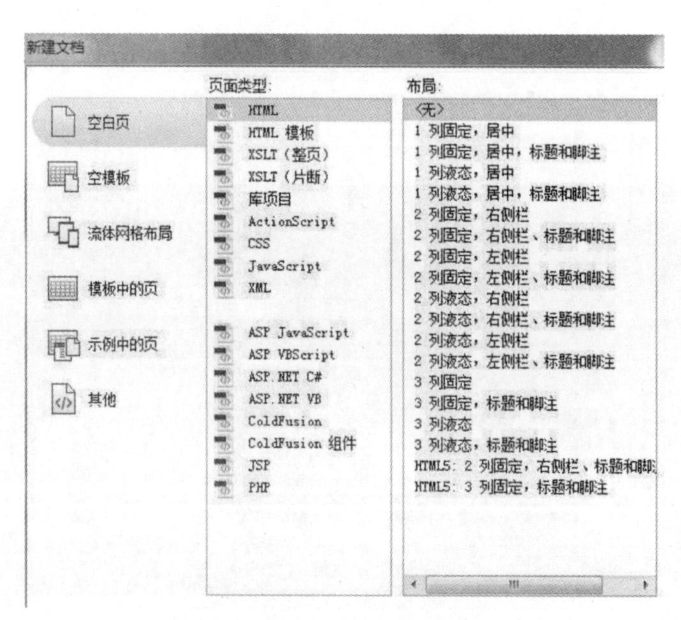

图 9-4-1　新建文档

(2)在桌面创建一个文件夹，命名为“合能十里锦绣”，在文件夹里创建文件夹，命名为“images”，将所有网站制作的素材图片都拖入该文件夹。

(3)在 Dreamweaver 中单击【文件】|【保存】,将网站首页命名为“index”,单击【保存】。

(4)单击属性面板中的【页面属性】按钮,在分类列表框中选择【标题/编码】,在标题文本框中输入“合能十里锦绣”,如图 9-4-2 所示。

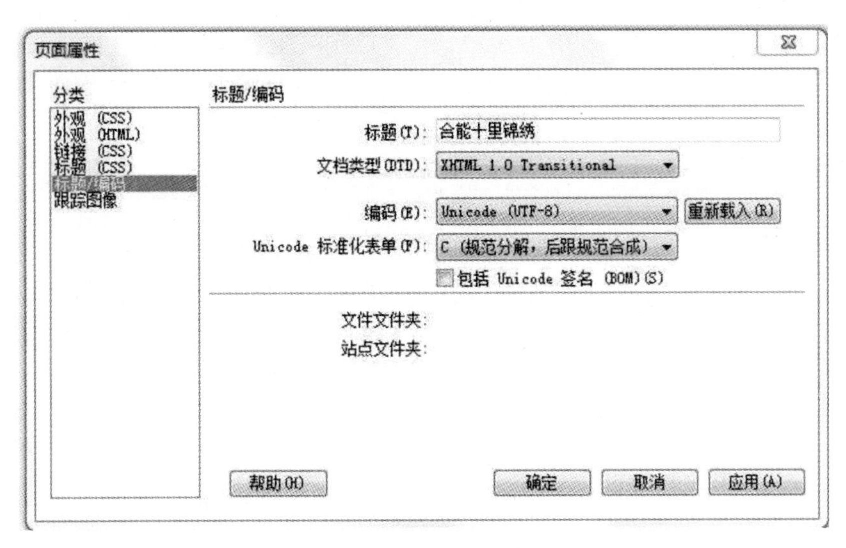

图 9-4-2　页面属性

(5)在网页编辑窗口中点击鼠标左键,插入光标,单击常用面板中的【表格】按钮 ,弹出【表格】对话框,如图 9-4-3 所示。

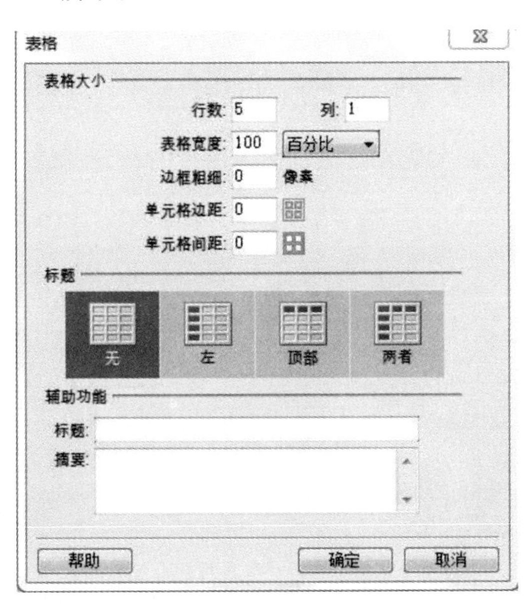

图 9-4-3　插入表格

(6)在第一行插入光标,单击属性面板中背景颜色 ,填充颜色 # 407434,背景颜色(G) #407434 用同样方法在第五行填充相同颜色。在第二行、第四行、填充颜色 # 65934A,在第三行填充颜色 # A0BF7C,如图 9-4-4 所示。

图 9-4-4　填充颜色

(7)在第一列插入图片“22”,如图 9-4-5 所示。

图 9-4-5　插入图片

(8)在第二行和第五行中,单击属性面板中的拆分按钮 ,设置如图 9-4-6 所示。

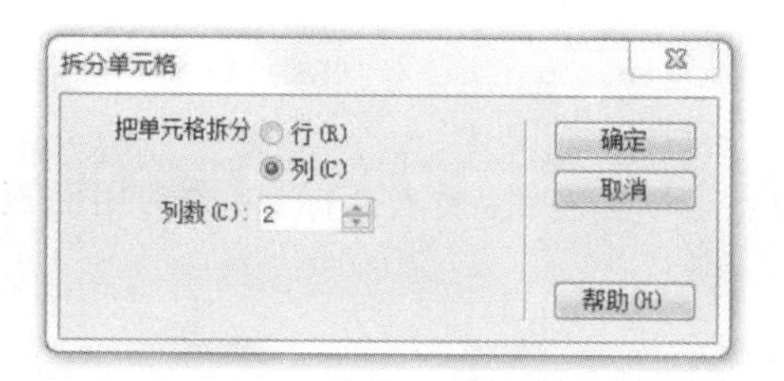

图 9-4-6　单击拆分按钮

(9)在第二行插入图片“1”“2”,在第三行插入图片“23”,在第五行插入图片“3”“4”,如图 9-4-7所示。

图 9-4-7　插入图片

(10)单击 F12,预览效果。

9.4.2　二级页面制作

(1)新建页面,保存在“合能十里锦绣”文件夹,命名为“house-1”。
(2)更改网页标题为“合能十里锦绣”,如图 9-4-8 所示。

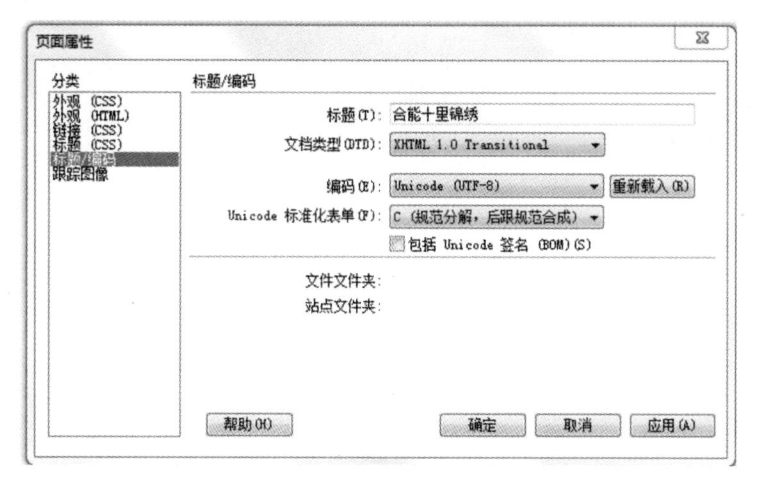

图 9-4-8　更改网页标题

(3)建立表格,4 行 1 列,如图 9-4-9 所示。

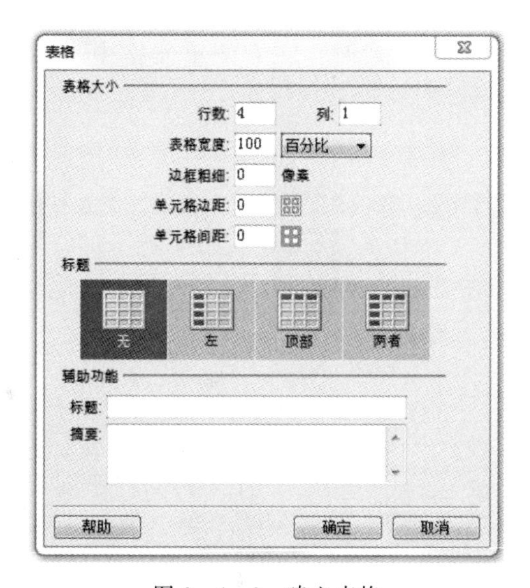

图 9-4-9　建立表格

(4)在第一行插入图片“14”,在属性面板垂直选项中选择居中 垂直(T) 居中 ,背景颜色为#006633,效果如图 9-4-10 所示。

(5)在第二行单元格中填充背景颜色#407434 背景颜色(G) #407434 ,单击拆分单元格按钮,如图 9-4-11 所示。

图 9-4-10　插入图片

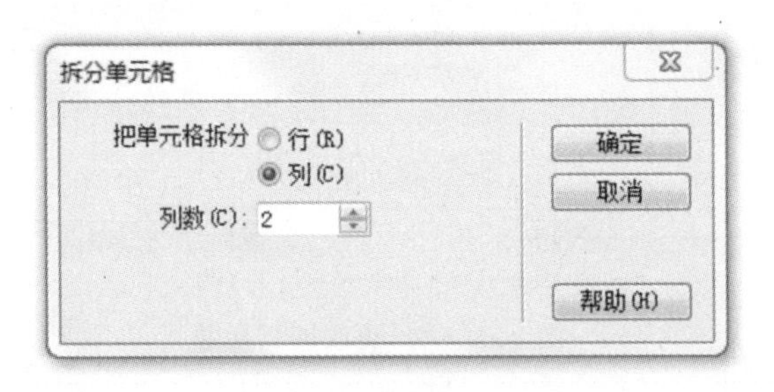

图 9-4-11　填充背景颜色

(6)在左侧单元格中插入图片"22",在右侧单元格中插入嵌套表格 1 行 4 列,如图 9-4-12所示。

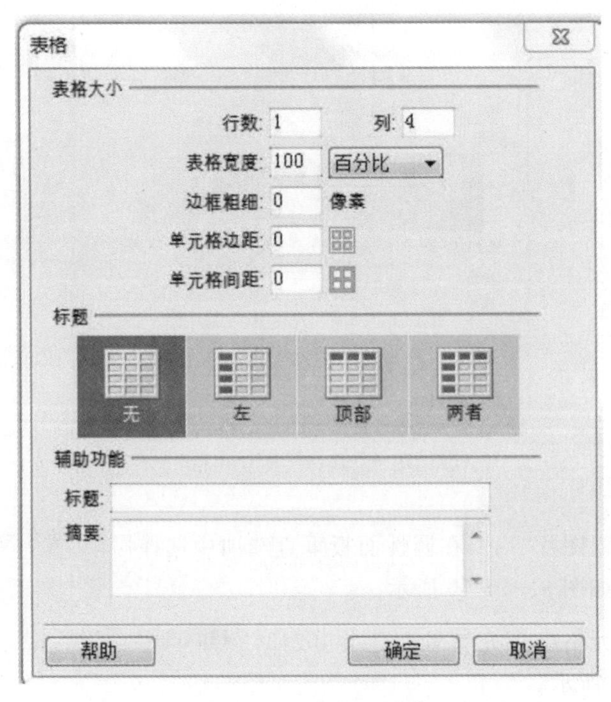

图 9-4-12　插入图片

(7)在右侧新插入的单元格中，分别插入图片“26”“27”“25”“24”，效果如图 9－4－13 所示。

图 9－4－13　插入图片

(8)在第三行填充颜色＃A0BF7C，嵌入表格 1 行 2 列，填充颜色＃65934A，在嵌套表格中插入图片“1”“2”，如图 9－4－14 所示。

图 9－4－14　填充颜色

(9)在第四行插入嵌套表格 1 行 2 列，在右侧表格中再插入嵌套表格 13 行 1 列，在左侧表格中填充颜色＃A0BF7C，插入图片“11”，如图 9－4－15 所示。

图 9－4－15　嵌套表格

(10)在嵌套表格第一行填充颜色＃0B6B2B，插入嵌套表格 1 行 3 列，分别插入图片“28”“5”“6”，在中间更改颜色＃407434，如图 9－4－16 所示。

图 9－4－16　填充颜色

(11)在下一行插入嵌套表格 6 列 1 行，在第 2 列、第 4 列和第 6 列填充颜色 ＃FFFFCC，并分别插入图片“t-01”“t-02”“t-03”，在第 1 列、第 3 列和第 5 列分别填充颜色 ＃0B6B2B，效果如图 9-4-17 所示。

图 9-4-17 插入嵌套表格

(12)在下一行填充颜色 ＃CCCCCC，并插入嵌套表格 1 行 2 列，在左侧插入文字，右侧插入图片“t-04”，完成效果如图 9-4-18 所示。

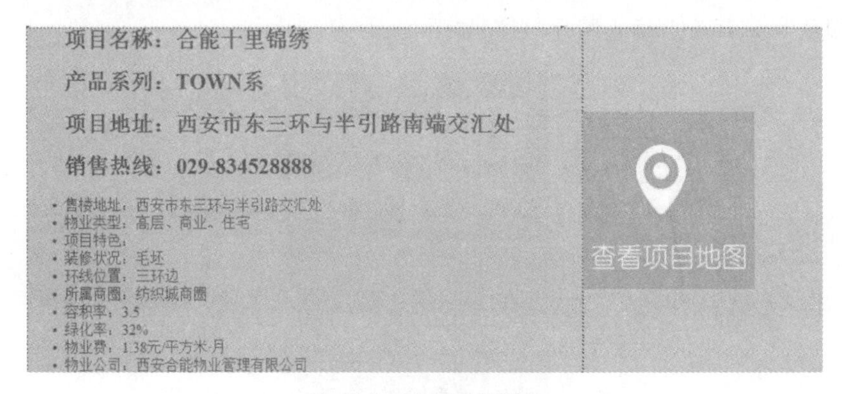

图 9-4-18 填充颜色

(13)在下一行填充颜色 ＃407434，输入文字，并把文字颜色设为白色，完成效果如图 9-4-19所示。

项目户型图

图 9-4-19 输入文字

(14)在下一行填充颜色 ＃FFFFCC，并插入嵌套表格 1 行 3 列，并分别插入图片“15”“16”“18”，完成效果如图 9-4-20 所示。

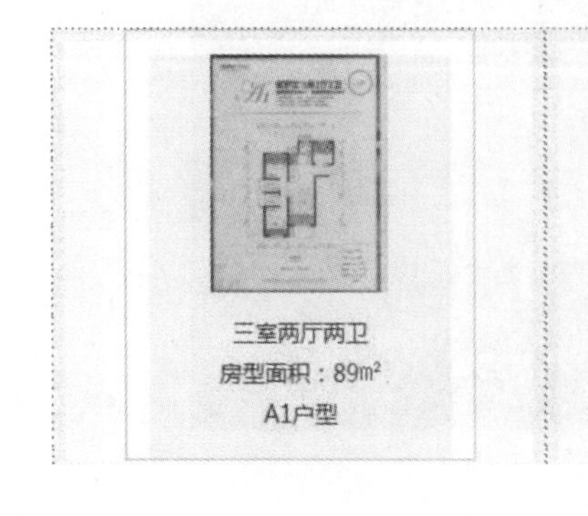

图 9-4-20 插入图片

(15)在下一行填充颜色＃65934A,在下一行插入图片“t－08”,完成效果如图 9－4－21 所示。

十里锦绣|芹草地

大城 花都開好了

约79-89m²罕有三房

样板间闻香绽放 入会申请中

合能

TEL:8345 2888

图 9－4－21　插入图片

(16)在下一行填充颜色＃65934A,在下一行插入图片“9”,完成效果如图 9－4－22 所示。

草坪大了，绿意浓了，薰衣草也笑了。

在十里锦绣的200亩风情园林里，花树是摄影背景，草地是婚礼场地

窗户大了，空间敞了，房子都醉了。

约79-89m²阳光三房，敞开大窗户时，绵延的绿地让房子在光影里沉醉了

公园多了,氧气足了 身体和思想都清澈了

家在艺术公园、亲子公园、运动公园里，连身体和灵魂都开始向上攀登

地铁建了，钟楼近了 出行的脚步雀跃了

幼儿园开放了，孩子爱笑了 时间变得饱满了

百万邦·全配套·三公园·乐活TOWN

YOUR LIFE IN TOWN

图 9－4－22　插入图片

(17)在下一行填充颜色＃407434,在下一行插入图片“8”,在下一行填充颜色＃0B6A2C,完成效果如图 9－4－23 所示。

图 9-4-23　插入图片

(18)在最后一行插入嵌套表格 1 行 2 列,填充颜色 # 407434,分别插入图片“3”“4”,完成效果如图 9-4-24 所示。

图 9-4-24　插入图片

(19)整体调整,按 F12 预览。

9.4.3　三级页面制作

(1)新建页面,保存在“合能十里锦绣”文件夹,命名为“house-1”。

(2)更改网页标题为“合能十里锦绣”,如图 9-4-25 所示。

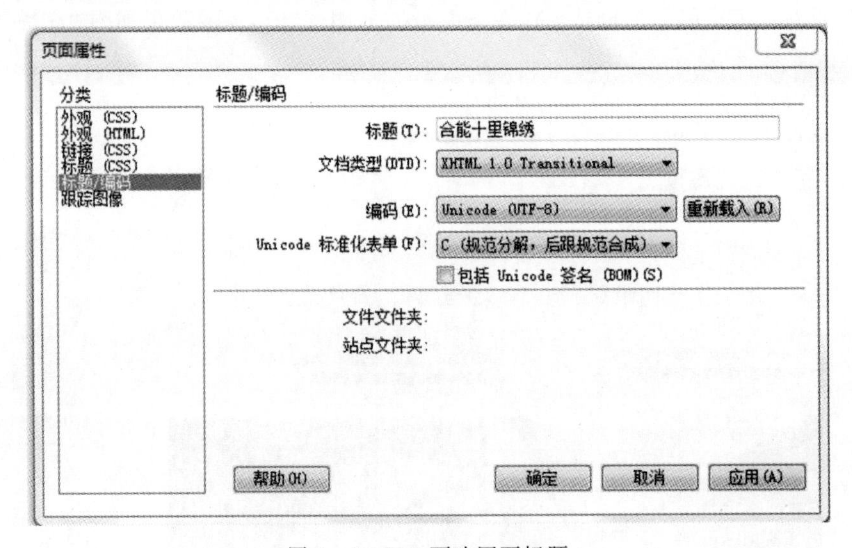

图 9-4-25　更改网页标题

(3)插入表格 5 行 1 列,如图 9-4-26 所示。

(4)在第 1 行和第 5 行填充颜色 # 407434;在第 2 行和第 4 行填充颜色 # 65934A;在第 3 行插入图片“13”,填充颜色 # 339933,完成效果如图 9-4-27 所示。

(5)按 F12 预览。

(6)新建页面,保存在“合能十里锦绣”文件夹,命名为“house-2”。

(7)更改网页标题为“合能十里锦绣”,插入表格 6 行 1 列,如图 9-4-28 所示。

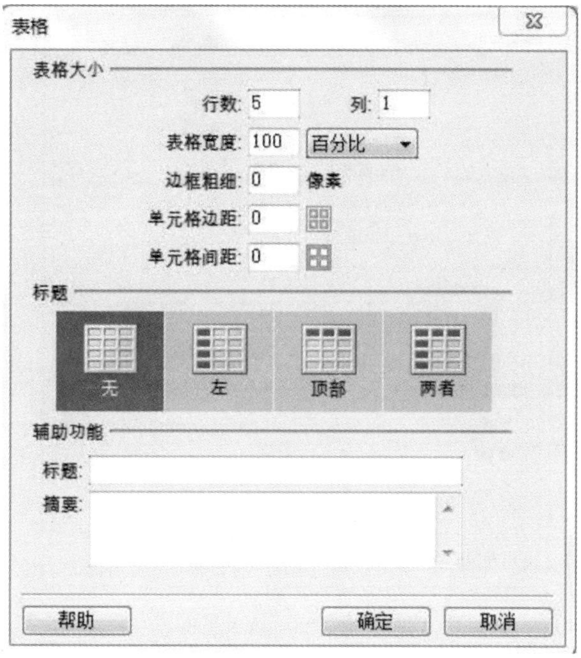

表格

表格大小

行数: 5　列: 1

表格宽度: 100 百分比

边框粗细: 0 像素

单元格边距: 0

单元格间距: 0

标题

无　左　顶部　两者

辅助功能

标题:

摘要:

帮助　确定　取消

图 9-4-26　插入表格

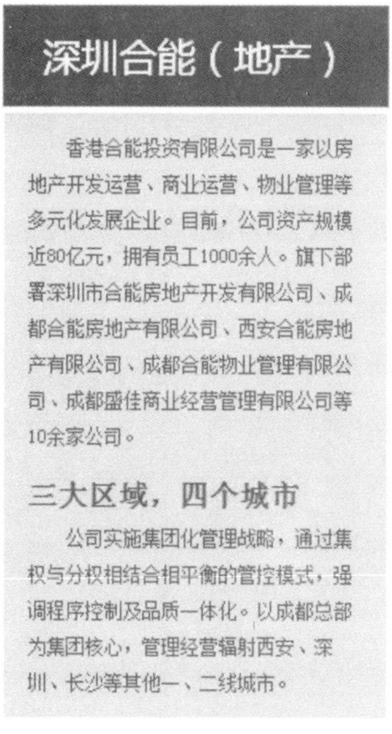

深圳合能(地产)

香港合能投资有限公司是一家以房地产开发运营、商业运营、物业管理等多元化发展企业。目前，公司资产规模近80亿元，拥有员工1000余人。旗下部署深圳市合能房地产开发有限公司、成都合能房地产有限公司、西安合能房地产有限公司、成都合能物业管理有限公司、成都盛佳商业经营管理有限公司等10余家公司。

三大区域，四个城市

公司实施集团化管理战略，通过集权与分权相结合相平衡的管控模式，强调程序控制及品质一体化。以成都总部为集团核心，管理经营辐射西安、深圳、长沙等其他一、二线城市。

图 9-4-27　填充颜色

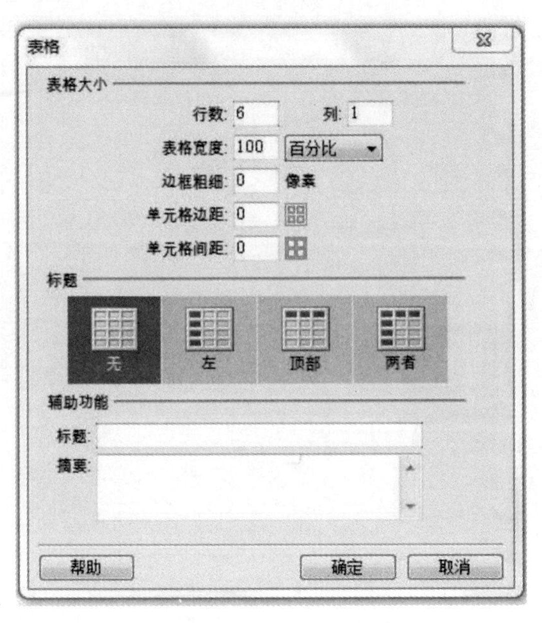

图 9-4-28　插入表格

(8)在第 1 行和第 6 行填充颜色＃407434,在第 2 行和第 5 行填充颜色＃65934A;在第 3 行和第 4 行填充颜色＃A0BF7C;在第 3 行和第 4 行插入图片“32”“33”,完成效果如图 9-4-29 所示。

图 9-4-29　填充颜色

(9)按 F12 预览。

(10)新建页面;保存在“合能十里锦绣”文件夹,命名为“house-3”。

(11)更改网页标题为“合能十里锦绣”,如图 9-4-30 所示。

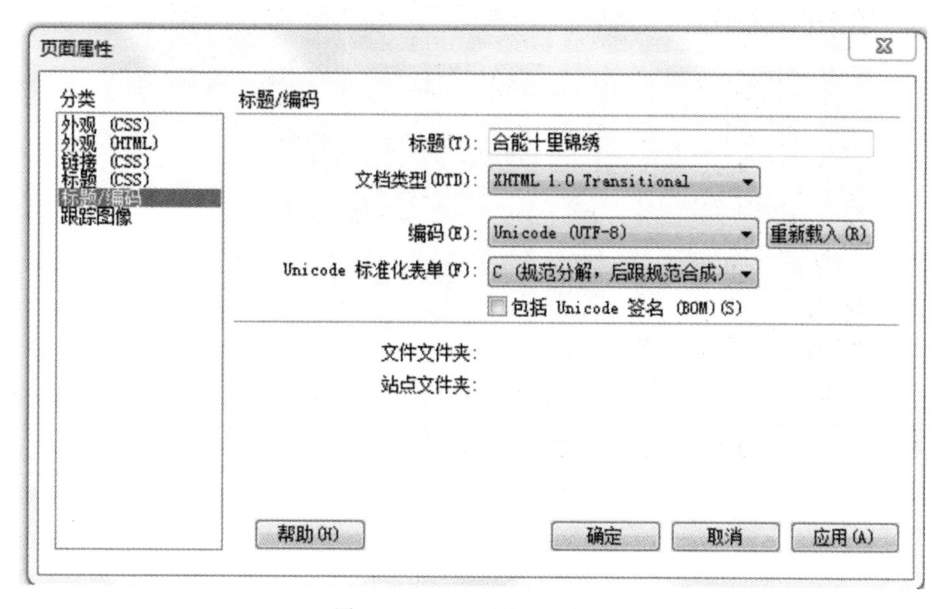

图 9-4-30　更改网页标题

(12)插入表格 5 行 1 列 ,如图 9-4-31 所示。

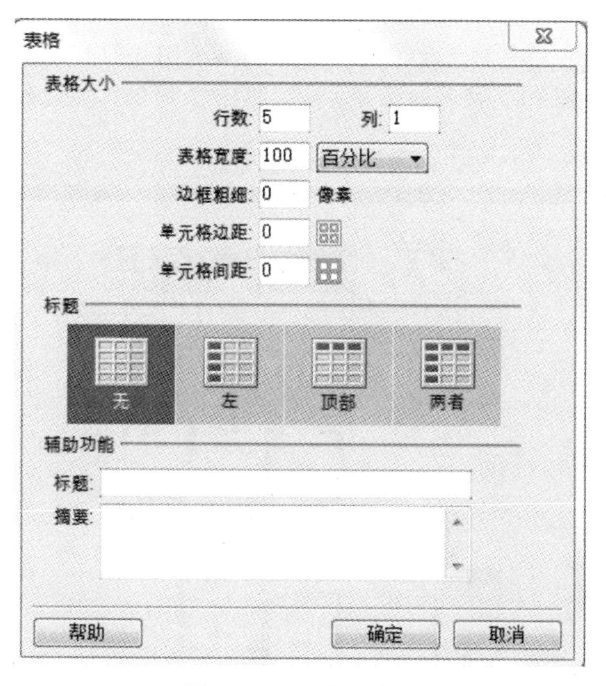

图 9-4-31　插入表格

(13)在第 1 行和第 5 行填充颜色 #407434;在第 2 行和第 4 行填充颜色 #65934A;在第 3

行插入图片“12”,填充颜色＃A0BF7C,完成效果如图 9－4－32 所示。

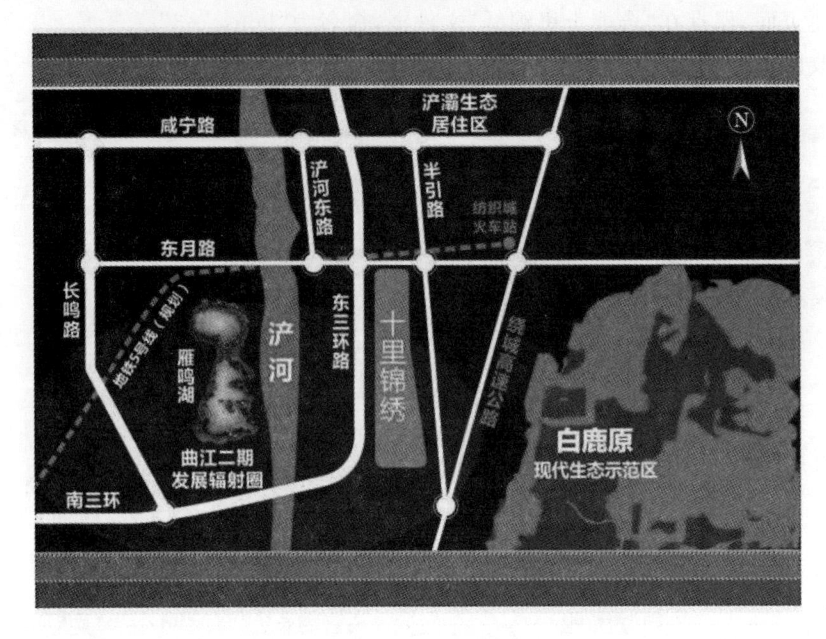

图 9－4－32　填充颜色

(14)按 F12 预览。

(15)新建页面,保存在“合能十里锦绣”文件夹,命名为“house－4”。

(16)更改网页标题 "合能十里锦绣"

(17)在第 1 行第 3 行填充颜色＃006600,第 2 行插入图片“19”,按照步骤(15)(16),分别新建“house－5”和“house－6”,按照同样方法插入图片“20”“21”,完成效果如图 9－4－33～图 9－4－35所示。

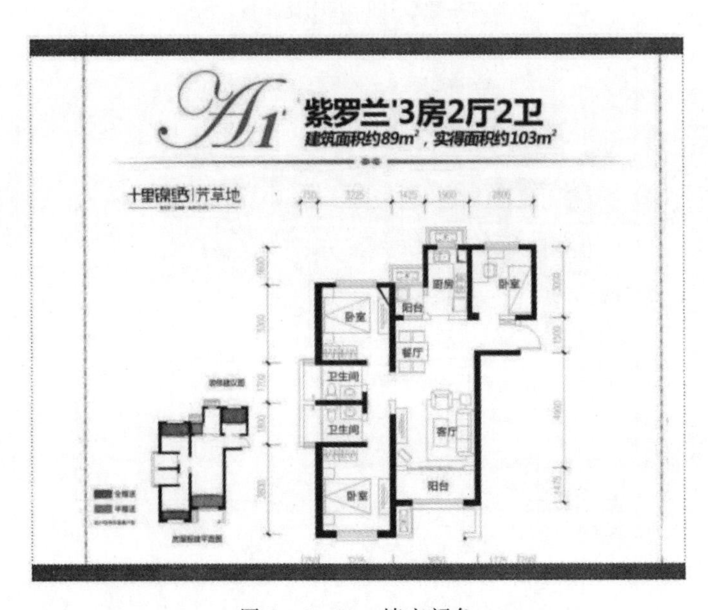

图 9－4－33　填充颜色

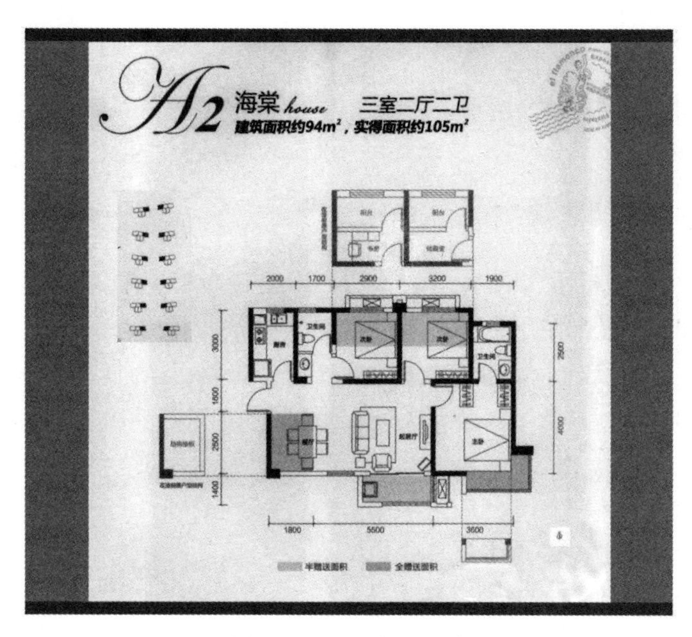

图 9－4－34　插入图片

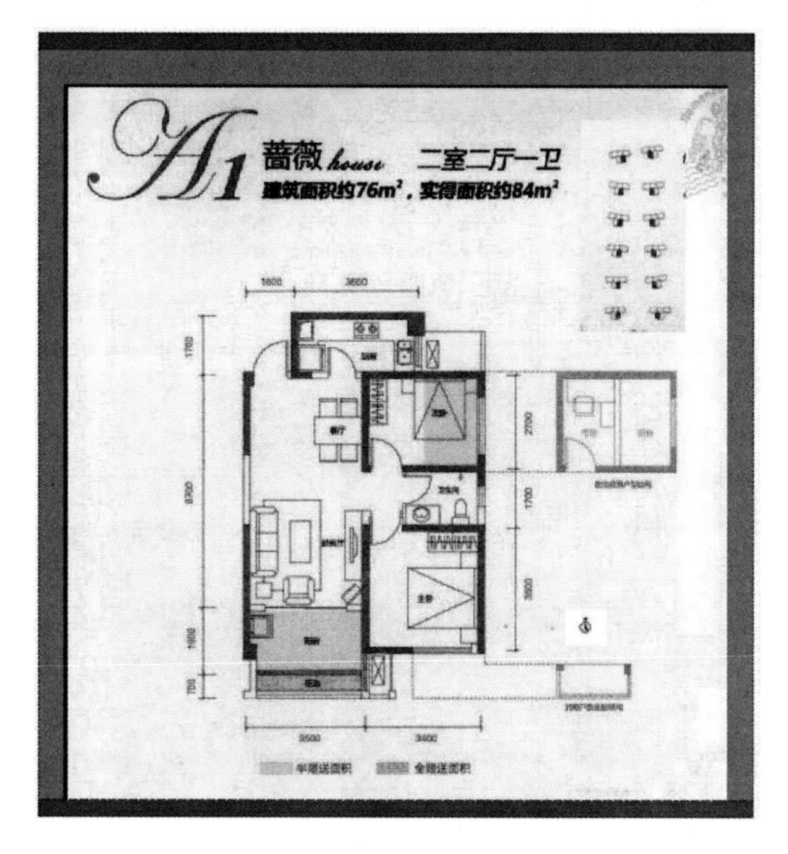

图 9－4－35　插入图片

9.4.4 链接制作

(1)在首页 index 属性面板的链接选项中,插入链接 house html. 如图9-4-36所示。

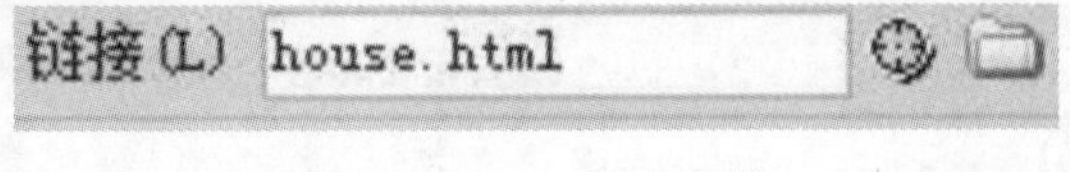

图 9-4-36 插入链接

(2)在二级页面中选中图片“图标-项目简介”,在属性栏链接中输入 # ,在窗口菜单中选择【行为】,在行为面板中添加 ,【打开浏览器窗口】添加对“house-1”的链接,勾选【需要时使用滚动条】,如图 9-4-37 所示。

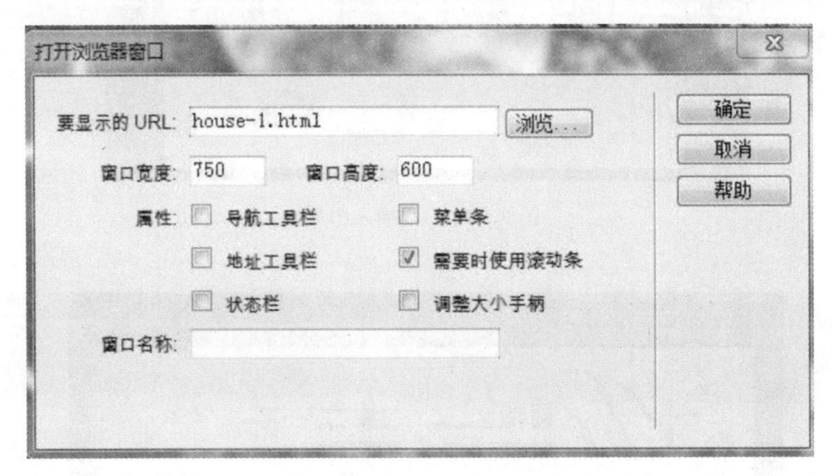

图 9-4-37 勾选滚动条

(3)在行为面板中更改 onMouseDown,如图 9-4-38 所示。

图 9-4-38 更改 onMouseDown

(4)分别用以上方法为“图标-精品问答”添加“house-2”弹出链接,为“插图-7”添加链接“house-3”,为“户型图 A1”添加弹出链接“户型图 A1 紫罗兰”,为“户型图 A2”添加弹出链接

“户型图 A2 海棠”，为图片“户型-A1-1”添加链接“户型图 A1 蔷薇”。

(5)完成后按 F12 预览。

9.5　博客类网页设计

9.5.1　首页制作

(1)启动 Dreamweaver 后，执行【文件】|【新建】菜单命令，打开【新建文档】对话框，选择【页面类型】列表框中的【HTML】选项，在【布局】列表框中在选择【无】选项，如图 9-5-1 所示。

图 9-5-1　新建文档

(2)在桌面创建一个文件夹，命名为“blog”，在文件夹里创建文件夹，命名为“images”，将所有网站制作的素材图片都拖入该文件夹。

(3)在 Dreamweaver 中单击【文件】|【保存】，将网站首页命名为“index”，单击【保存】。

(4)单击属性面板中的【页面属性】按钮，在分类列表框中选择【标题/编码】，在标题文本框中输入“欢迎光临——MyBlog”，编码设置为【简体中文 GB2312】，如图 9-5-2 所示。

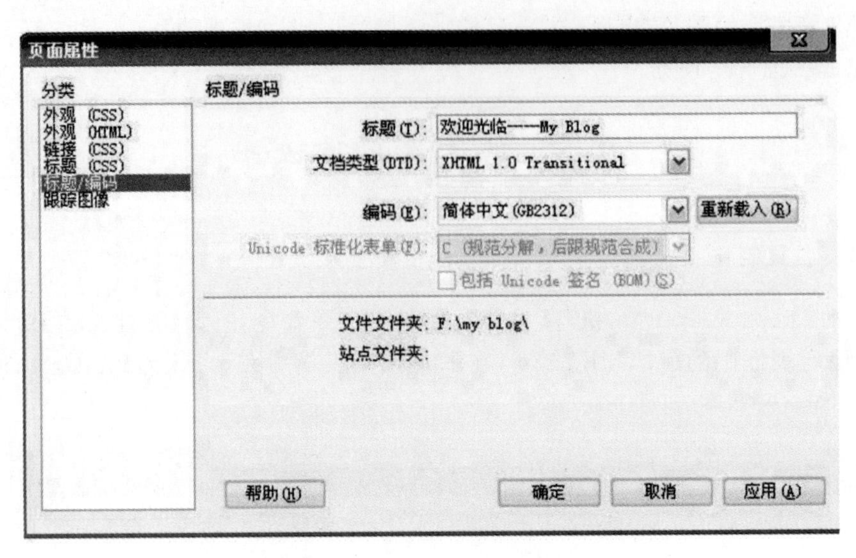

图 9-5-2　单击页面属性

(5)点击属性面板中的【页面属性】按钮，在外观窗口中进行设置，大小选项设置为 12 像素，背景颜色＃3d001f，左边距为 6 像素，其余边距均为 0，如图 9-5-3 所示。

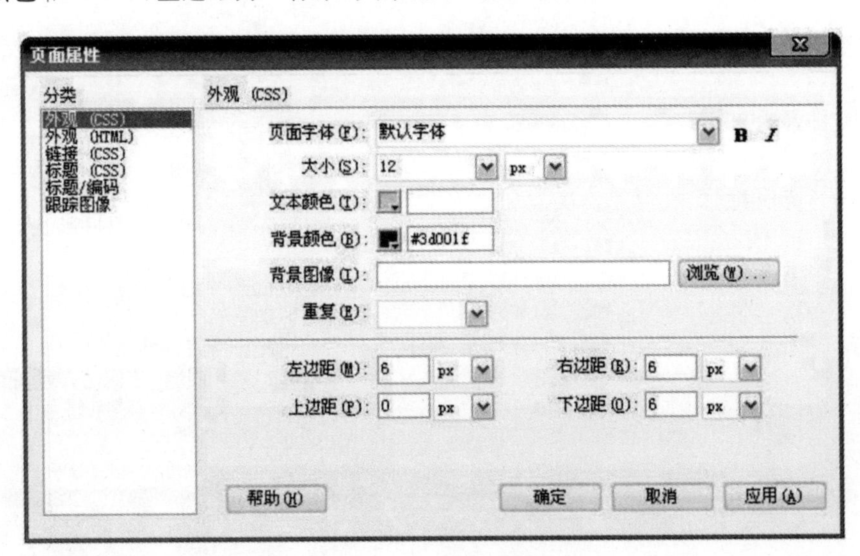

图 9-5-3　修改数据

(6)在网页编辑的窗口中点击鼠标左键，插入光标。单击【常用】面板中的按钮，弹出【表格】对话框，按照图 9-5-4 进行设置。

(7)单击表格边框，选中表格。在属性面板的【对齐】列表中选择【居中对齐】选项，如图 9-5-5所示。

(8)在表格第一行插入光标，在属性面板中的【背景】中点击背景单元格按钮 单元格背景URL，插入图片 01，如图 9-5-6 所示。

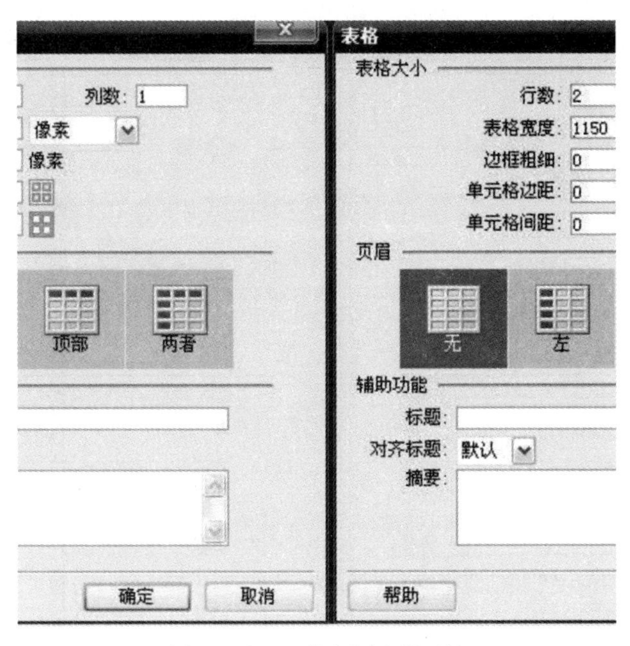

图 9－5－4　单击【常用】面板

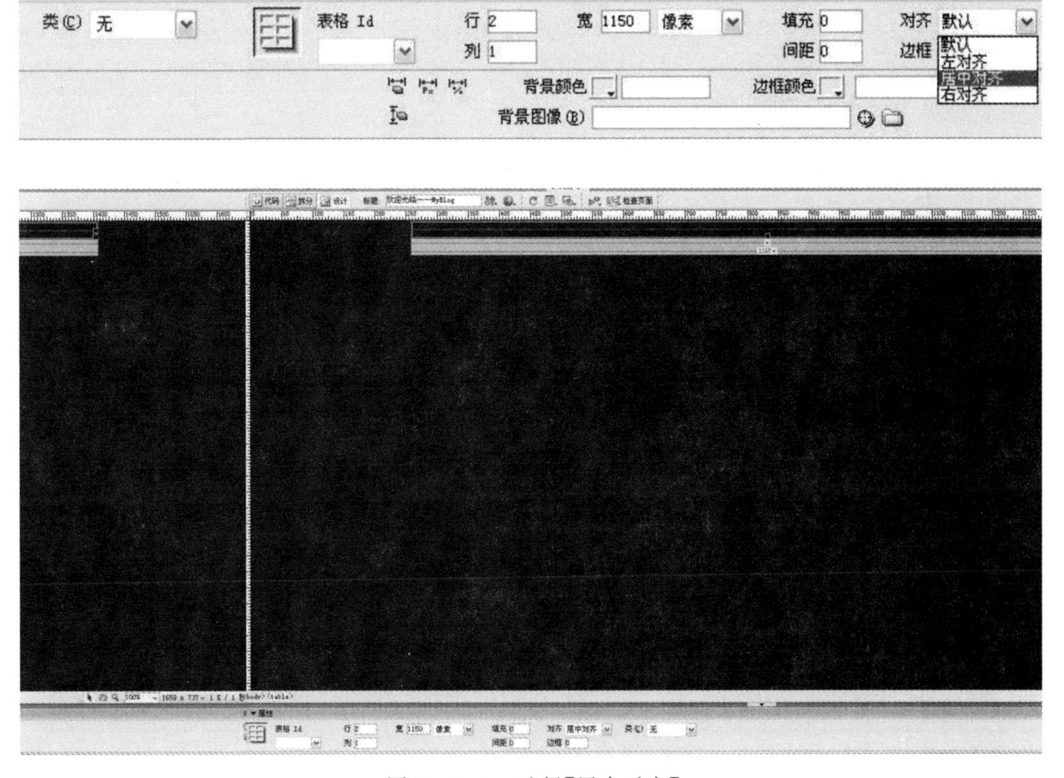

图 9－5－5　选择【居中对齐】

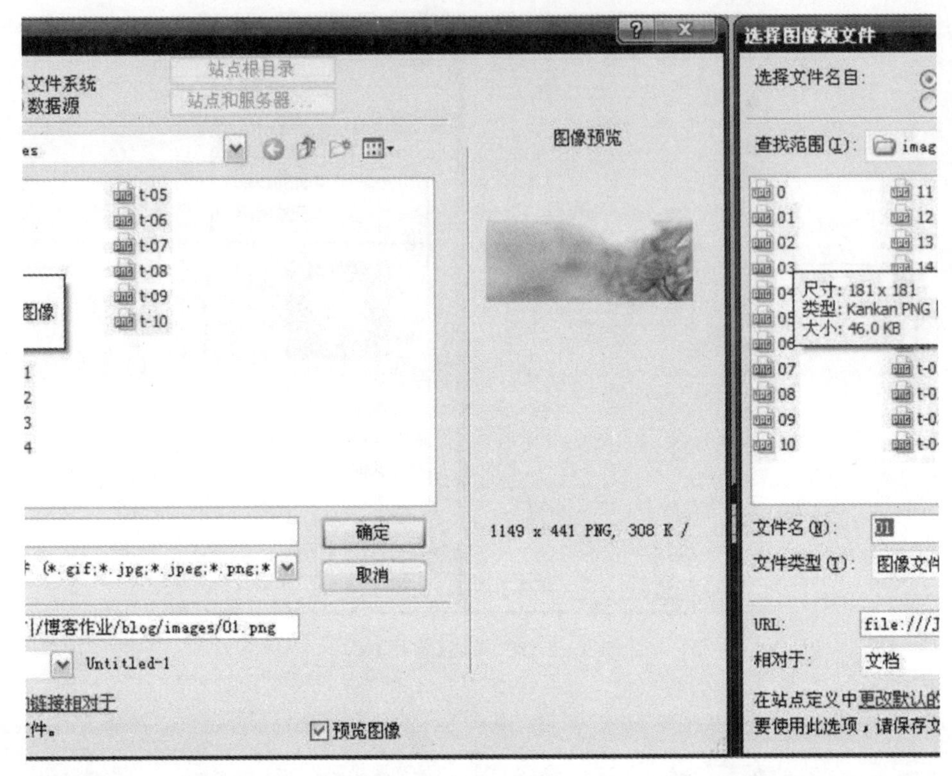

图 9-5-6　插入图片 01

(9)调整表格大小，如图 9-5-7 所示。

图 9-5-7　调整表格大小

(10)单击图片插入光标，在图片上插入表格，如图 9-5-8 所示。

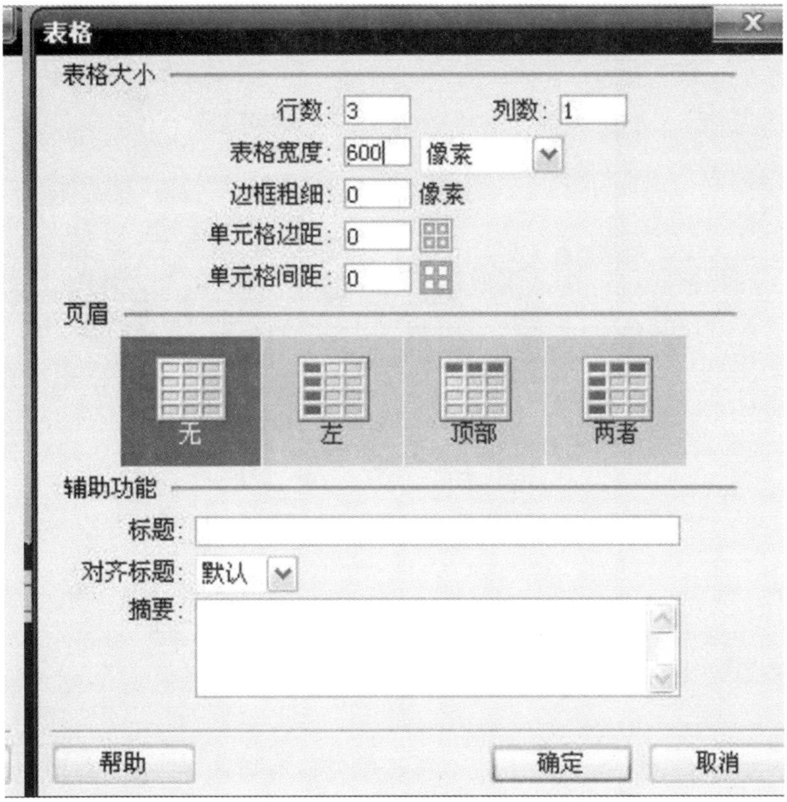

表格
表格大小
行数: 3
列数: 1
表格宽度: 600
像素
边框粗细: 0
像素
单元格边距: 0
单元格间距: 0
页眉
无
左
顶部
两者
辅助功能
标题:
对齐标题: 默认
摘要:
帮助
确定
取消

图 9－5－8　插入表格

(11)设置字体颜色为白色,输入文字,调整文字大小:第 1 行为 60,第 2 行为 18,第 3 行为 24,如图 9－5－9 所示。

微·世界
首页
| 博文目录
| 图片
| 关于我

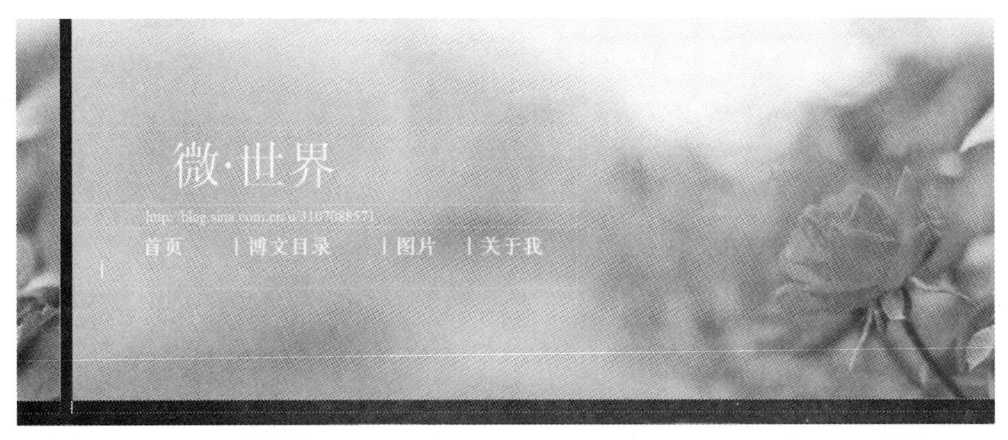

图 9－5－9　输入文字

(12)在第 2 行中嵌套表格,具体设置如图 9－5－10 所示。

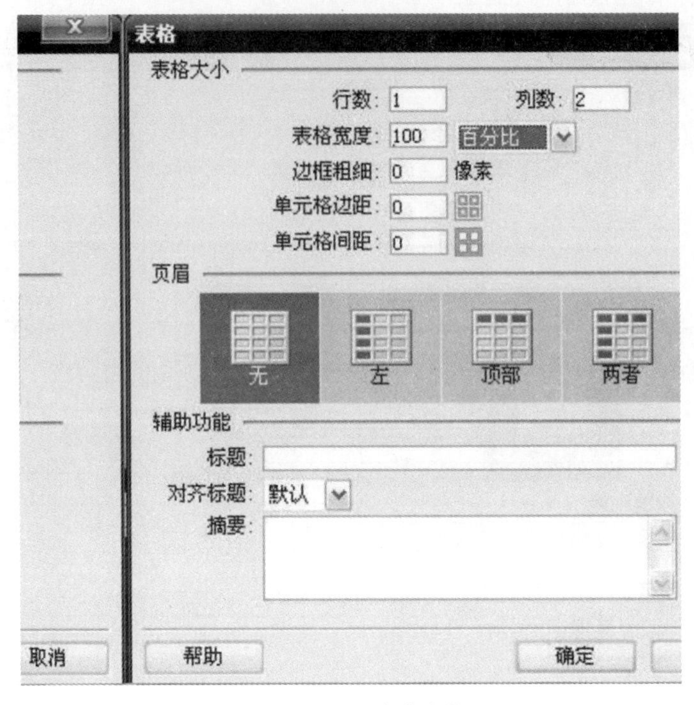

图 9-5-10　嵌套表格

(13)调整左侧单元格宽度为 325,在右侧单元格内插入 10 行 1 列的嵌套表格,如图 9-5-11所示。

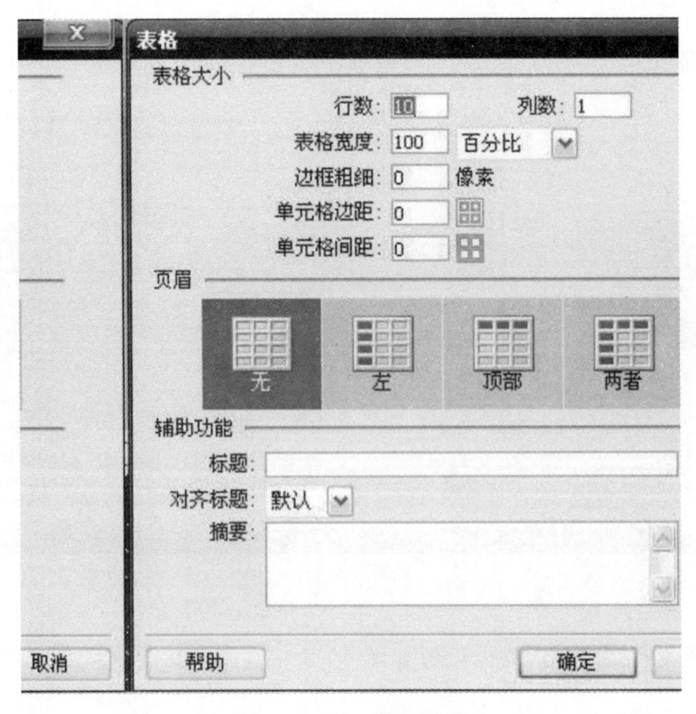

图 9-5-11　调整数值

(14)在嵌套表格第 1 行插入背景图片 03,在第 2 行和第 10 行插入背景图片 04,分别设置第 3～9 行的背景颜色为＃ECDFE2,如图 9－5－12 所示。

图 9－5－12　插入背景图片

(15)分别加入文字,第 1 行字体大小为 16,颜色为＃3D001F;第 3 行字体大小为 18,颜色为＃C8005F,日期字体大小为 10,颜色为＃999999;第 4 行字体大小为 12,颜色为＃C8005F;第 6 行字体大小为 18,颜色为＃BC8D9F;第 7 行字体大小为 18,颜色为＃C8005F;第 9 行字体大小为 14,颜色为＃999999,完成后如图 9－5－13 所示。

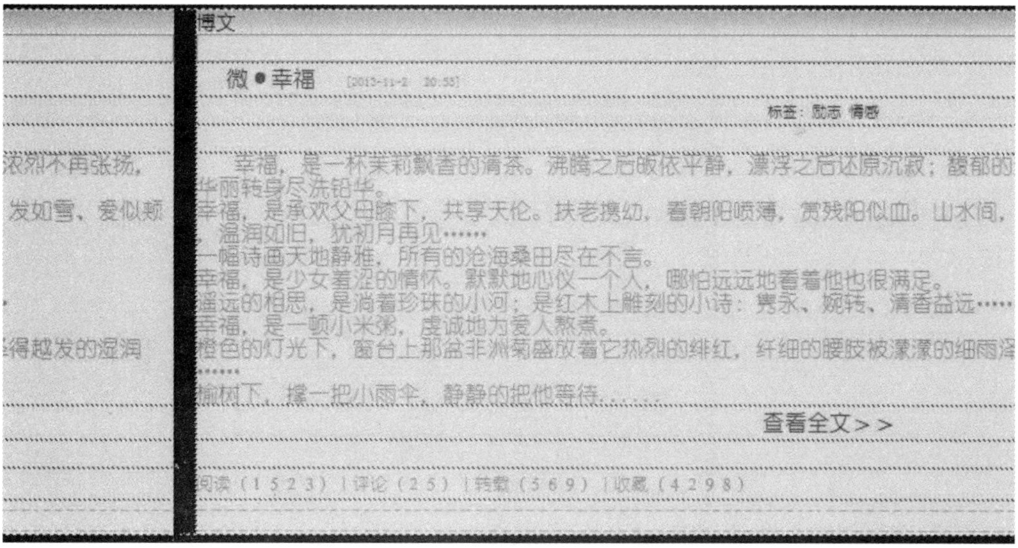

图 9－5－13　调整文字

(16)在表格下面插入图片 07,如图 9－5－14 所示。

(17)复制步骤(15)表格和步骤(16)图片,粘贴 3 次,更改文字,完成效果如图 9－5－15 所示。

(18)细节图如图 9－5－16 所示。

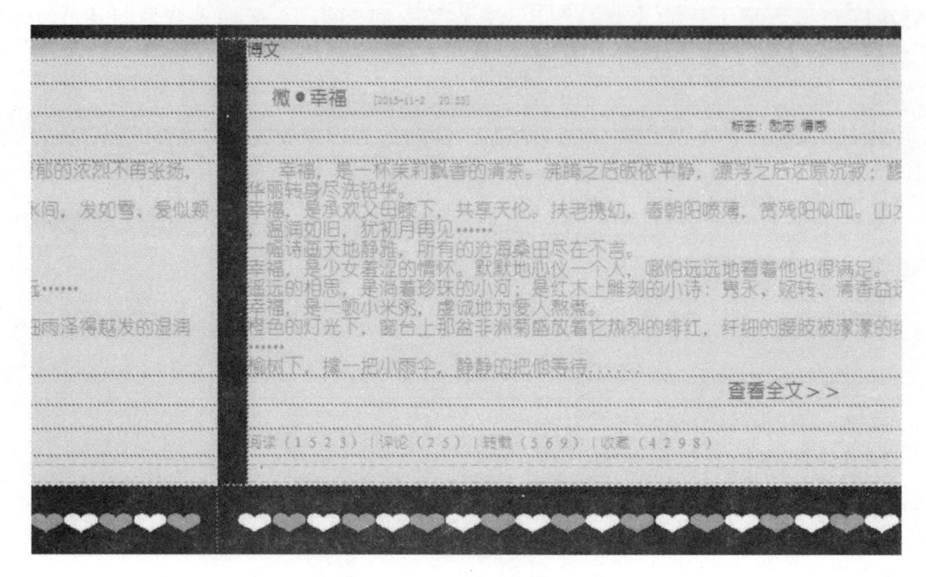

图 9－5－14　插入图片 07

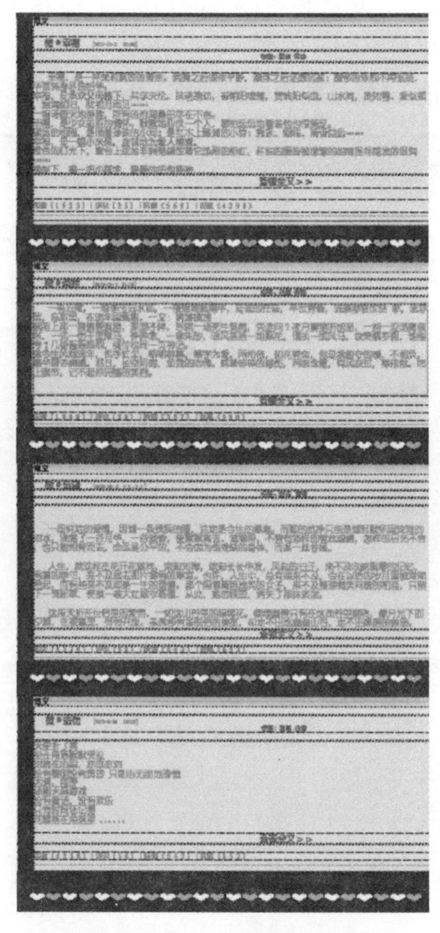

图 9－5－15　复制粘贴表格

图 9－5－16　细节图

(19)在左侧表格中插入表格 9 行 1 列,如图 9－5－17 所示。

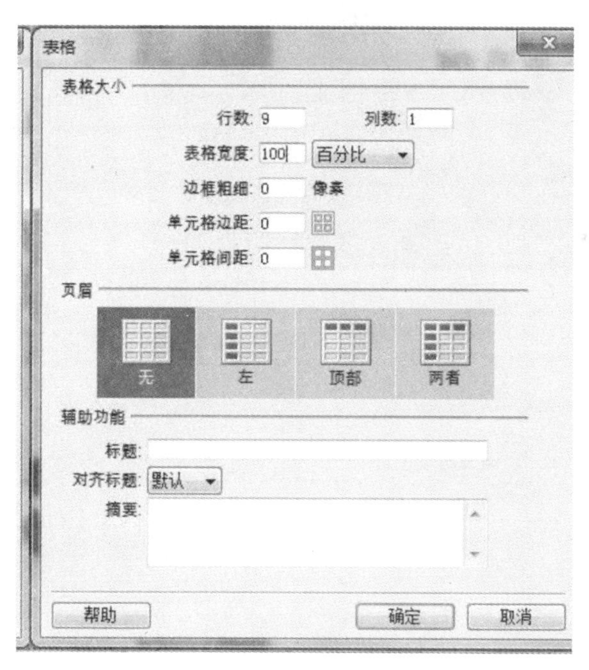

图 9－5－17　插入表格

(20)在第 1 行插入图片 03,并输入文字,大小为 16,颜色为＃3D001F;选中 2～9 行设置背景颜色为＃ECDFE2;在第 2 行中单击属性面板中的居中按钮,插入图片 02;在第 3 行插入文字,大小为 16,颜色为＃BC8D9F;在第 4 行,拆分单元格分别居中后插入图片 05 和 06,下一行插入图片 04;在第 6～9 行分别输入文字,字体大小为 16,颜色为＃BC8D9F。完成图如图 9－5－18和图 9－5－19 所示。

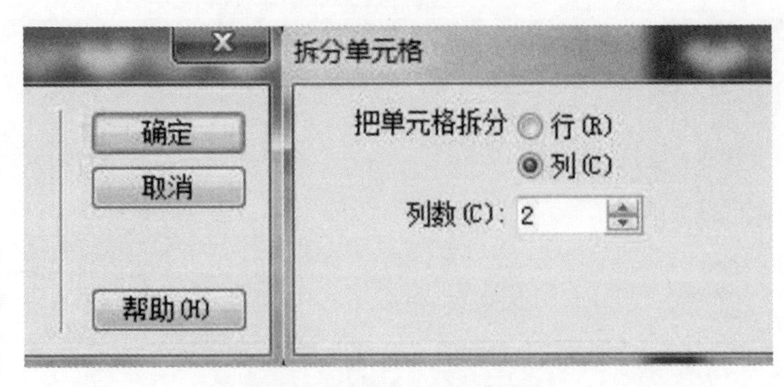

图 9-5-18　拆分单元格

图 9-5-19　插入图片文字

(21)在做好的个人资料的下面插入光标，加入嵌套表格 7 行 7 列，如图 9-5-20 所示。

(22)将第 1 行合并单元格，设置背景色为＃DC8EB5 并输入文字，颜色为＃3D001F，大小为 18，如图 9-5-21 所示。

(23)在第 2 行中插入背景图片 03，设置其他单元格颜色为＃ECDFE2，如图 9-5-22 所示。

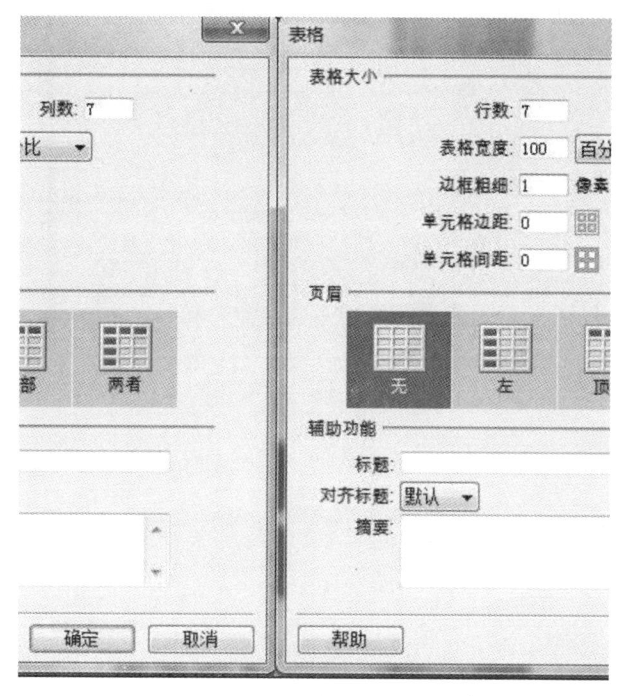

图 9－5－20　加入嵌套表格

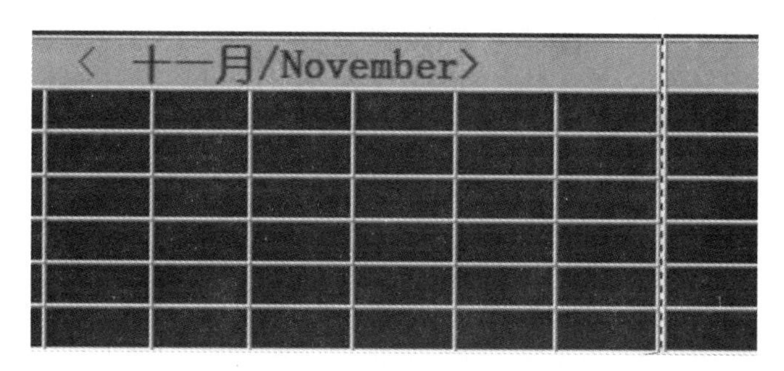

图 9－5－21　合并单元格

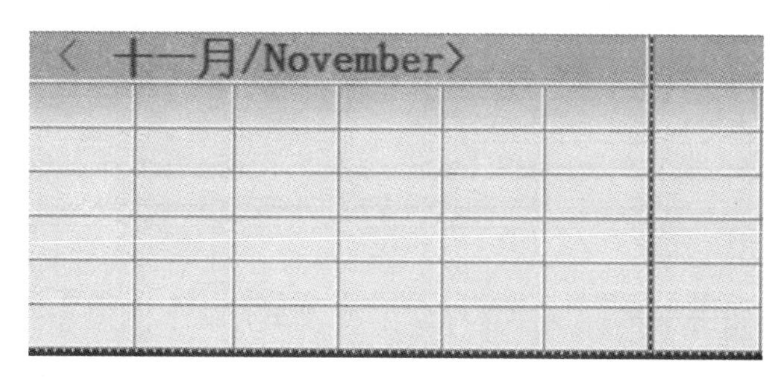

图 9－5－22　插入背景图片

(24)在相应位置输入文字，文字居中，字体大小为 12，第 1 列第 2 行和第 7 列第 2 行颜色为＃DC8EB5，第 2 行第 2～6 列颜色为白色。关于数字颜色方面，第 1 列和第 6 列颜色为＃

C8005F,第 2～6 列颜色为＃DC8EB5。完成后调整,效果如图 9－5－23 所示。

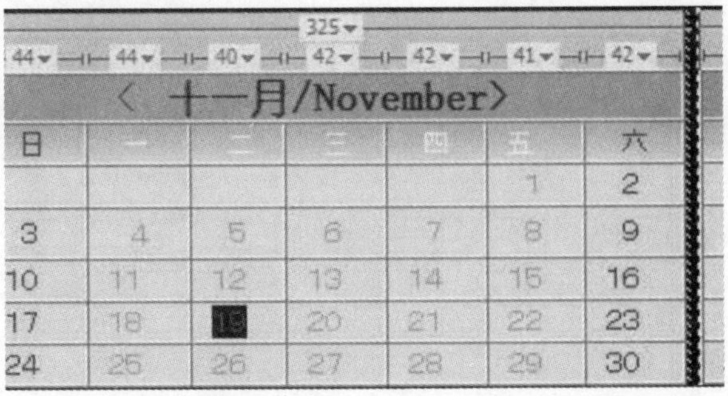

图 9－5－23 输入文字

(25)在日历下方插入表格 4 行 1 列,如图 9－5－24 所示。

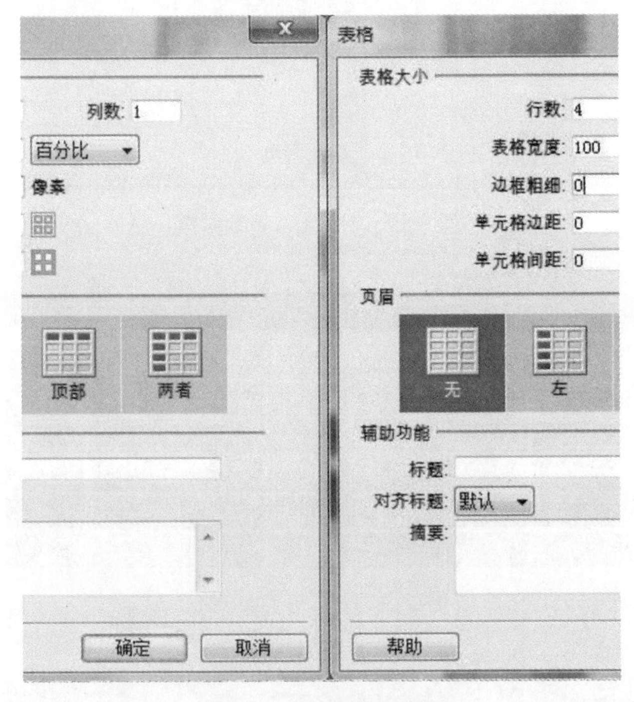

图 9－5－24 插入表格

(26)在第 1 行插入背景图片 03,输入文字,文字大小为 16,颜色为＃3D001F。在第 2 行插入图片 04,设置第 3 行和第 4 行背景颜色为＃ECDFE2。

(27)在第 3 行插入光标,点击表单中的文本字段符号, 插入文本域,属性面板中设置属性,文本域名称为 SearchContent,最多字符数为 10,类型为单行,如图 9－5－25 所示。

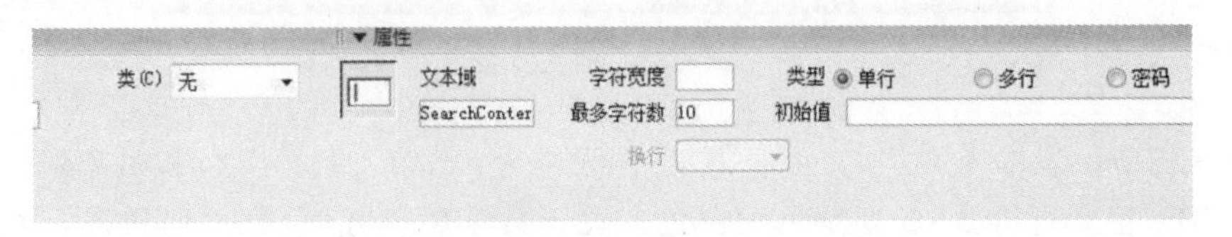

图 9－5－25 设置属性

(28)在文本域后输入文字，大小为 16，颜色为＃C8005F，如图 9－5－26 所示。

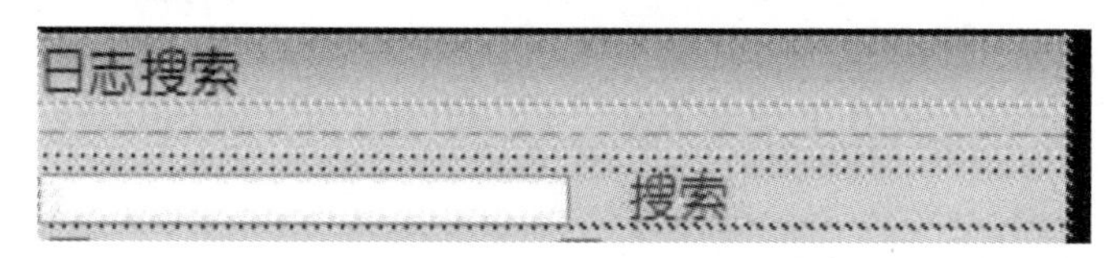

图 9－5－26　输入文字

(29)在第 3 行插入两个复选框，更改属性，如图 9－5－27 所示。

图 9－5－27　插入复选框

第 2 个复选框属性，如图 9－5－28 所示。

图 9－5－28　复选框属性

在复选框后分别输入文字大小 16，颜色＃C8005F，完成后效果如图 9－5－29 所示。

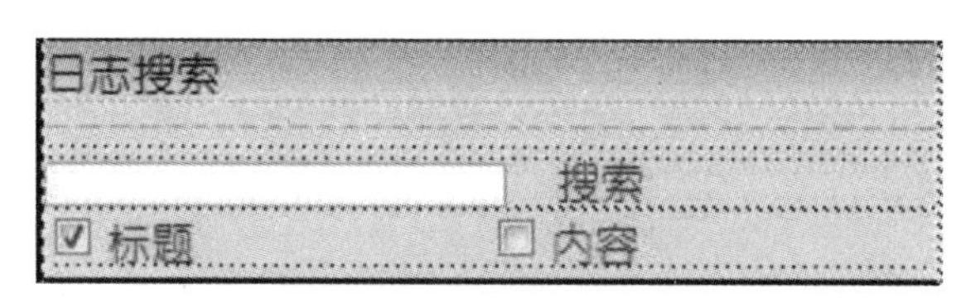

图 9－5－29　输入文字

(30)在日志搜索制作完成后，在下方插入表格 8 行 1 列，如图 9－5－30 所示。

(31)在第 1 行插入图片 03，并输入文字，大小为 16，颜色为＃3D001F，在第 3 行、第 5 行和第 7 行分别插入图片 04，在第 2 行、第 4 行和第 6 行输入背景颜色＃ECDFE2，并输入文字，大小为 24，颜色为＃BC8D9F。调整完成后，如图 9－5－31 所示。

(32)在友情链接做好后，在其下方插入表格 20 行 1 列，如图 9－5－32 所示。

(33)在第 1 行插入图片 0，然后插入文字，大小为 16，颜色为＃3D001F，设置剩下单元格的背景颜色为＃ECDFE2；在第 2 行前段文字设置大小为 16，颜色为＃C8005F，后段文字大小为 10，颜色为＃999999；第 3 行文字大小为 18，颜色为＃BC8D9F；第 4 行插入图片 04，效果如图9－5－33所示。

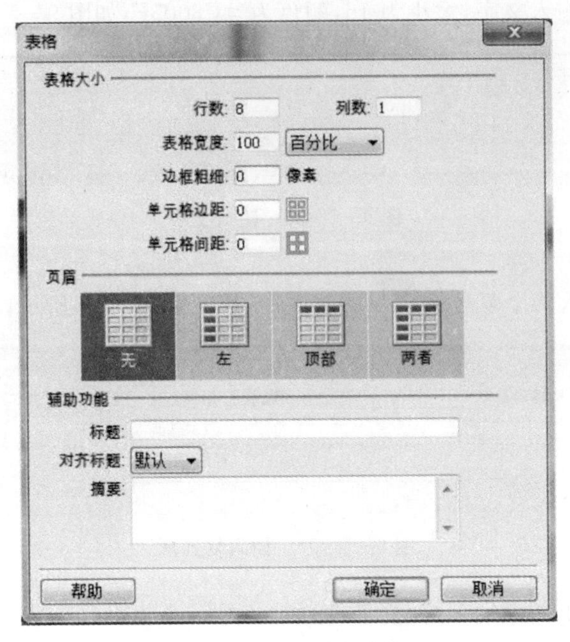

图 9-5-30　插入表格

图 9-5-31　插入图片文字

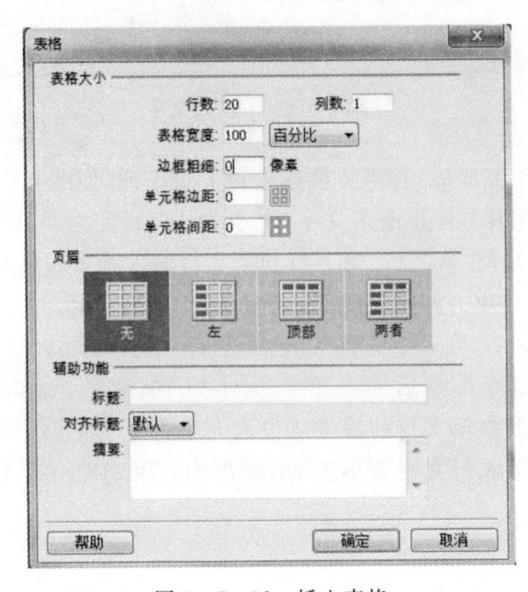

图 9-5-32　插入表格

图 9 - 5 - 33　插入图片文字

(34)按照第 2～4 行的格式设置下面内容，在第 12 行加入文字，大小为 12，颜色＃3D001F，完成后如图 9 - 5 - 34 所示。

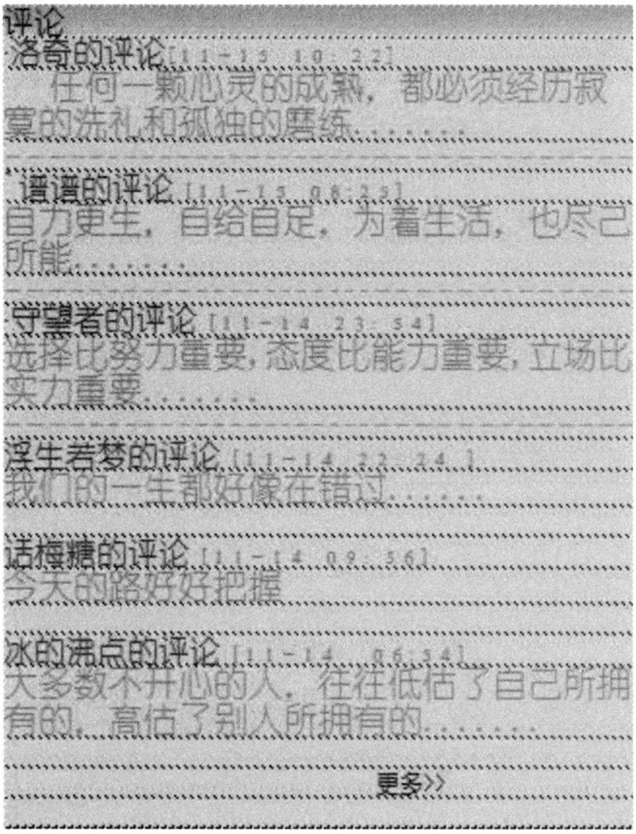

图 9 - 5 - 34　设置格式

(35)在网站整体下面加入版权信息，插入 1 行 1 列表格，背景颜色为＃ECDFE2，文字大小为 14，颜色为＃999999，效果如图 9 - 5 - 35 所示。

图 9 - 5 - 35　插入表格

(36)首页制作完毕后,按 F12 预览。

9.5.2 日志列表制作

(1)将 index 另存,命名为 all,删掉右侧日志。

(2)在右侧插入表格 10 行 1 列,如图 9-5-36 所示。

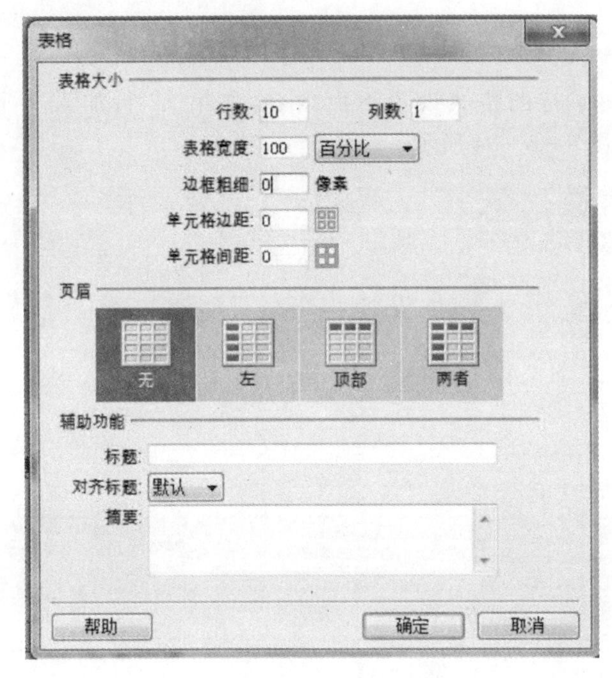

图 9-5-36 插入表格

(3)在第 1 行插入图片 0,插入文字,大小为 18,颜色为#3D001F,剩下单元格颜色为#ECDFE2;在双数行插入图片 04;在单数行(除第 1 行)外输入文字,文字大小分别为 18,10,18,颜色为#C8005F,#999999,#C8005F,效果如图 9-5-37 所示。

图 9-5-37 插入图片文字

(4)在日志列表下一行插入图片 07,效果如图 9-5-38 所示。

(5)日志列表制作完成,按 F12 预览。

图 9-5-38　插入图片 07

9.5.3　日志页面制作

（1）与日志列表页面制作步骤相同，将 index.html 先另存，命名为 one。将保存好的 one 删除右侧博文内容。

（2）完成删除后添加嵌套表格 10 行 1 列，效果如图 9-5-39 所示。

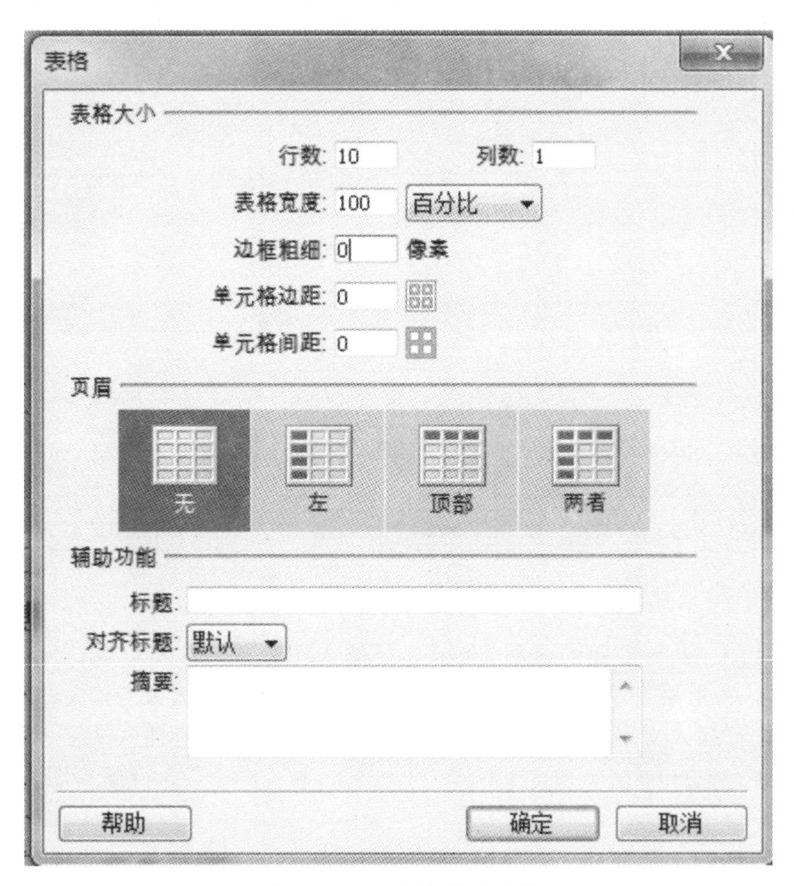

图 9-5-39　添加嵌套表格

(3)第 1 行添加图片 0,加入文字,大小为 16,颜色为＃3D001F,其余单元格设置背景颜色为＃ECDFE2;第 2 行、第 10 行插入图片 04;第 3 行插入文字,大小分别为 18,10 ,颜色分别为＃C8005F,＃999999;第 4 行插入文字,大小为 12,颜色为＃C8005F;第 6 行插入文字,大小为 18,颜色为＃BC8D9F;第 9 行插入文字,大小为 14,颜色为＃999999。完成效果如图9－5－40所示。

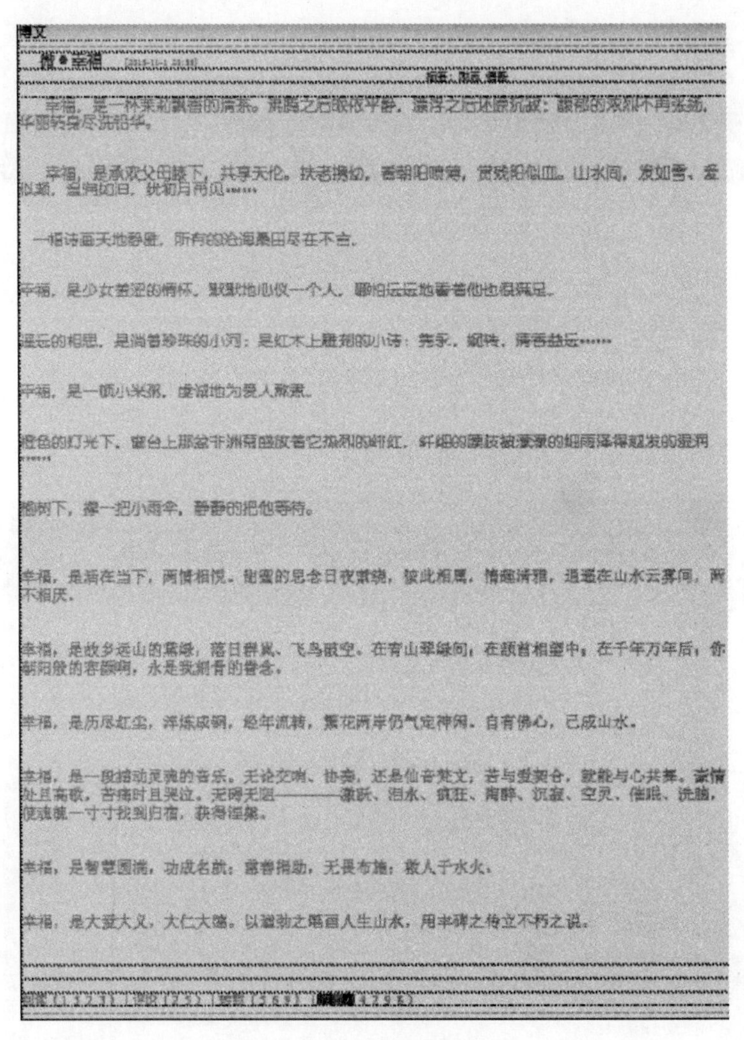

图 9－5－40　添加图片文字

(4)在下方插入 21 行 1 列的表格,在第 1 行插入图片 0。插入文字,大小为 24,颜色为＃C8005F。其余单元格插入背景颜色＃ECDFE2,第 2 行插入文字,大小为 18,颜色为＃BX8D9F;第 3 行插入文字,大小为 18,颜色为＃C8005F;第 4 行插入文字,大小分别为 14,18,12,颜色分别为＃999999,＃BC8D9F,＃C8005F,＃000000;第 5 行插入图片 04,效果如图9－5－41所示。

(5)以第 2～5 行为例制作下面的评论,只需要更改文字即可,完成效果如图 9－5－42 所示。

(6)在评论下面插入图片 07,效果如图 9－5－43 所示。

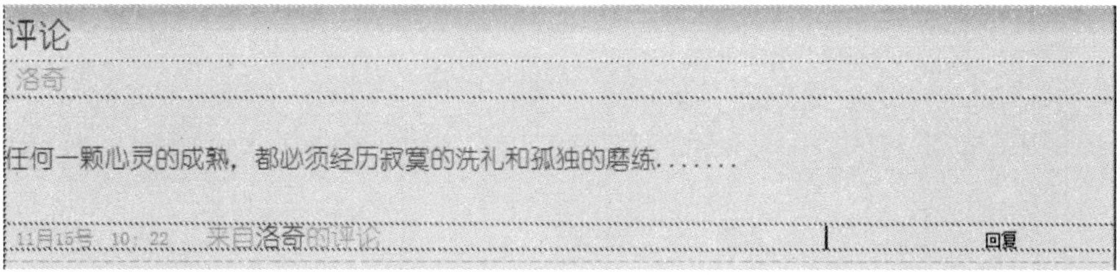

评论
洛奇
任何一颗心灵的成熟，都必须经历寂寞的洗礼和孤独的磨练.......
11月15号 10:22　来自洛奇的评论　回复

图 9-5-41　插入图片文字

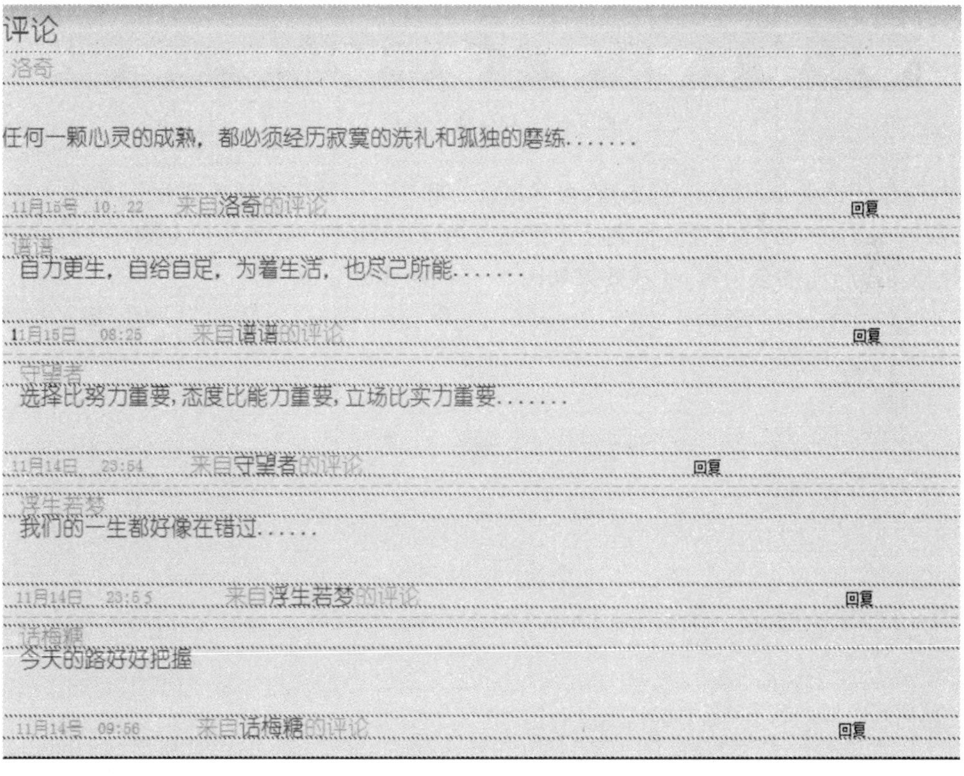

评论
洛奇
任何一颗心灵的成熟，都必须经历寂寞的洗礼和孤独的磨练.......
11月15号 10:22　来自洛奇的评论　回复
�谱
自力更生，自给自足，为着生活，也尽己所能.......
11月15日 08:25　来自谱谱的评论　回复
守望者
选择比努力重要，态度比能力重要，立场比实力重要.......
11月14日 23:54　来自守望者的评论　回复
浮生若梦
我们的一生都好像在错过......
11月14日 23:55　来自浮生若梦的评论　回复
话梅糖
今天的路好好把握
11月14号 09:56　来自话梅糖的评论　回复

图 9-5-42　更改文字

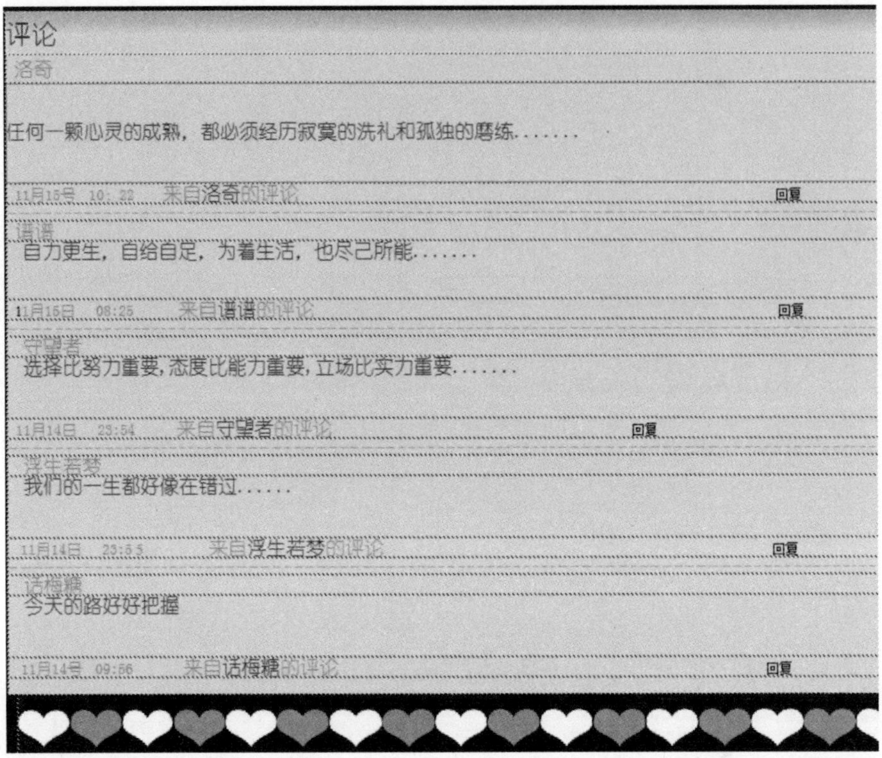

图 9-5-43　插入图片 07

(7)制作评论发布,插入 5 行 2 列,合并第 1,2 和 5 行。第 1 行插入图片 0,插入文字,大小为 18,颜色为＃3D001F,设置其他表格背景颜色为＃ECDFE2;第 2,3 行左侧,第 4 行左侧,插入文字,大小为 12,颜色为黑,完成效果如图 9-5-44 所示。

图 9-5-44　插入图片文字

(8)在最后一行插入按钮,第一个按钮为更改属性,按钮名称为 Submit3,值为发表评论(可按【Ctrl＋Enter】发布),动作为提交表单,如图 9-5-45 所示。

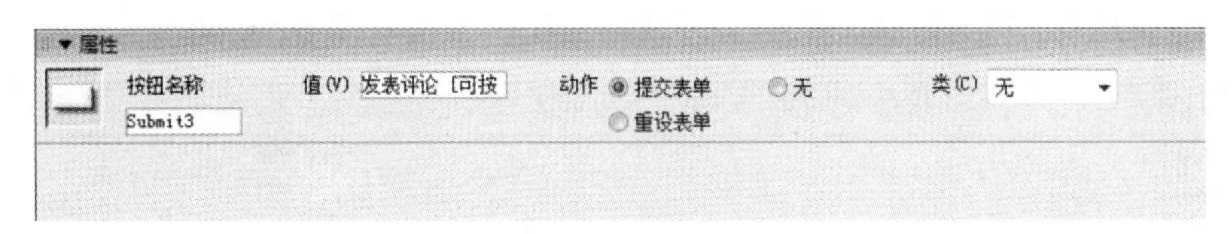

图 9－5－45　更改属性

(9)插入第二个按钮，更改属性，按钮名称为 Submit4，值为重置评论，动作为递交表单，如图 9－5－46 所示。

图 9－5－46　更改属性

(10)在第 4 行右侧插入 4 行 2 列，并且合并第 1 列，插入文字，大小为 18，颜色为＃BC8D9F，效果如图 9－5－47 所示。

图 9－5－47　插入文字

(11)分别在单元格中插入图片 08、09、10、11、12 和 13，如图 9－5－48 所示。

(12)在中间的单元格里插入文本域，更改属性，如图 9－5－49 所示。

(13)在第 2 行插入两个文本域，第 1 个更改属性，如图 9－5－50 所示。

(14)第 2 个插入文本域，更改属性，如图 9－5－51 所示。

(15)插入文字，大小为 12，颜色为黑，如图 9－5－52 所示。

(16)在评论窗口下方插入图片 07，如图 9－5－53 所示。

(17)日志页面制作完毕，按 F12 预览。

(18)依据此方法制作其他日志页面,分别命名为 two、three 和 four。

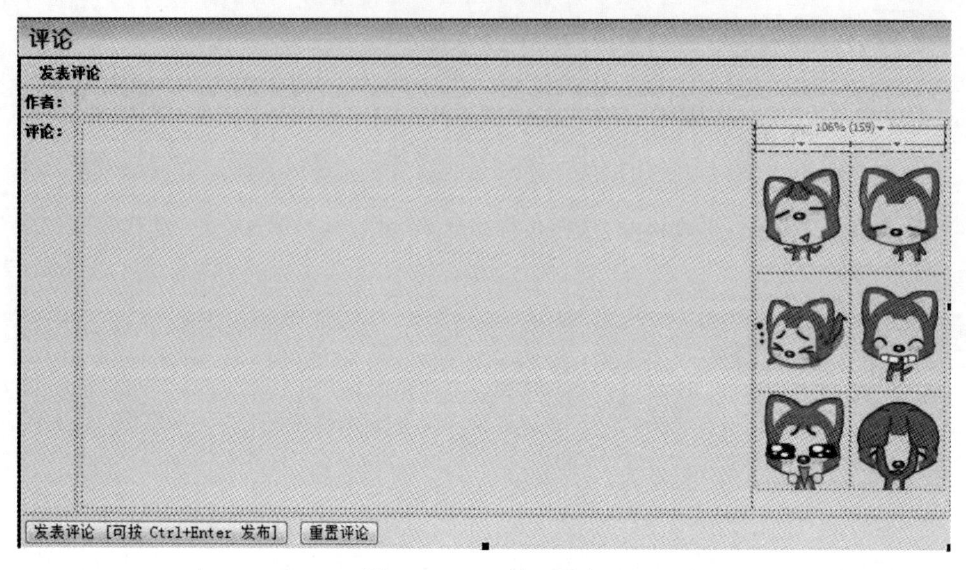

图 9-5-48 插入图片

图 9-5-49 插入文本域

图 9-5-50 插入文本域

图 9-5-51 更改属性

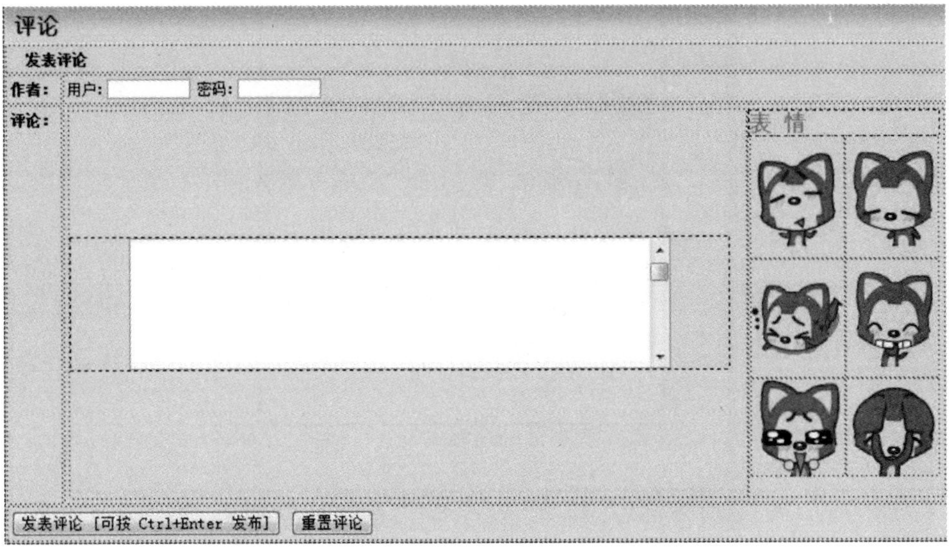

图 9－5－52　插入文字

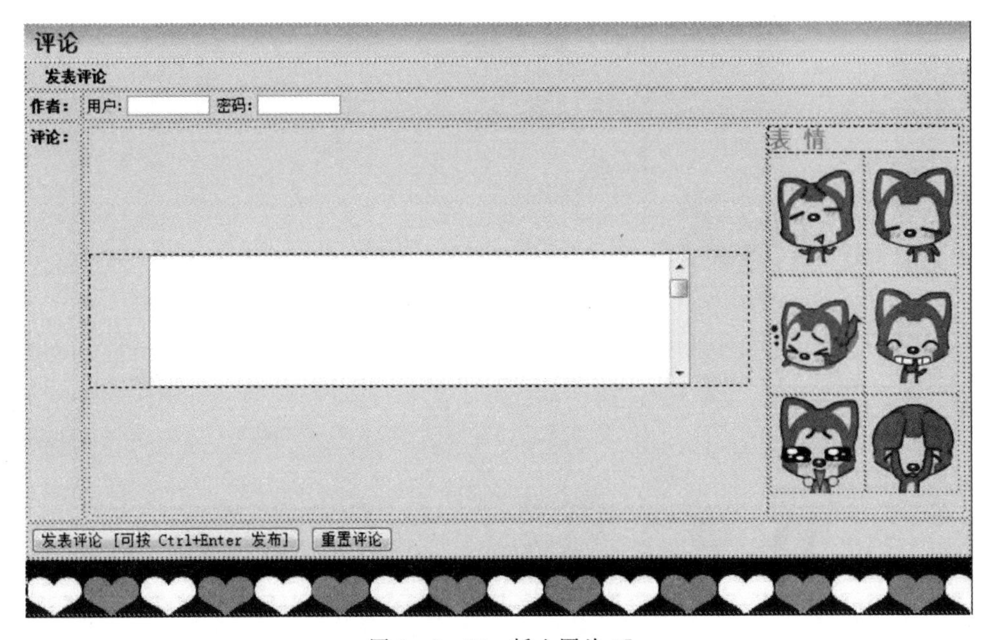

图 9－5－53　插入图片 07

9.5.4　制作图片列表页面

(1)将 index 另存，命名为 t－one，插入表格 3 行 1 列，第 1 行插入图片 0，插入文字，大小为 16，颜色为＃3DOO1F，其他单元格添加背景颜色＃ECDFE2。

(2)在第 3 行插入表格 3 行 1 列，第 1 行插入图片 T－01；第 2 行插入文字，大小为 18，颜色为＃C8005F；第 3 行插入文字，大小为 18，颜色为＃BC8D9F，如图 9－5－54 所示。

图 9-5-54　插入图片文字

(3)根据以上方法,分别插入图片 t-02、t-03、t-04 和 t-05,并插入文字,如图9-5-55所示。

图 9-5-55　插入图片文字

(4)图片列表制作完成,按 F12 预览。

9.5.5　制作图片页面

(1)将 index 另存,命名为 t-02,删除右侧内容。

(2)插入 7 行 1 列表格,第 1 行插入图片 0,其余单元格填充背景颜色#ECDFE2,第 2 行插入文字。

9.6　综合类网页设计

9.6.1　首页的制作(index.fla)

(1)启动 flash CS 软件,新建一个 flash 文件(ActionScript 2.0)。单击【文件】|【保存】命令,命名为 index,并保存在创建好的文件夹中。

(2)打开属性面板,单击 550 x 400 像素 按钮,弹出“文档属性”对话框,在尺寸栏设置大小为 1 300 像素×610 像素,并设置背景为白色,帧频为 30 fps,如图 9-6-1 所示,然后单击【确定】按钮。

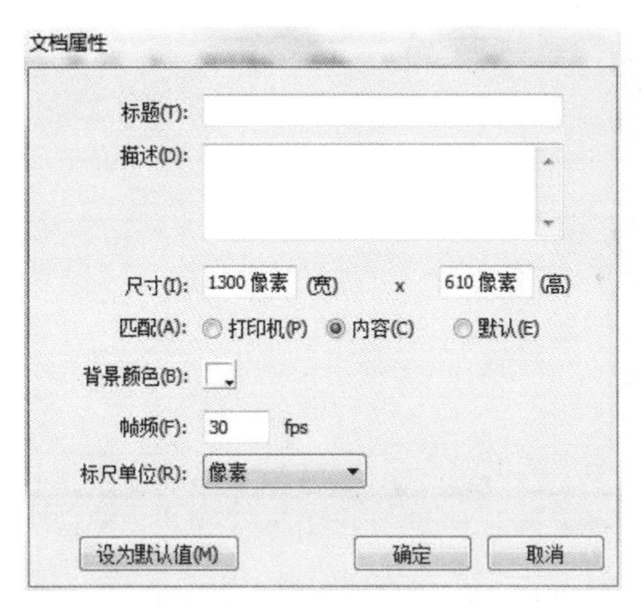

图 9-6-1　“文档属性”对话框

(3)将图层 1 命名为 BG,然后选择【工具】面板中的矩形工具,在属性面板中设置笔触颜色为,填充颜色为#333333,在图层 BG 的舞台上绘制矩形。

(4)选择【工具】面板中的选择工具,选中刚刚绘制的矩形,再打开属性面板,设置其中的参数(宽:170.0,高:610.0,X:0.0,Y:0.0)。

(5)继续在“图层 BG”中绘制矩形,方法同步骤(3)一样,只是改变其填充颜色为#000000。

(6)方法同步骤(4)一样,需要改变刚刚绘制的新矩形参数(宽:1 130.0,高:36.0,X:170.0,Y:0.0),于是"图层 BG"就完成了。

(7)新建一个图层 CONTENT,然后单击【文件】|【导入】|【导入到库】命令,将个人的文件夹中/image 文件夹下的 logo.png,renren.jpg,tianmao_hei.png,weibo.jpg,xinlang.jpg 图片文件导入库中。

(8)点击选择工具 ,用选择工具鼠标将库中的 logo.png 图片拖入舞台中,再打开属性面板,设置位图参数,宽:170.0,高:610.0,X:0.0,Y:0.0。最后再将选择工具鼠标移至改好的图片上方,点击鼠标右键,选择【转换为元件】,在弹出"转换为元件"对话框后,输入名称为 logo,选择类型为图形,单击【确定】按钮,将该图片转换为图形元件,如图 9-6-2 所示。

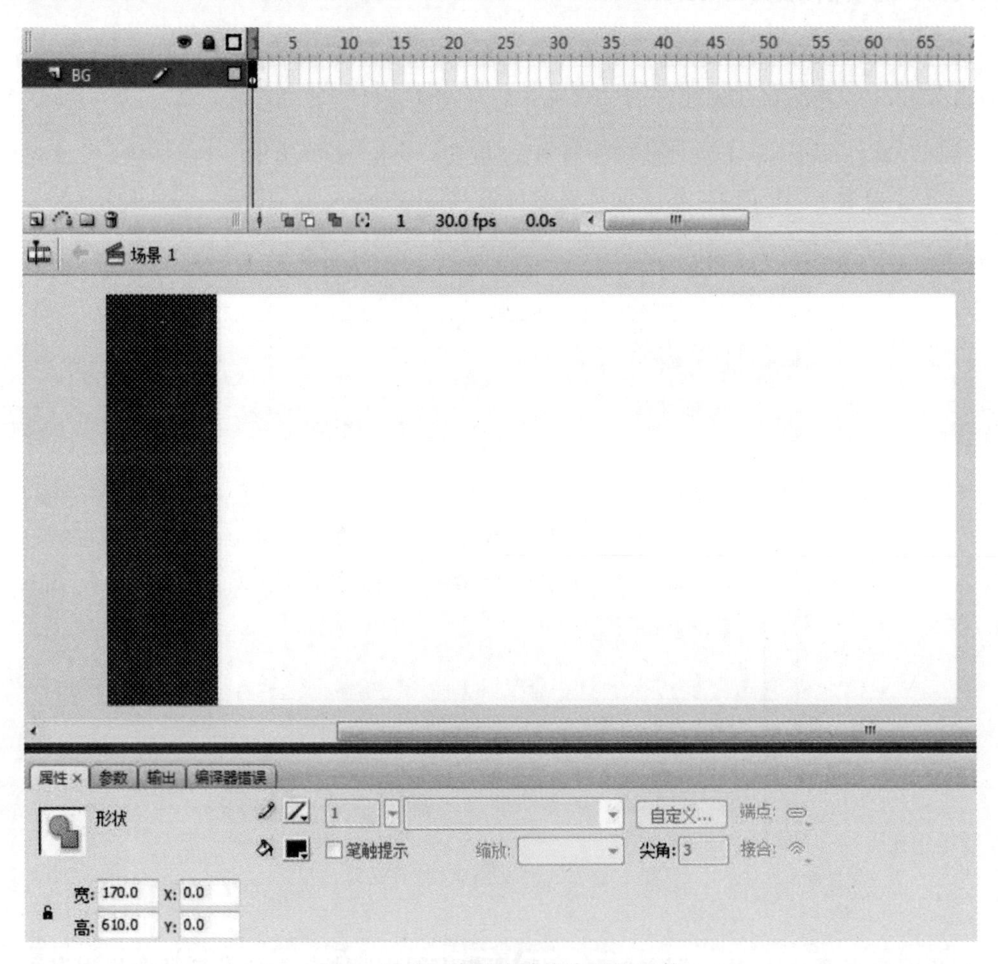

图 9-6-2　将图片转换为图形元件

(9)库中的其他图片 renren.jpg,tianmao_hei.png,weibo.jpg,xinlang.jpg,方法同步骤(8)一样,需要设置的各位图参数依次为"renren.jpg:宽:26.0,高:26.0,X:1 223.8,Y:3.9""tianmao_hei.png:宽:87.0,高:28.6,X:1 038,Y:3.1""weibo.jpg:宽:24.0,高:26.0,X:1 260.0,Y:4.5""xinlang.jpg:宽:64.0,高:24.0,X:1 150.4,Y:5.5"。改好后的各个位图转换成图形元件的命名,依次为 renren,tianmao,weibo,xinlang。于是,图层 CONTENT 就

完成了。

(10)新建一个图层 TXT，然后单击【文件】|【导入】|【导入到库】命令，将个人的文件夹中/image文件夹下的 caidan1. png～caidan11. png 共计 11 张图片文件导入库中。

(11)方法同步骤(8)一样，需要把每一张图片拖入舞台中，并设置参数，转换成图形元件。将 caidan1. png～caidan10. png 依次拖入舞台后，宽和高统一为宽 1130. 0，高 36. 0，X 坐标统一为－0. 4。caidan1. png～caidan10. png 需要设置的 Y 坐标参数依次为 36. 9，68. 4，98. 4，128. 9，158. 9，188. 4，218. 9，248. 9，278. 9，308. 4。caidan11. png 图形参数为“宽：170. 0，高：80. 0，X：－0. 4，Y：512. 4”。处理完每张图片后，别忘了转换图形元件，为了方便，可直接采用系统默认命名。于是，图层 TXT 就完成了，效果如图 9－6－3 所示。

(12)在图层 CONTENT 和图层 TXT 之间，新建一个图层 BTN。单击【插入】|【新建元件】，弹出对话框后，输入名称为 butten，选择类型为按钮，单击【确定】按钮，如图 9－6－4 所示。

(13)选择【工具】面板中的矩形工具，在属性面板中设置笔触颜色为，填充颜色为＃333333，在【butten】按钮的舞台上绘制矩形。设置其矩形的参数为“宽：170. 0，高：30. 0，X：－87. 0，Y：－15. 0”。将其改好的矩形图形转换为图形元件，并命名为 butten_1，如图 9－6－5 所示。

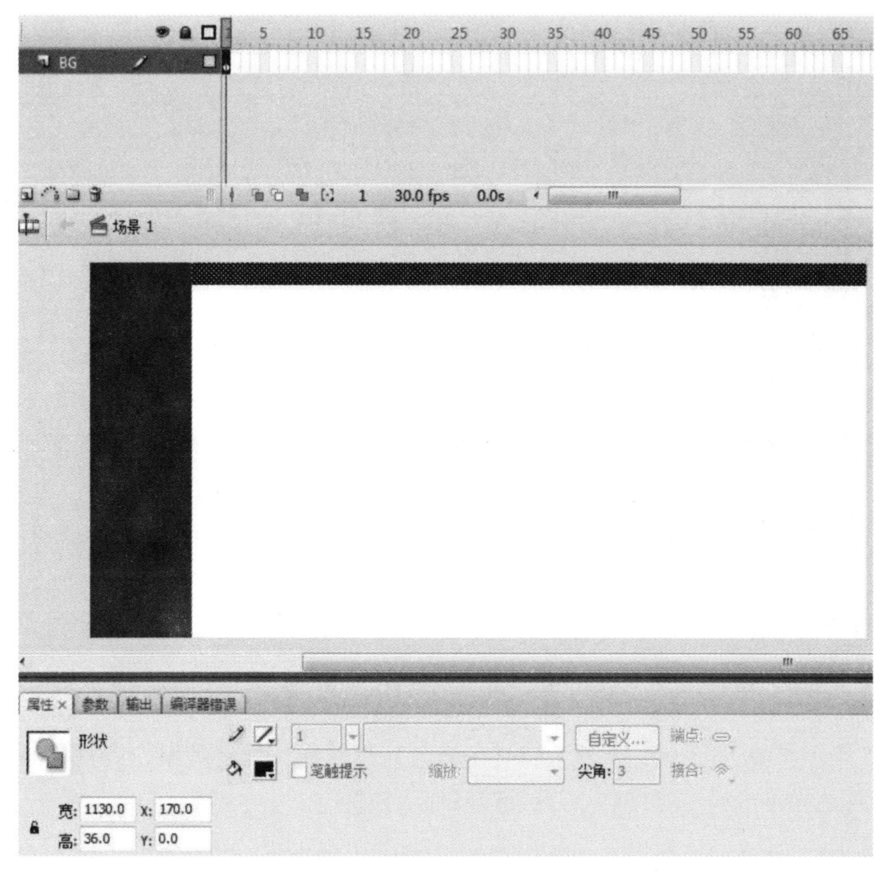

图 9－6－3　图层 TXT 效果

图 9-6-4　一个图层 BTN

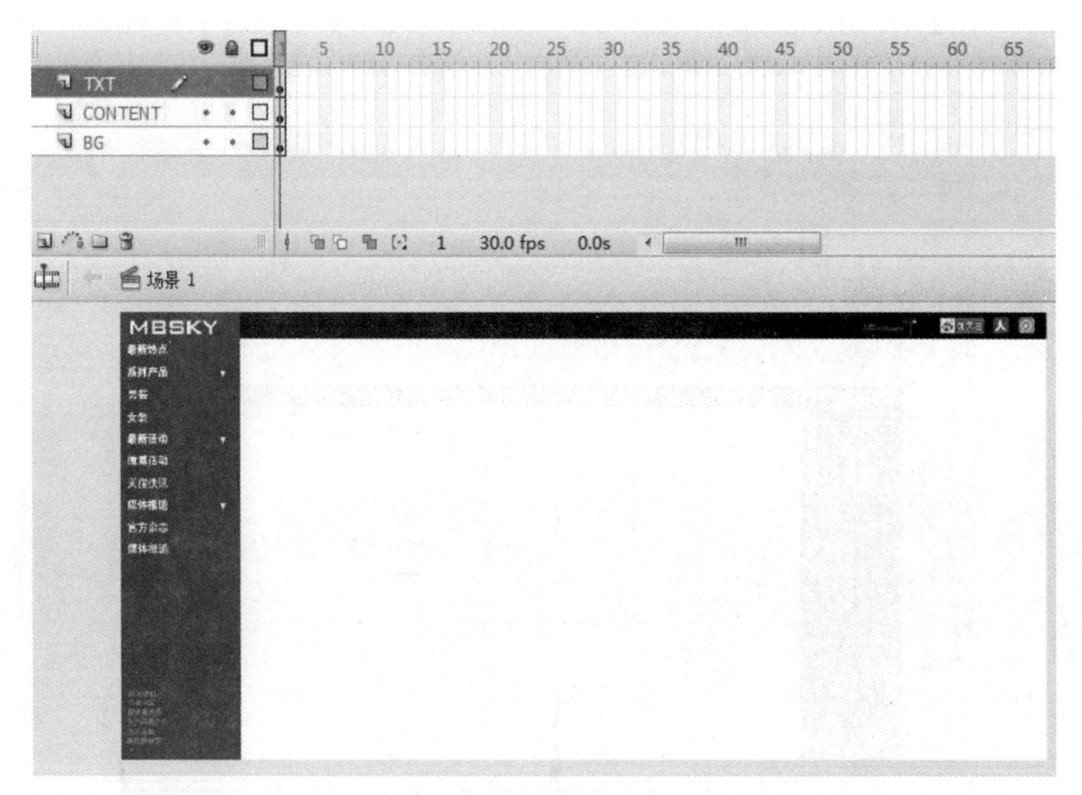

图 9-6-5　绘制矩形

(14)选中弹起帧,点击鼠标右键,选择【复制帧】,再选择指针经过帧,点击鼠标右键,选择【粘贴帧】,再选择点击帧,点击鼠标右键,选择【插入帧】。

(15)选中【指针经过帧】,用选择工具 选中舞台上的矩形,再打开属性面板,在颜色一栏中选择亮度,设置其亮度参数为 35%,如图 9-6-6 所示。

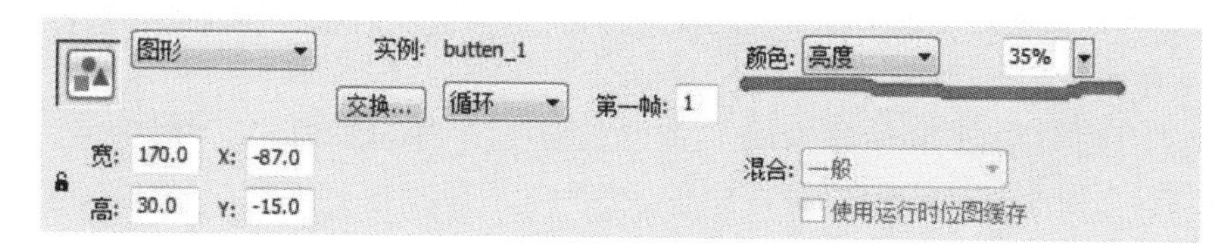

图 9－6－6　设置亮度参数

（16）返回场景 1 中，用选择工具选中舞台上白色区域，再打开属性面板，将其背景颜色改为黑色，如图 9－6－7 所示。

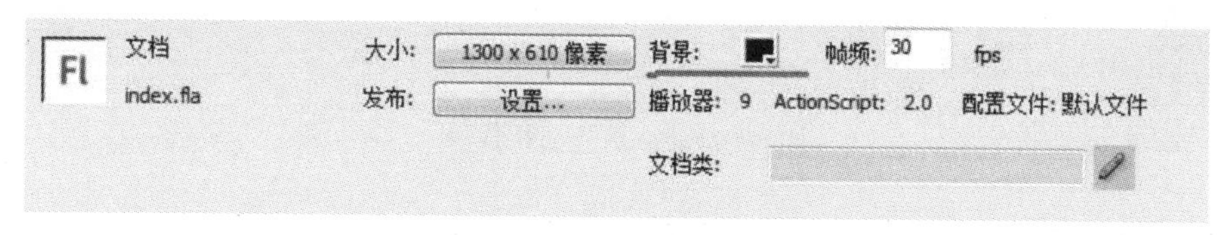

图 9－6－7　修改背景颜色

（17）单击【插入】|【新建元件】，弹出对话框后，输入名称为 butten2，选择类型为按钮，单击【确定】按钮。

（18）选择点击帧，点击鼠标右键，选择【插入关键帧】，选择【工具】面板中的矩形工具，在属性面板中设置笔触颜色为，填充颜色为白色，在【butten2】按钮的舞台上绘制矩形。设置其矩形的参数为“宽：155.0，高：135.0”。

（19）返回场景 1 的舞台中，选中图层 BTN 的第 1 帧，将库中的【butten2】按钮元件拖入舞台中，在属性面板中调整宽和高的参数为“宽：149.4，高：94.7”。用选择工具，将舞台上的蓝色透明按钮图标拖入左下方，恰好覆盖左下方的文字区域。

（20）方法同步骤（18）一样，重复将库中的【butten2】按钮元件拖入舞台中，调整大小，使得每个蓝色透明按钮分别恰好覆盖住右上方的天猫图标、新浪关注图标、人人图标和腾讯微博图标，最终效果如图 9－6－8 所示。

图 9－6－8　调整按钮大小

(21)单独选中覆盖在天猫图标上方的透明按钮,点击鼠标右键,选择【动作】,打开动作对话框后,输入代码:

on(release){getURL("http://www.tmall.com/","_blank");}

完成以后,如图 9-6-9 所示。

图 9-6-9　输入动作代码

(22)方法同步骤(20)一样,依次单独选择新浪图标、人人图标、腾讯微博图标上方的蓝色透明按钮,依次点击鼠标右键,选择【动作】,依次输入如下代码:

新浪代码:

on(release){getURL("http://weibo.com/? c=spr_web_sq_baidub_weibo_t001","_blank");}

人人代码:

on(release){getURL("http://www.renren.com/","_blank");}

腾讯微博代码:

on(release){getURL("http://t.qq.com/","_blank");}

(23)关闭图层 TXT 眼睛部位,如图 9-6-10 所示,再选择左下方覆盖在文字区域上方的透明按钮,点击鼠标右键,选择【动作】,输入如下代码:

on(release){getURL("http://www.mbsky.com.cn/","_blank");}

完成以后,再次打开刚才已经关闭掉的图层 TXT 眼睛部位。

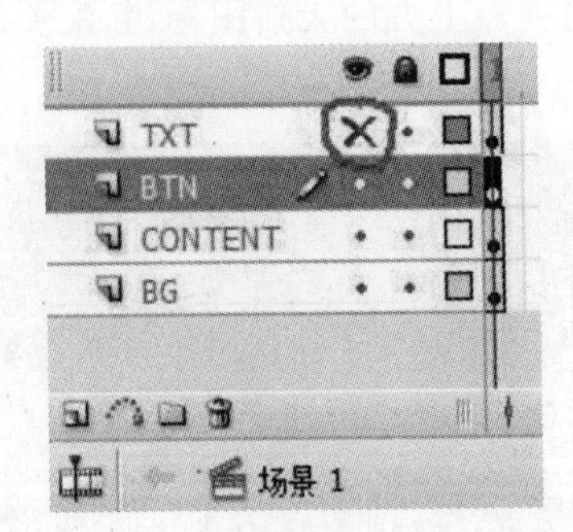

图 9-6-10　关闭图层 TXT 眼睛部位

(24)点击【文件】|【保存】,index.fla 文件就算是告一段落了。

9.6.2　子级页面最新热点的制作(hot.fla,haibao.fla)

(1)新建一个 flash 文件(ActionScript 2.0)。单击【文件】|【保存】命令,命名为 haibao,并

保存在与 index. fla 同一目录下。

(2)打开属性面板，单击 550 x 400 像素 按钮，弹出【文档属性】对话框，在尺寸栏设置大小为 1 300 像素×610 像素，并设置背景为黑色，帧频为 30 fps，修改后单击【确定】按钮。

(3)将图层 1 命名为 bg，选择【工具】面板中的矩形工具，在属性面板中设置笔触颜色为，填充颜色为白色，在图层 bg 的舞台上绘制矩形。

(4)选择【工具】面板中的选择工具，选中刚刚绘制的矩形，再打开属性面板，设置其中的参数(宽：1 130. 0，高：574. 0，X：170. 0，Y：36. 0)，参数设置完成后，选中矩形，点击鼠标右键，选择【转换为元件】，在弹出“转换为元件”对话框后，输入名称为 bg，选择类型为图形，单击【确定】按钮，将该图片转换为图形元件，最终效果如图 9－6－11 所示。

(5)新建图层 2，单击【文件】|【导入】|【导入到库】命令，将个人的文件夹中/image 文件夹下的 hot1. jpg～hot7. jpg 共计 7 张图片文件导入库中。

(6)用选择工具将库中的 hot1. jpg 图片拖入舞台中，选中图片，点击鼠标右键，选择【转换为元件】，在弹出“转换为元件”对话框后，采用系统默认命名，选择类型为图形，单击【确定】按钮，将该图片转换为图形元件。选中图层 2 的第 1 帧，点击鼠标右键，选择【清除帧】。

(7)完全按照步骤(6)的做法，依次对库中的 hot2. jpg～hot7. jpg 图片实施如上做法，由此最终生成相对应的元件 2～元件 7 的图形元件。加上步骤(6)生成的元件 1，共计 7 个图形元件。最终全部做完后，还要对图层 2 的第 1 帧进行清除帧。

(8)选中图层 bg 的第 30 帧，点击鼠标右键，选中【插入帧】。

(9)选中图层 2 的第 1 帧，将库中的元件 1 拖入舞台中，打开属性面板，修改坐标参数为“X：170. 0，Y：36. 0”。

(10)选中图层 2 的第 1 帧，点击鼠标右键，选择【复制帧】，然后再选中图层 2 的第 30 帧，点击鼠标右键，选择【粘贴帧】。

(11)选中图层 2 的第 1 帧，选中舞台上的图片，打开属性面板，颜色一栏中选择 Alpha，设置其 Alpha 参数为 0%，如图 9－6－12 所示。

(12)选中图层 2 的第 1 帧，点击鼠标右键，选择【创建补间动画】。

(13)选择图层 2 的第 30 帧，点击鼠标右键，选择【动作】，添加代码：

```
stop()；
```

(14)点击【控制】|【测试影片】，测试完毕后，手动找到存放目录下刚生成的 SWF 文件，即 haibao. swf，然后修改它的名称，即重命名为 hb1. swf。

(15)回到 flash 中，点击图层 2 的第 1 帧，选中舞台上的白色区域，在属性面板中点击 交换... ，出现一个“交换元件”对话框，如图 9－6－13 所示。然后选择【元件 2】，再点击【确定】按钮。

(16)再点击图层 2 的第 30 帧，选中舞台上的图片，在属性面板中点击 交换... ，出现一个“交换元件”对话框，然后选择【元件 2】，再点击【确定】按钮。

(17)最后点击【控制】|【测试影片】，测试完毕后，手动找到存放目录下刚生成的 SWF 文件，即 haibao. swf，然后修改它的名称，即重命名为 hb2. swf。

(18)对于库中剩下的元件3～元件7，按照上面步骤(15)～步骤(17)的操作方法进行操作，依次生成并重命名为hb3.swf～hb7.swf。

(19)hb1.swf～hb7.swf全部做好后，新建一个flash文件(ActionScript 2.0)。单击【文件】|【保存】命令，命名为hot，并保存在与index.fla同一目录下。

图9-6-11　将图片转换为图形元件

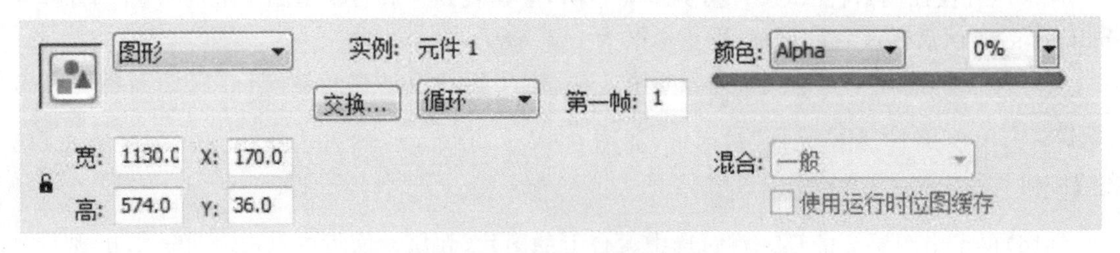

图9-6-12　设置参数

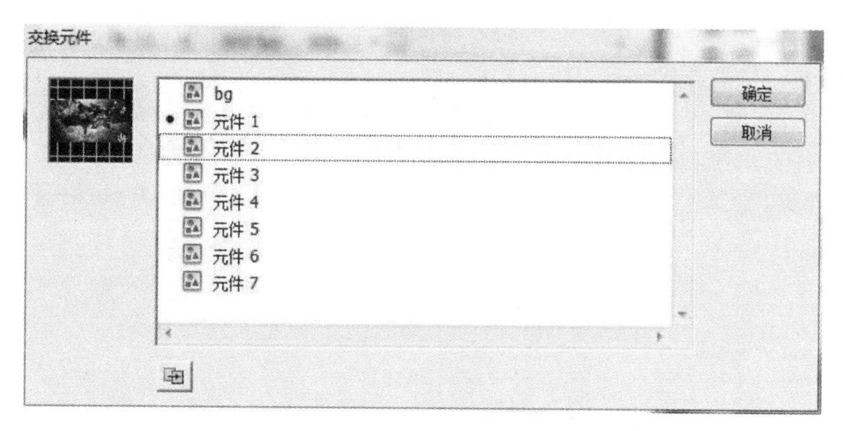

图 9-6-13 “交换元件”对话框

(20)打开属性面板,单击按钮 550 x 400 像素 ,弹出“文档属性”对话框,在尺寸栏设置大小为 1 300 像素×610 像素,并设置背景为黑色,帧频为 30 fps,修改后单击【确定】按钮。

(21)将图层 1 命名为 BG,打开 haibao. fla 文件,将 haibao. fla 文件中库里一个叫“bg”的图形元件复制、粘贴到 hot. fla 文件中的库里。

(22)将库中的“bg”图形元件拖入舞台中,修改其坐标参数为“X:170.0,Y:36.0”。

(23)新建图层 HB,点击【插入】|【新建元件】,在弹出【创建新元件】对话框后,输入名称为 hb,选择类型为影片剪辑,然后单击【确定】按钮。

(24)返回到场景 1,将刚刚新建的“hb”影片剪辑拖入到舞台中,然后在属性面板中修改其坐标为“X:0.0,Y:0.0”,输入实例名称为 pic,如图 9-6-14 所示。

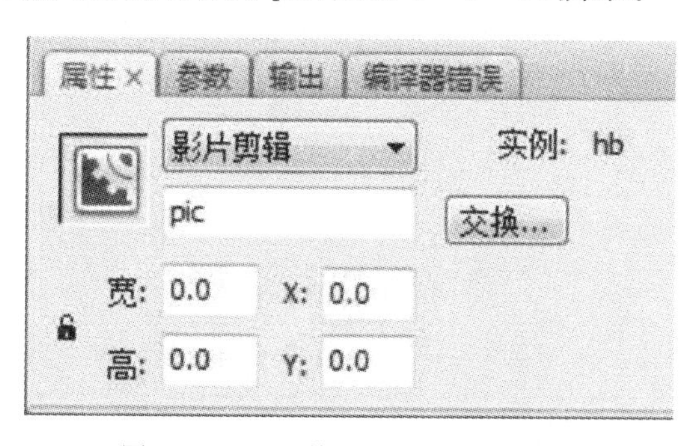

图 9-6-14 修改坐标及输入名称

(25)新建图层 BTN,点击【插入】|【新建元件】,在弹出【创建新元件】对话框后,输入名称为 btn,选择类型为按钮,然后单击【确定】按钮。

(26)将鼠标移至选择【工具】面板中的矩形工具上方,长按鼠标左键不松手,矩形工具出现一个下拉菜单,在下拉菜单中选择椭圆工具,在属性面板中设置笔触颜色为,填充颜色为#333333,在按钮的舞台上绘制圆形。

(27)再选择【工具】面板中的选择工具,选中刚刚绘制的圆形,再打开属性面板,设置其中的参数(宽:54.5,高:54.5),将圆形移至中心位置。调整完成后,选中圆形,点击鼠标右键,选择【转换为元件】,在弹出【转换为元件】对话框后,输入名称为 btn_p,选择类型为图形,然后单击【确定】按钮,将该图片转换为图形元件。

(28)选中弹起帧,点击鼠标右键,选择【复制帧】,再选择指针经过帧,点击鼠标右键,选择【粘贴帧】,选择点击帧,点击鼠标右键,选择【插入帧】。点击指针经过帧,选中舞台上的圆形,再打开属性面板,在颜色一栏中选择亮度,设置其亮度参数为 35%,如图 9-6-15 所示。

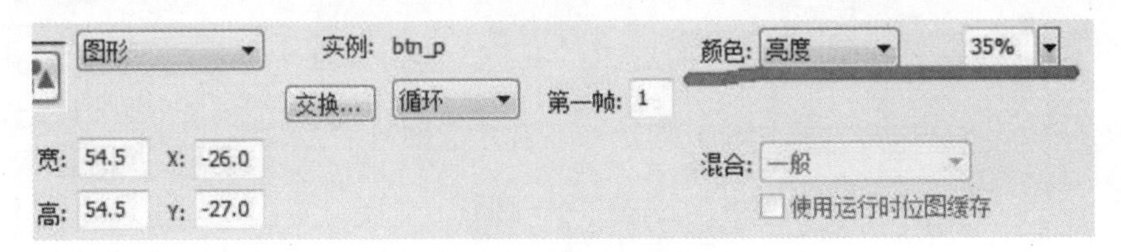

图 9-6-15 设置亮度参数

(29)返回场景 1 中,点击图层 BTN 的第 1 帧,再将库中的【btn】按钮元件拖入舞台中,在属性面板中调整其大小为"宽:15.0,高:15.0"。点击舞台上的【btn】按钮元件,点击鼠标右键,选择【复制】,在舞台随便一个地方点击鼠标右键,选择【粘贴】,一直不停地粘贴,直到舞台上共有 7 个圆形按钮为止。

(30)将舞台上的 7 个圆形按钮,按水平方向一条线排列好,排列位置如图 9-6-16 所示。

图 9-6-16 排列圆形按钮

(31)从左往右依次点击圆形按钮进行操作。点击第一个按钮,点击鼠标右键,选择【动作】,添加如下代码:

on (release) {loadMovie("hb1.swf", pic);}

第二个按钮到最后一个按钮要添加的代码依次如下:

第二个按钮:on (release) {loadMovie("hb2.swf", pic);}

第三个按钮:on (release) {loadMovie("hb3.swf", pic);}

第四个按钮:on (release) {loadMovie("hb4.swf", pic);}

第五个按钮:on (release) {loadMovie("hb5.swf", pic);}

第六个按钮:on (release) {loadMovie("hb6.swf", pic);}

第七个按钮:on (release) {loadMovie("hb7. swf", pic);}

(32)新建图层 AS,选中第 1 帧,点击鼠标右键,选择【动作】,添加代码:

loadMovie("hb1. swf", pic);

(33)点击【控制】|【测试影片】,测试完毕后,将自动在目录下生成 SWF 文件,即 hot. swf。

(34)点击【文件】|【保存】,hot. fla 文件和 haibao. fla 文件就算是完成了。

9.6.3　子级页面系列产品的制作

(1)新建 一个 flash 文件(ActionScript 2.0)。单击【文件】|【保存】命令,命名为 product,并保存在与 index. fla 同一目录下。

(2)打开属性面板,单击按钮 550 x 400 像素 ,弹出【文档属性】对话框,在尺寸栏设置大小为 1 300 像素×610 像素,并设置背景为白色,帧频为 30 fps,修改后单击【确定】按钮。

(3)将图层 1 命名为 BG,打开 haibao. fla 文件,将 haibao. fla 文件中库里一个叫【bg】的图形元件复制、粘贴到 product. fla 文件中的库里。

(4)双击库中的【bg】图形元件,对其元件进行编辑。在属性面板中,修改其填充颜色为黑色。

(5)返回场景 1 中,将【bg】图形元件拖入舞台中,在属性面板中修改其坐标为“X:170.0,Y:36.0”。

(6)点击【插入】|【新建元件】,在弹出【创建新元件】对话框后,输入名称为 bg2,选择类型为图形,然后单击【确定】按钮。

(7)选择【工具】面板中的矩形工具 ,在属性面板中设置笔触颜色为 ,填充颜色为白色,在【bg2】图形元件的舞台上绘制矩形。

(8)选择【工具】面板中的选择工具 ,选中刚刚绘制的矩形,再打开属性面板,设置其中的参数:“宽:228.0,高:228.0,X:0.0,Y:0.0”。

(9)返回场景 1 中,将库中的【bg2】图形元件拖入舞台黑色区域,在属性面板中调整其坐标参数为“X:213.0,Y:73.0”。

(10)重复步骤(9)的操作,直到舞台上总共有 8 个【bg2】图形元件位置。第 1 个图形元件坐标在步骤(9)中已经给出。剩下的 7 个图形元件坐标依次为“X:484.0,Y:73.0;X:755.0,Y:73.0;X:1 026.0,Y:73.0;X:213.0,Y:344.0;X:484.0,Y:344.0;X:755.0,Y:344.0;X:1026.0,Y:344.0”。第 8 个图形元件完成的最终效果如图 9-6-17 所示。

(11)单击【文件】|【导入】|【导入到库】命令,将个人的文件夹中/product 文件夹下的 nanz1. png～nanz8. png 共计 8 张图片文件导入库中。

(12)新建图层 2,用选择工具 将库中的 nanz1. png 图片拖入舞台中,在属性面板中修改其大小为“宽:228.0,高:228.0”。在图片上方点击鼠标右键,选择【转换为元件】,在弹出对话框后,输入名称为 nan1,选择类型为图形,然后单击【确定】按钮。最后再选中图层 2 的第 1 帧,点击鼠标右键,选择【清除帧】。

(13)对于库中剩下的 nanz2. png～nanz8. png 图片,只需反复按照步骤(12)的做法操作即可,目的是将其全部的 8 张图片转换为元件。注意:大小全部统一为“宽:228.0,高:228.0”。

全部完成后，一定要在图层2的第1帧上，点击鼠标右键，选择【清除帧】。

图9-6-17　最终效果

(14)将图层2命名为图层BTN，点击【插入】|【新建元件】，在弹出【创建新元件】对话框后，采用系统默认命名，即元件1，选择类型为按钮，单击【确定】按钮。

(15)将库中的【nan1】图形元件拖入元件1按钮的舞台中，在属性面板中，改变其坐标位置为“X:0.0，Y:0.0”。

(16)选中弹起帧，点击鼠标右键，选择【复制帧】，在指针经过帧点击鼠标右键，选择【粘贴帧】，在点击帧那里点击鼠标右键，选择【插入帧】。

(17)选中指针经过帧，再选中舞台上的图形元件，在属性面板中，修改参数为“宽:244.0，高:244.0，X:－8.1，Y:－8.1”。

(18)再点击【插入】|【新建元件】，在弹出【创建新元件】对话框后，采用系统默认命名，即“元件2”，选择类型为按钮，单击【确定】按钮。

(19)方法同步骤(15)～步骤(18)一样，将剩下的nan2图形元件～nan8图形元件，全部制作成按钮，全部完成后，将会有8个不同的按钮，即【元件1】按钮～【元件8】按钮。

(20)返回场景1，选中图层BTN的第1帧，再将库中的【元件1】按钮拖入舞台中，修改其坐标为“X:213.0，Y:73.0”。

(21)其他元件按钮如同步骤(20)一样，将各元件按钮依次拖入舞台后的坐标如下：

元件2:“X:484.0，Y:73.0”；

元件3:“X:755.0，Y:73.0”；

元件4:“X:1 026.0，Y:73.0”；

元件5:“X:213.0，Y:344.0”；

元件6:“X:484.0，Y:344.0”；

元件7:“X:755.0，Y:344.0”；

元件8:“X:1 026.0，Y:344.0”。

最终效果如图9-6-18所示。

图 9-6-18　最终效果

(22)新建一个图层 PR，再点击【插入】|【新建元件】，在弹出【创建新元件】对话框后，命名为 product，选择类型为影片剪辑，单击【确定】按钮。

(23)返回场景 1 中，将库中的【product】影片剪辑拖入舞台中，在属性面板中修改坐标为“X:0.0，Y:0.0”，输入实例名称为 prd，如图 9-6-19 所示。

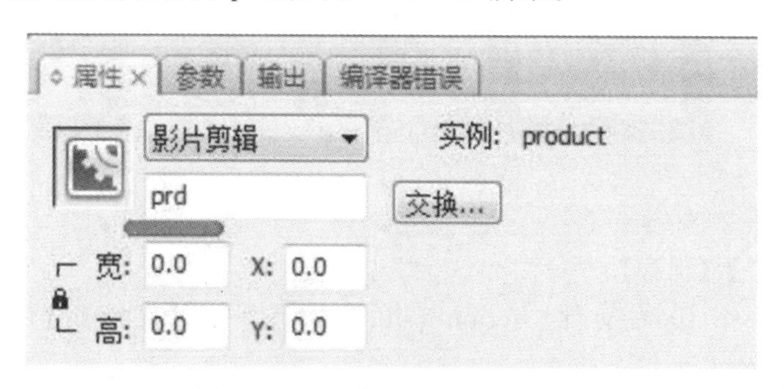

图 9-6-19　修改坐标及输入名称

(24)点击【文件】|【保存】，再点击【文件】|【另存为】，命名为 product2，并保存在与 index.fla同一目录下。

(25)在 product2.fla 文件中，单击【文件】|【导入】|【导入到库】命令，将个人的文件夹中/product文件夹下的 nvz1.png～nvz8.png 共计 8 张图片文件导入库中。

(26)新建一个图层，方法同步骤(12)一样，将刚导入的全部 8 张图片转换为元件。注意：转换为元件的名称改为 nv1～nv8，大小要全部统一为“宽:228.0，高:228.0”。全部完成后，删掉刚刚新建的图层即可。

(27)双击库中的【元件 1】按钮,对其进行编辑。点击弹起帧,再用选择工具 选中舞台上的【nan1】图形元件,在属性面板中点击 交换... ,出现一个【交换元件】对话框,选择【nv1】,再点击【确定】按钮。选中指针经过帧,再返过来选中舞台上的【nan1】图形元件,在属性面板中,点击 交换... ,出现一个【交换元件】对话框后,再选择【nv1】,最后再点击【确定】按钮。

(28)库中后面的【元件 2】按钮~【元件 8】按钮,操作方法同步骤(27)一样,【元件 2】按钮~【元件 8】按钮要交换的图形元件相对应于女装的【nv2】图形元件~【nv8】图形元件,目的是将按钮里面的男装图形元件全部转换成女装的图形元件。所有按钮全部转换完毕,返回场景 1 后,最终效果如图 9-6-20 所示。

图 9-6-20 最终效果

(29)点击【文件】|【保存】。

(30)另新建一个 flash 文件(ActionScript 2.0)。单击【文件】|【保存】命令,命名为 nanzhuang,并保存在与 index.fla 同一目录下。

(31)打开属性面板,单击按钮 550 x 400 像素 ,弹出【文档属性】对话框,在尺寸栏设置大小为 1 300 像素×610 像素,并设置背景为白色,帧频为 30 fps,修改后单击【确定】按钮。

(32)将图层 1 命名为 BG,打开 product.fla 文件,将 product.fla 文件中库里的【bg】图形元件复制、粘贴到 nanzhuang.fla 文件中的库里。

(33)将【bg】图形元件拖入舞台中,在属性面板中修改其坐标为“X:170.0,Y:36.0”。

(34)新建图层 2,打开 product.fla 文件,关闭 product.fla 文件中的图层 BTN 眼睛部位,如图 9-6-21 所示。

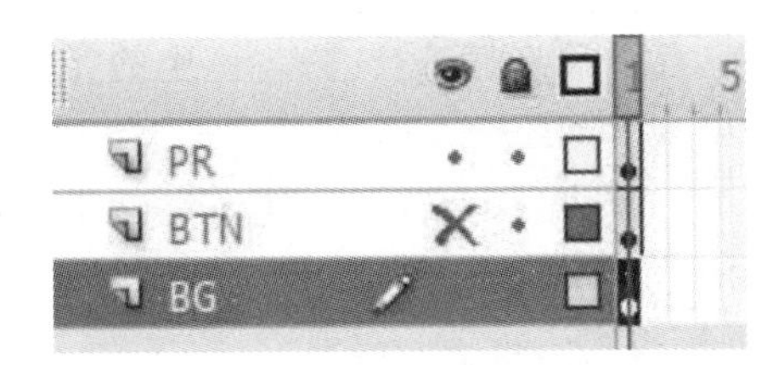

图 9-6-21　关闭图层 BTN 眼睛部位

(35)在 product. fla 文件的舞台上,用选择工具 同时压住键盘上的【Shift】键,连续选中舞台上的 8 个【bg2】图形元件,如图 9-6-22 所示。

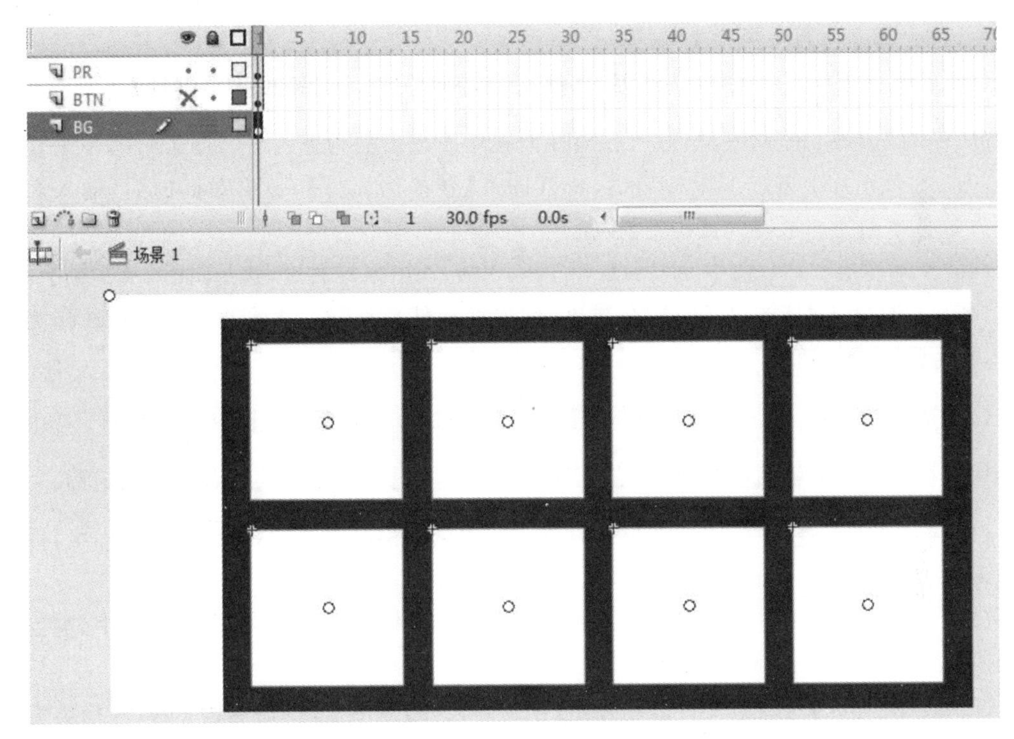

图 9-6-22　连续选中图形元件

(36)点击【编辑】|【复制】,再返回 nanzhuang. fla 文件中,选中图层 2 的第 1 帧,再点击【编辑】|【粘贴到当前位置】。

(37)新建图层 3,单击【文件】|【导入】|【导入到库】命令,将个人的文件夹中/product 文件夹下的 nanzd1. jpg～nanzd8. jpg 共计 8 张图片文件导入库中。

(38)用选择工具 将库中的 nanzd1. jpg 图片拖入舞台中,在在图片上方点击鼠标右键,选择【转换为元件】,在弹出对话框后,采用系统默认命名,即元件 1,选择类型为图形,单击【确定】按钮。最后再选中图层 3 的第 1 帧,点击鼠标右键,选择【清除帧】。

(39)对于库中剩下的 nanzd2. jpg～nanzd8. jpg 图片,只需反复按照步骤(38)的做法操作即可,目的是将其全部的 8 张图片转换为元件。注意:全部完成后,一定要在图层 3 的第 1 帧点击鼠标右键,选择【清除帧】。

(40)选中图层3的第1帧,然后用选择工具 将库中的元件1拖入舞台中,在属性面板中修改参数为宽:228.0,高:228.0,X:213.0,Y:73.0。

(41)选中图层3的第10帧,点击鼠标右键,选中【插入关键帧】。选中舞台上的元件1,在属性面板修改其参数为宽:1 130.0,高:574.0,X:170.0,Y:36.0。再选中图层BG的第10帧和图层2的第10帧,点击鼠标右键,选择【插入帧】。

(42)选中图层3的第1帧,点击鼠标右键,选择【创建补间动画】。

(43)再选中图层3的第30帧,点击鼠标右键,选择【动作】,添加代码:

stop();

(44)单击【文件】|【导入】|【导入到库】命令。将个人的文件夹中/image文件夹下的buy.png和close.png这两张图片文件导入库中。

(45)新建图层4,选中图层4的第10帧,点击鼠标右键,选择【插入关键帧】。用选择工具 将库中的close.png拖入舞台中,在属性面板中修改参数为宽:74.0,高:74.0,X:1 150.0,Y:30.0。在该图片上方点击鼠标右键,将其图片【转换为元件】,弹出对话框后,输入名称为close2,选择类型为图形,单击【确定】按钮。

(46)新建图层BTN,选中图层BTN的第10帧,点击鼠标右键,选择【插入关键帧】。

(47)点击【插入】|【新建元件】,在弹出【创建新元件】对话框后,命名为close,选择类型为按钮,单击【确定】按钮。

(48)选中点击帧,点击鼠标右键选择【插入关键帧】。选择【工具】面板中的矩形工具 ,在属性面板中设置笔触颜色为 ,填充颜色为白色,在close按钮的舞台上绘制矩形。

(49)再选择【工具】面板中的选择工具 ,选中刚刚绘制的矩形,再打开属性面板,设置其中的参数,宽:74.0,高:74.0。

(50)返回场景1中,选中图层BTN的第1帧,将库中的close按钮拖入舞台中,覆盖住舞台的close图标,效果如图9-6-23所示。

(51)点击【插入】|【新建元件】,在弹出【创建新元件】对话框后,命名为buy,选择类型为按钮,单击【确定】按钮。

(52)将库中的buy.png拖入舞台中,在属性面板中,修改其参数为宽:126.0,高:59.0,X:0.0,Y:0.0。

(53)选中该图片,点击鼠标右键,选择【转换为元件】,在弹出【转换为元件】对话框后,命名为buy2,选择类型为图形,单击【确定】按钮,将该图片转换为图形元件。

(54)选中弹起帧,点击鼠标右键,选择【复制帧】,在指针经过帧点击鼠标右键,选择【粘贴帧】,在点击帧那里点击鼠标右键,选择【插入帧】。

(55)选中指针经过帧,再选中舞台上的图形元件,在属性面板中,修改参数为宽:149.0,高:69.8,X:-11.5,Y:-5.4。

(56)返回场景1中,选中图层BTN的第1帧,将库中的buy按钮拖入舞台中,在属性面板中修改其坐标为“X:980.0,Y:545.0”。最终效果如图9-6-24所示。

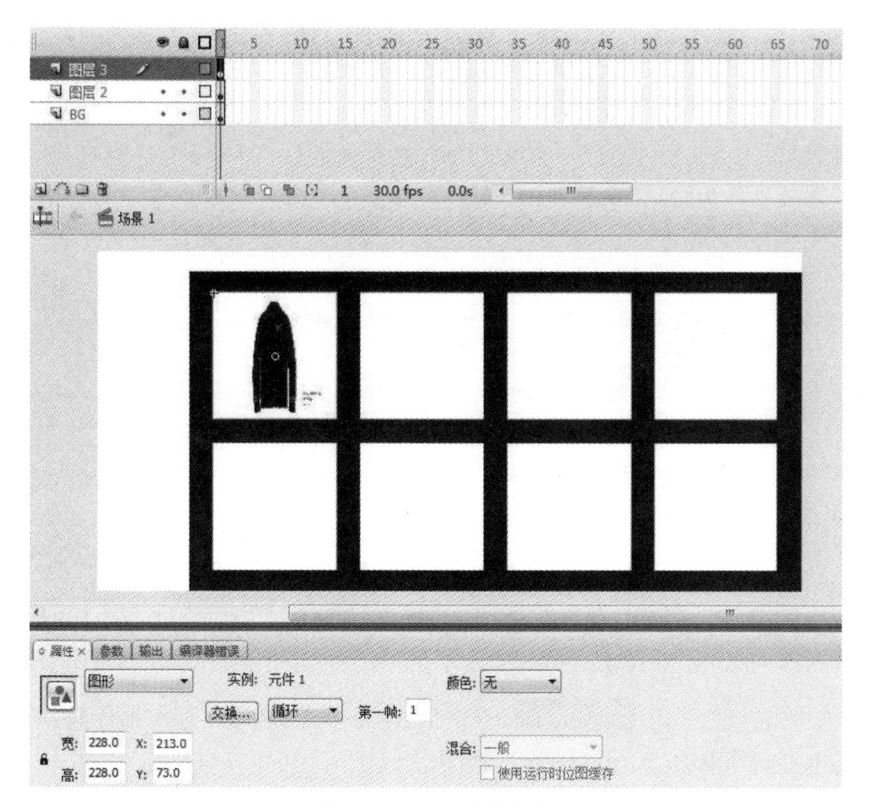

图 9－6－23　覆盖舞台

图 9－6－24　最终效果

(57)新建图层5选中图层,5的第10帧,点击鼠标右键,选择【插入关键帧】。

(58)点击【插入】|【新建元件】,在弹出【创建新元件】对话框后,命名为product,选择类型为影片剪辑,单击【确定】按钮。

(59)返回场景1中,选中图层5的第10帧,将库中的【product】影片剪辑拖入舞台中,在属性面板中,修改坐标为“X:0.0,Y:0.0”,输入实例名称为pr,如图9-6-25所示。

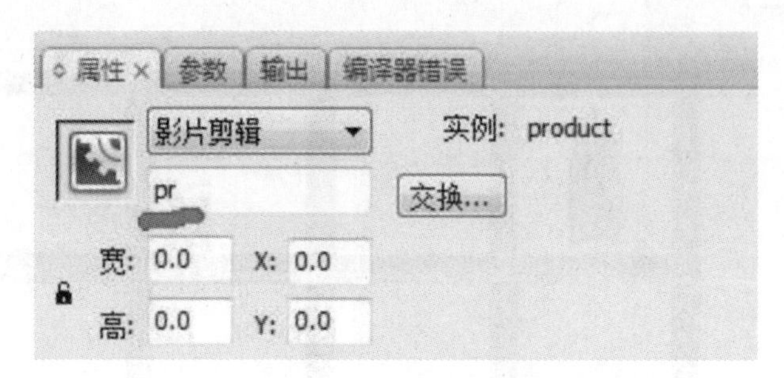

图9-6-25 修改坐标及输入名称

(60)用选择工具 选中舞台上的close按钮,点击鼠标右键,选择【动作】,添加代码:

```
on (release) {loadMovie("product.swf", pr);}
```

(61)再选中buy按钮,即 ,点击鼠标右键,选择【动作】,添加代码:

```
on(release){getURL("http://www.tmall.com/","_blank");}
```

(62)点击【控制】|【测试影片】,测试完毕后,手动找到存放目录下刚生成的SWF文件,即nanzhuang.swf。修改它的名称,即重命名为nanzhuang1.swf。

(63)选中图层3的第1帧,再选中舞台上显示衣服的图形元件,即元件1,在属性面板中,修改其坐标参数为X:484,Y:73。再点击 交换... ,出现一个【交换元件】对话框,选择【元件2】,再点击【确定】。

(64)接着选中图层3的第30帧,再选中舞台上显示衣服的图形元件,即元件1,在属性面板中,点击 交换... ,出现一个【交换元件】对话框,选择【元件2】,再点击【确定】。

(65)点击【控制】|【测试影片】,测试完毕后,手动找到存放目录下刚生成的SWF文件,即nanzhuang.swf。修改它的名称,即重命名为nanzhuang2.swf。

(66)后面要交换的元件3~元件8,跟步骤(63)~步骤(65)一样。需要注意的是,在每次交换元件之前,一定要修改图层3的第1帧及衣服元件的坐标位置。具体坐标位置可以参考步骤(21)所给的坐标数据。每次生成SWF文件后,都要及时修改它的名称,重命名为相对应的名称。全部完成后,目录下最终将会产生nanzhuang1.swf~nanzhuang8.swf共8个SWF文件。

(67)点击【文件】|【保存】。再点击【文件】|【另存为】,命名为nvzhuang,并保存在与index.fla同一目录下。

(68)在nvzhuang.fla文件中,单击【文件】|【导入】|【导入到库】命令,将个人的文件夹中/product文件夹下的nvzd1.jpg~nvzd8.jpg共计8张图片文件导入库中。

(69)新建一个图层,方法同步骤(38)一样,只是要将清除帧的位置改为新建的图层,目的是将刚导入的全部8张图片转换为元件。注意:转换为元件的名称改为nv1~nv8。全部完成后，删掉刚刚新建的图层即可。

(70)点击图层 BTN 的第 10 帧，再用选择工具 选中舞台上的 close 按钮，点击鼠标右键，选择【动作】，将原来的代码修改为

```
on (release) {loadMovie("product2.swf", pr);}
```

(71)后面要交换的 nv1～nv8 元件，跟步骤(63)～步骤(65)一样。需要注意的是，每次交换元件之前，一定要修改图层 3 的第 1 帧及衣服元件的坐标位置。具体坐标位置可以参考(21)所给的坐标数据。每次生成 SWF 文件后，都要及时修改名称，重命名为相对应的名称。重命名方式为 nvzhuang1～nvzhuang8，全部完成后，目录下最终将会产生 nvzhuang1.swf～nvzhuang8.swf 共 8 个 SWF 文件。

(72)打开前面做的 product.fla 文件和 product2.fla 文件。

(73)先从 product.fla 开始，在 product 文件中，选中舞台上的第一个按钮元件，即元件 1，点击鼠标右键，选择【动作】，添加代码：

```
on (release) {loadMovie("nanzhuang1.swf", prd);}
```

(74)再接着往下选中舞台上的第二个按钮元件，即元件 2，点击鼠标右键选择【动作】，添加代码：

```
on (release) {loadMovie("nanzhuang2.swf", prd);}
```

(75)后面剩下的按钮元件，即元件 3～元件 8，做法同步骤(74)一样，依次添加的代码如下：

```
元件 3:on (release) {loadMovie("nanzhuang3.swf", prd);}
元件 4:on (release) {loadMovie("nanzhuang4.swf", prd);}
元件 5:on (release) {loadMovie("nanzhuang5.swf", prd);}
元件 6:on (release) {loadMovie("nanzhuang6.swf", prd);}
元件 7:on (release) {loadMovie("nanzhuang7.swf", prd);}
元件 8:on (release) {loadMovie("nanzhuang8.swf", prd);}
```

(76)点击【控制】|【测试影片】，将在目录下生成 SWF 文件，即 product.swf。

(77)点击【文件】|【保存】，再打开 product2.fla 文件。

(78)product2.fla 文件的做法和 product.fla 文件的做法一样，按照上面步骤(73)～步骤(76)的方法进行操作。在 product2.fla 文件中，元件 1～元件 8 按钮的代码依次如下：

```
元件 1:on (release) {loadMovie("nvzhuang1.swf", prd);}
元件 2:on (release) {loadMovie("nvzhuang2.swf", prd);}
元件 3:on (release) {loadMovie("nvzhuang3.swf", prd);}
元件 4:on (release) {loadMovie("nvzhuang4.swf", prd);}
元件 5:on (release) {loadMovie("nvzhuang5.swf", prd);}
元件 6:on (release) {loadMovie("nvzhuang6.swf", prd);}
元件 7:on (release) {loadMovie("nvzhuang7.swf", prd);}
元件 8:on (release) {loadMovie("nvzhuang8.swf", prd);}
```

在添加完代码后，别忘了再测试影片，将会在目录下生成 SWF 文件，即 product2.swf。

(79)点击【文件】|【保存】，至此子级页面系列产品的制作，就算到此结束了。

9.6.4 子级页面最新活动的制作(weibo.fla 和 tianmao.fla)

(1)新建 一个 flash 文件(ActionScript 2.0)。单击【文件】|【保存】命令,命名为 weibo,并保存在与 index.fla 同一目录下。

(2)打开属性面板,单击按钮,弹出【文档属性】对话框,在尺寸栏设置大小为 1 300 像素×610 像素,并设置背景为白色,帧频为 30 fps,修改后单击【确定】按钮。

(3)将图层 1 命名为 BG,打开 product.fla 文件,将 product.fla 文件中库里的【bg】图形元件复制、粘贴到 nanzhuang.fla 文件中的库里。

(4)将【bg】图形元件拖入舞台中,在属性面板中修改其坐标为 X:170,Y:36。

(5)新建图层 WB,单击【文件】|【导入】|【导入到库】命令。将个人的文件夹中/image 文件夹下的 weibohuodong.jpg 图片文件导入库中。

(6)点击【插入】|【新建元件】,在弹出【创建新元件】对话框后,命名为 wb,选择类型为影片剪辑,单击【确定】按钮。

(7)用选择工具 将库中的 weibohuodong.jpg 拖入舞台中,在属性面板中修改参数为宽:405.9,高:574,X:0,Y:0。再在图片上方点击鼠标右键,将其图片【转换为元件】,弹出对话框后,命名为 weibo,选择类型为图形,单击【确定】按钮。

(8)选中图层 1 的第 1 帧,点击鼠标右键,选择【复制帧】,然后在第 25 帧点击鼠标右键,选择【粘贴帧】。

(9)再选中图层 1 的第 1 帧,用选择工具 选中 wb 影片,剪辑舞台上的【weibo】图形元件,再打开属性面板,在颜色一栏中选择 Alpha,设置其 Alpha 参数为 0%,如图 9-6-26 所示。

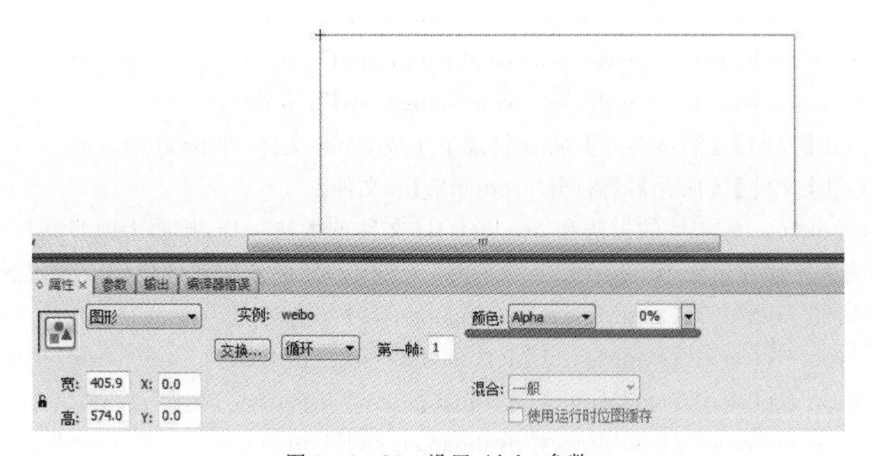

图 9-6-26 设置 Alpha 参数

(10)再选择图层 1 的第 1 帧,点击鼠标右键,选择【创建补间动画】。

(11)新建图层 2,点击【插入】|【新建元件】,在弹出【创建新元件】对话框后,命名为 btn,选择类型为按钮,单击【确定】按钮。

(12)选中点击帧,点击鼠标右键,选择【插入关键帧】,再选择【工具】面板中的矩形工具，在属性面板中设置笔触颜色为，填充颜色为白色，在【btn】按钮的舞台上绘制矩形。

(13)再选择【工具】面板中的选择工具，选中刚刚绘制的矩形，再打开属性面板，设置其中的参数，宽:405.9，高:574.0，X:0.0，Y:0.0。

(14)双击库中【wb】影片剪辑，进入其舞台，选择图层2的第1帧，再用选择工具将库中的【btn】按钮拖入舞台中，在属性面板中修改坐标为X:0.0，Y:0.0。

(15)再选中舞台上的蓝色区域，点击鼠标右键，选择【动作】，添加代码：

```
on(release){getURL("http://www.tmall.com/","_blank");}
```

(16)新建图层AS，选中图层AS的第25帧，点击鼠标右键，选择【插入空白关键帧】，再点击一次图层AS第25帧的鼠标右键，选择【动作】，添加代码：

```
stop();
```

(17)返回场景1中，选中图层WB的第1帧，用用选择工具将库中的【wb】影片剪辑拖入舞台中，在属性面板中修改参数为宽:388.9，高:550.0，X:538.0，Y:48.0。

(18)点击【控制】|【测试影片】，将在目录下生成SWF文件，即weibo.swf。

(19)点击【文件】|【保存】，再点击【文件】|【另存为】，名称为tianmao，并保存在与index.fla同一目录下。

(20)单击【文件】|【导入】|【导入到库】命令，将个人的文件夹中/image文件夹下的tianmao.jpg图片文件导入库中。

(21)新建一个图层，用选择工具将库中的tianmao.jpg图片拖入舞台中，在属性面板中修改大小为宽:1 130，高:574。最后在在图片上方点击鼠标右键，将其图片【转换为元件】，在弹出对话框后，命名为tianmao，选择类型为图形，单击【确定】按钮。完成后，再删掉刚刚新建的图层即可。

(22)双击库中的wb影片剪辑，进入其舞台，关闭wb影片剪辑中的图层2眼睛部位，如图9-6-27所示。

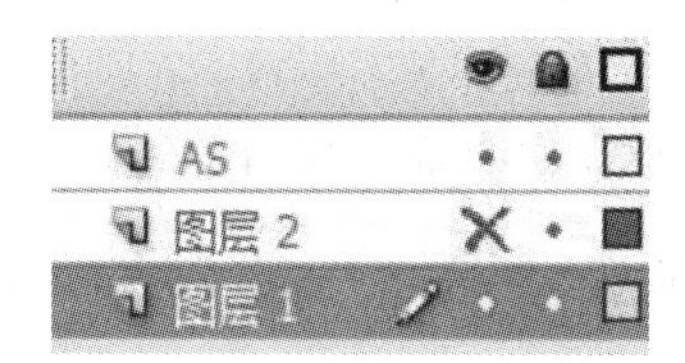

图9-6-27　关闭图层2眼睛部位

(23)选择图层1的第1帧，再选择舞台上的图形元件，在属性面板中点击 交换... ，出现一个【交换元件】对话框，选择【tianmao】图形元件，再点击【确定】按钮。

(24)选择图层1的第25帧，同步骤(23)一样，交换元件，换成【tianmao】图形元件，如图9-6-28所示。

(25)打开图层2的眼睛部位，选中舞台上蓝色透明区域，在属性面板中修改其大小为宽:388.9，高:550.0，如图9-6-29所示。

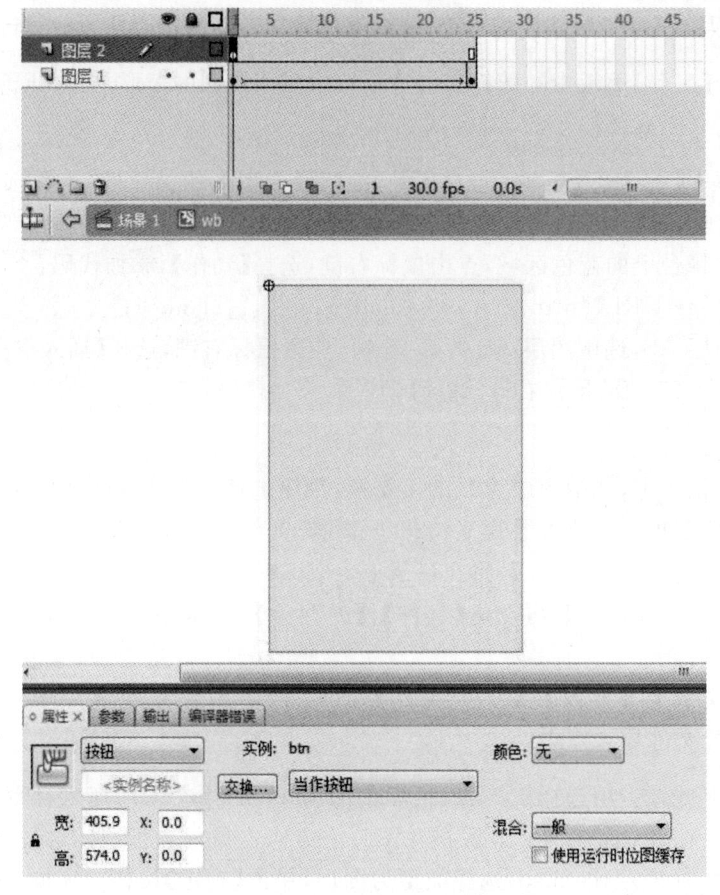

图 9－6－28　打开图层并交换元件

(26)返回场景 1 中,选择舞台上蓝色区域,在属性面板中,修改其参数为宽:1 130.0,高:574.0,X:170.0,Y:36.0,最终效果如图 9－6－30 所示。

(27)点击【控制】|【测试影片】,将在目录下生成 SWF 文件,即 tianmao. swf。

(28)点击【文件】|【保存】,至此子级页面最新活动的制作就算是完成了。

9.6.5　子级页面媒体报道的制作(zazhi. fla,magazine. fla,news. fla,media. fla)

(1)新建一个 flash 文件(ActionScript 2.0),单击【文件】|【保存】命令,命名为 magazine,并保存在与 index. fla 同一目录下。

(2)打开属性面板,单击按钮,弹出【文档属性】对话框,在尺寸栏设置大小为 1 300 像素×610 像素,并设置背景为＃666666,帧频为 30 fps,修改后单击【确定】按钮。

(3)新建图层 2,单击【文件】|【导入】|【导入到库】命令,将个人的文件夹中/image 文件夹下的 zazhi3. jpg～zazhi6. jpg 共 4 张图片文件导入库中。

(4)用选择工具 ↖ 将库中的 zazhi3. jpg 图片拖入舞台中,再在图片上方点击鼠标右键,将其图片【转换为元件】,弹出对话框后,采用系统默认命名,即元件 1,选择类型为图形,单击【确定】按钮。最后再选中图层 2 的第 1 帧,点击鼠标右键,选择【清除帧】。

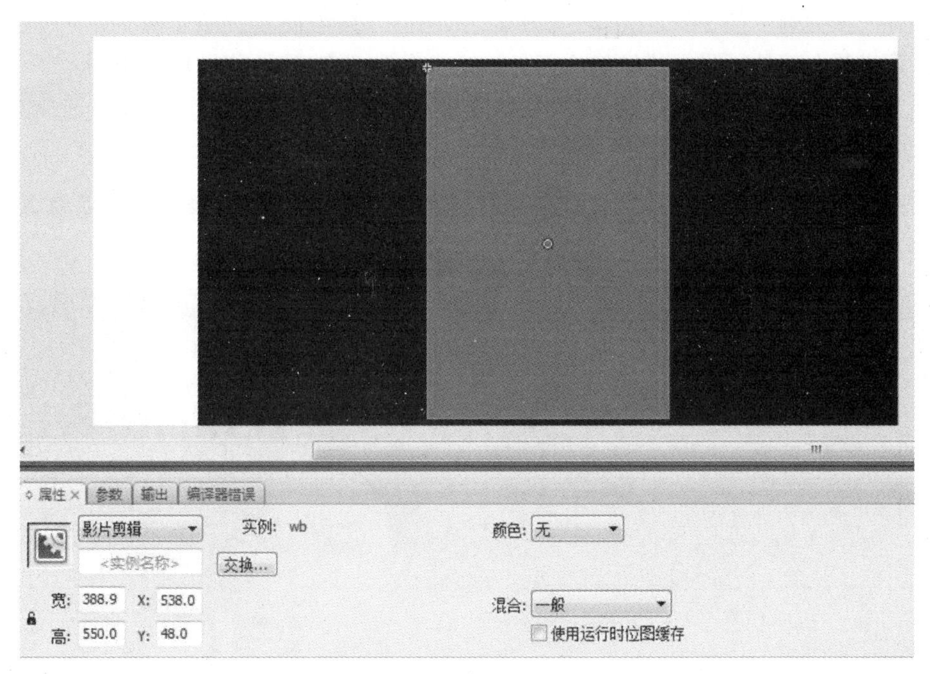

图 9 - 6 - 29　打开图层

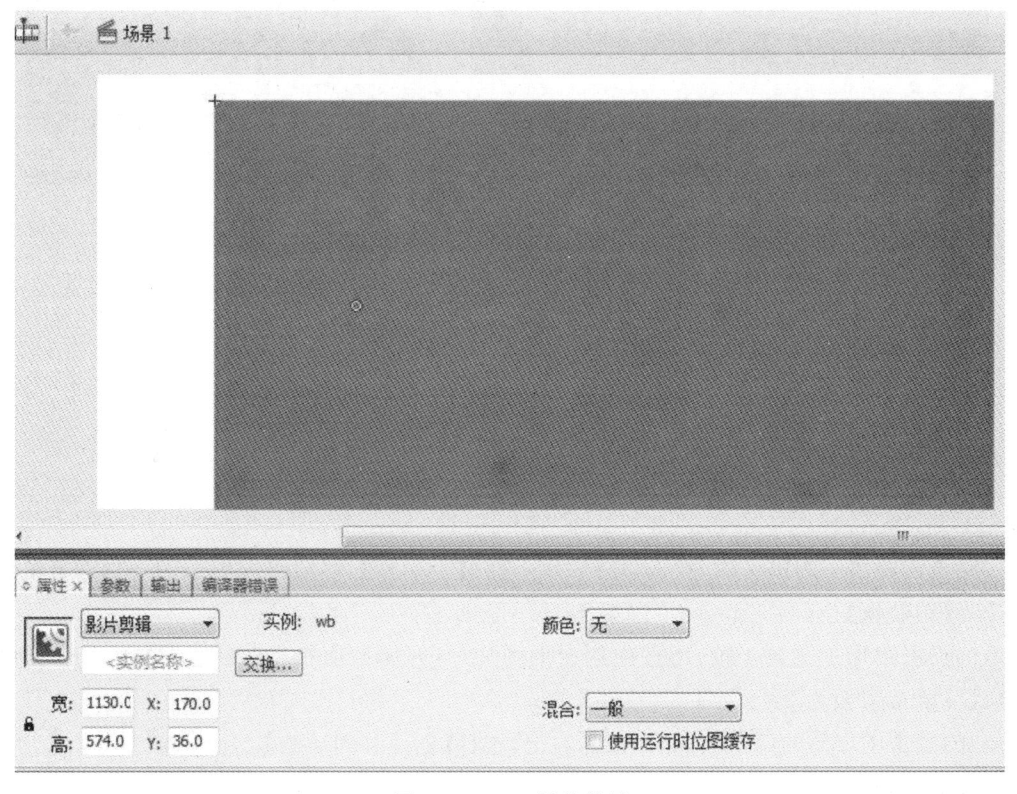

图 9 - 6 - 30　最终效果

(5)对于库中剩下的 zazhi4.jpg～zazhi6.jpg 图片，只需反复按照步骤(4)的做法操作即可，目的是将其全部的 4 张图片转换为元件。注意在全部完成后，将图层 2 删除。

(6)点击【插入】|【新建元件】，在弹出【创建新元件】对话框后，命名为 zazhi，选择类型为影片剪辑，单击【确定】按钮。

(7)用选择工具 将库中的元件 1 拖入舞台中，在属性面板中，修改其坐标为 X：160.0，Y：45.0，如图 9－6－31 所示。

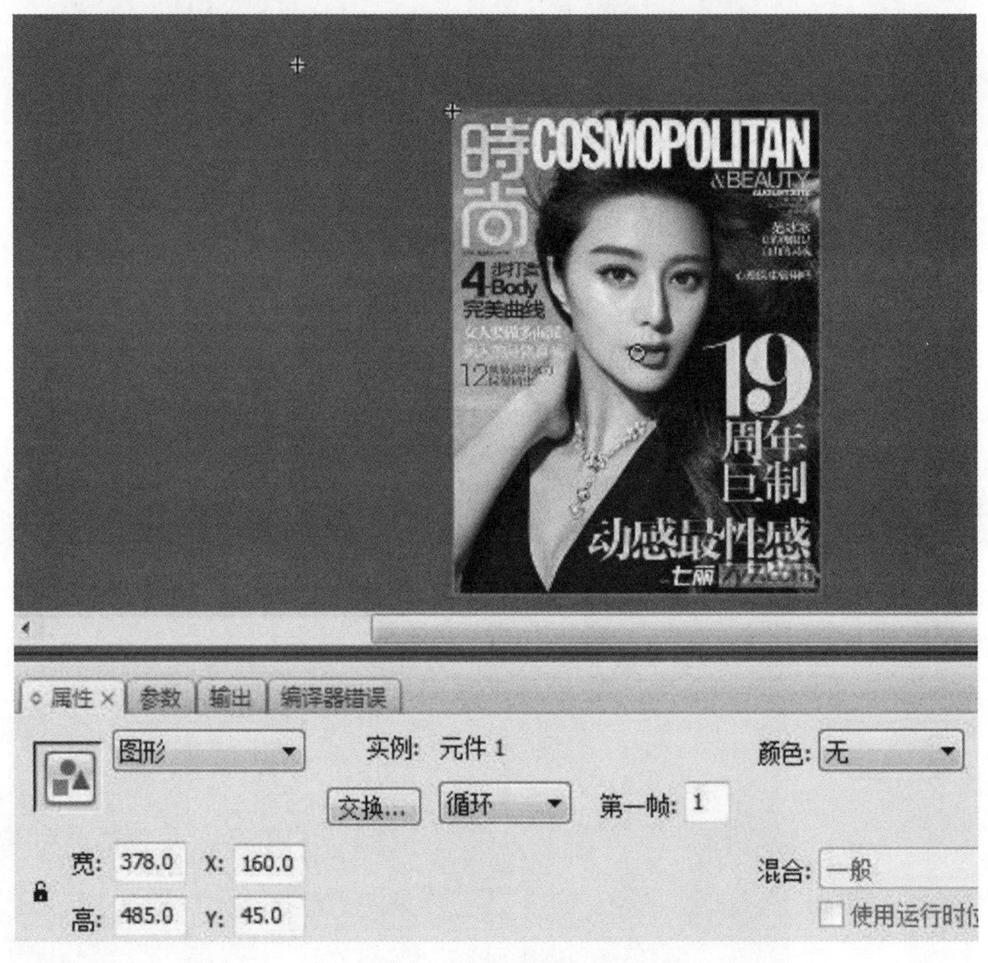

图 9－6－31　修改坐标

(8)点击图层 1 的第 1 帧，点击鼠标右键，选择【复制帧】，然后再选中第 15 帧，点击鼠标右键，选择【粘贴帧】。

(9)点击图层 1 的第 1 帧，再选中舞台上图片，打开属性面板，在颜色一栏中选择 Alpha，设置其 Alpha 参数为 0%。

(10)点击图层 1 的第 1 帧，点击鼠标右键，选择【创建补间动画】。

(11)新建图层 2，用选择工具 将库中的元件 2 拖入舞台中，在属性面板中，修改其坐标为 X：610.0，Y：45.0。

(12)点击图层 2 的第 15 帧，点击鼠标右键，选择【插入关键帧】。

(13)点击图层 2 的第 1 帧，再选中舞台上图片，打开属性面板，在颜色一栏中选择 Alpha，设置其 Alpha 参数为 0%。再点击图层 2 的第 1 帧，点击鼠标右键，选择【创建补间动画】。

(14)新建图层 AS，选中图层 AS 的第 15 帧，点击鼠标右键，选择【插入空白关键帧】，再继续在图层 AS 的第 15 帧那里点击鼠标右键，选择【动作】，添加代码：

```
stop();
```

(15)返回场景 1，用选择工具将库中的【zazhi】影片剪辑拖入舞台中，在属性面板中，修改其坐标为 X:0，Y:0。

(16)点击【控制】|【测试影片】，测试完毕后，手动找到存放目录下刚生成的 SWF 文件，即 magazine. swf。修改它的名称，即重命名为 magazine1. swf。

(17)双击库中的【zazhi】影片剪辑，进入其舞台。

(18)选中图层 1 的第 1 帧，再用选择工具选中舞台上的方框，即元件 1。在属性面板中，点击交换...，出现一个【交换元件】对话框，选择【元件 3】图形元件，再点击【确定】按钮。

(19)再接着选中图层 1 的第 15 帧，用选择工具选中舞台上左边的图片，即元件 1。在属性面板中，点击交换...，出现一个【交换元件】对话框，选择【元件 3】图形元件，再点击【确定】按钮。

(20)图层 2 的做法如同图层 1 的做法一样，参照步骤(18)～步骤(19)，要交换的元件是【元件 4】。

(21)点击【控制】|【测试影片】，在测试完毕后，手动找到存放目录下刚生成的 SWF 文件，即 magazine. swf。修改它的名称，即重命名为 magazine2. swf。

(22)点击【文件】|【保存】，关于 magazine. fla 就算完成了。

(23)新建一个 flash 文件(ActionScript 2.0)。单击【文件】|【保存】命令，命名为 zazhi，并保存在与 index. fla 同一目录下。

(24)打开属性面板，单击按钮 550 x 400 像素 ，弹出【文档属性】对话框，在尺寸栏设置大小为 1 300 像素×610 像素，并设置背景为白色，帧频为 30 fps，修改后单击【确定】按钮。

(25)将图层 1 命名为 BG，打开 product. fla 文件，将 product. fla 文件中库里的【bg】图形元件复制、粘贴到 zazhi. fla 文件中的库里。

(26)双击库中的【bg】图形元件，对其元件进行编辑。在属性面板中，修改其填充颜色为 #666666。

(27)返回场景 1 中，将【bg】图形元件拖入舞台中，在属性面板中修改其坐标为 X:170.0，Y:36.0。

(28)新建图层 ZZ，点击【插入】|【新建元件】，在弹出【创建新元件】对话框后，命名为 magazine，选择类型为影片剪辑，单击【确定】按钮。

(29)返回场景 1 中，选中图层 ZZ 的第 1 帧，用选择工具将库中的【magazine】影片剪辑拖入舞台中，在属性面板中，修改其坐标为 X:170.0，Y:36.0，输入实例名称为 mg。

(30)单击【文件】|【导入】|【导入到库】命令，将个人的文件夹中/image 文件夹下的 page up. png 和 page down. png 两张张图片文件导入库中。

(31)新建图层 BTN，点击【插入】|【新建元件】，在弹出【创建新元件】对话框后，命名为 up，选择类型为按钮，单击【确定】按钮。

(32)选中指针经过帧，点击鼠标右键，选择【插入关键帧】。选中点击帧，点击鼠标右键，选择【插入帧】。

(33)选中指针经过帧，再用选择工具 将库中的 page up. png 图片拖入舞台中，在属性面板中，修改其参数为宽：192，高：178，X：5，Y：200。

(34)在图片上方点击鼠标右键，选择【转换为元件】，在弹出【转换为元件】对话框后，命名为 up2，选择类型为图形，单击【确定】按钮。

(35)选择【工具】面板中的矩形工具 ，在属性面板中设置笔触颜色为 ，填充颜色为黑，在【up】按钮的舞台上绘制矩形。

(36)选择【工具】面板中的选择工具 ，选中刚刚绘制的矩形，打开属性面板，设置其中的参数，宽：203.0，高：574.0，X：0.0，Y：0.0。在颜色面板中设置其 Alpha 参数为 0%，如图 9-6-32所示。

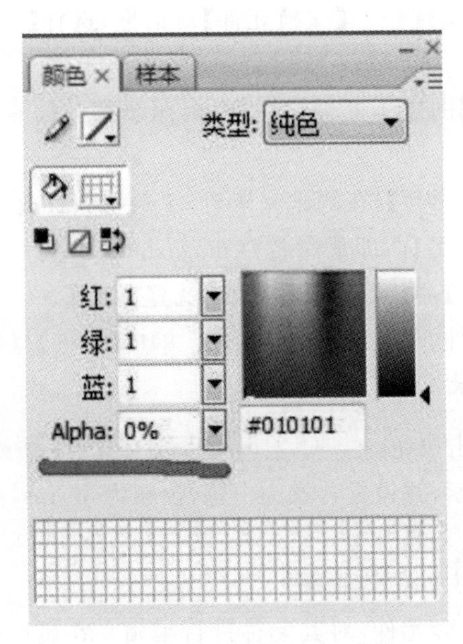

图 9-6-32　设置 Alpha 参数

(37)点击【插入】|【新建元件】，在弹出【创建新元件】对话框后，命名为 down，选择类型为按钮，单击【确定】按钮。

(38)完全按照步骤(32)的做法，再操作一遍。

(39)选中指针经过帧，再用选择工具将库中的 page down. png 图片拖入舞台中，在属性面板中，修改其参数为宽：192.0，高：178.0，X：990.0，Y：200.0。

(40)在图片上方点击鼠标右键，选择【转换为元件】，在弹出【转换为元件】对话框后，命名为 down2，选择类型为图形，单击【确定】按钮。

(41)选择【工具】面板中的矩形工具，在属性面板中设置笔触颜色，填充颜色为黑，在【down】按钮的舞台上绘制矩形。

(42)选择【工具】面板中的选择工具，选中刚刚绘制的矩形，打开属性面板，设置其中的参数，宽：192.0，高：574.0，X：990.0，Y：0.0。在颜色面板中设置其 Alpha 参数为 0%。

(43)返回场景 1 中，选中图层 BTN 的第 1 帧，用选择工具 将库中的【up】按钮拖入舞台中，在属性面板中，修改其坐标为 X：170.0，Y：36.0。再将库中的【down】按钮拖入舞台中，在属性面板中，修改其坐标为 X：116.0，Y：36.0。

(44)选中左边的【up】按钮，点击鼠标右键，选择【动作】，添加代码：

```
on (release) {loadMovie("magazine1. swf", mg);}
```

再选中右边的【down】按钮，点击鼠标右键，选择【动作】，添加代码：

```
on (release) {loadMovie("magazine2. swf", mg);}
```

(45)新建图层 AS，点击图层 AS 的第 1 帧，点击鼠标右键，选择【动作】，添加代码：

```
loadMovie("magazine1. swf", mg);
```

(46)点击【控制】|【测试影片】，将在目录下生成 SWF 文件，即 zazhi. swf。

(47)点击【文件】|【保存】，于是 zazhi. fla 就算是完成了。

(48)新建一个 flash 文件(ActionScript 2.0)。单击【文件】|【保存】命令，命名为 media，并保存在与 index. fla 同一目录下。

(49)打开属性面板，单击按钮，弹出【文档属性】对话框，在尺寸栏设置大小为 1 130 像素×574 像素，并设置背景为＃0d0d0d，帧频为 30fps，修改后单击【确定】按钮。

(50)单击【文件】|【导入】|【导入到库】命令，将本人的文件夹中/image 文件夹下的 news1. jpg 和 news2. jpg 两张张图片文件导入库中。

(51)用选择工具 将库中的 news1. jpg 图片拖入舞台中，在属性面板中修改参数为宽：390.8，高：550.0。在舞台的图片上方点击鼠标右键，将其图片【转换为元件】，弹出对话框后，采用系统默认命名，即元件 1，选择类型为图形，单击【确定】按钮。最后再选中图层 1 的第 1 帧，点击鼠标右键，选择【清除帧】。

(52)对于库中另一个 news2. jpg 图片，只需按照步骤(51)的做法操作即可，在属性面板中修改的参数改为宽：384.0，高：550.0。注意：在全部完成后，再选中图层 1 的第 1 帧，点击鼠标右键，选择【清除帧】。

(53)用选择工具 将库中的元件 1 拖入舞台中，在属性面板中修改坐标为 X：365.0，Y：13.0。

(54)点击图层 1 的第 1 帧，点击鼠标右键，选择【复制帧】，再选中第 20 帧，点击鼠标右键，选择【粘贴帧】。

(55)返回来点击第 1 帧，选择舞台上的图片，在属性面板中修改参数为宽：41.2，高：58.2，X：539.7，Y：258.9。

(56)点击图层 1 的第 1 帧，点击鼠标右键，选择【创建补间动画】，在属性面板【旋转】一栏中，选择【顺时针】，如图 9－6－33 所示。

(57)选中图层 1 的第 20 帧，点击鼠标右键，选择【动作】，添加代码：

stop()；

(58)点击【控制】|【测试影片】，在测试完毕后，手动找到存放目录下刚生成的 SWF 文件，即 media. swf，修改它的名称，重命名为 media1. swf。

(59)点击图层 1 的第 1 帧，再选中舞台上的图片，在属性面板中点击 交换... ，出现一个【交换元件】对话框，选择【元件 2】图形元件，再点击【确定】按钮。

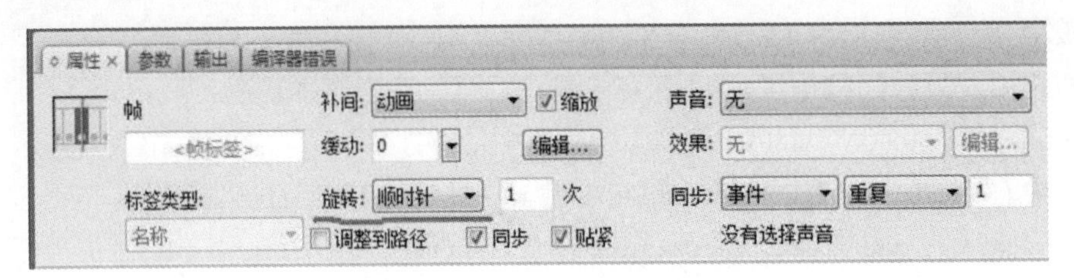

图 9－6－33　设置参数

(60)点击图层 1 的第 20 帧，再选中舞台上的图片，在属性面板中点击 交换... ，出现一个【交换元件】对话框，选择【元件 2】图形元件，再点击【确定】按钮。

(61)点击【控制】|【测试影片】，在测试完毕后，手动找到存放目录下刚生成的 SWF 文件，即 media. swf，修改它的名称，重命名为 media2. swf。

(62)点击【文件】|【保存】，于是 media. fla 就算是完成了。

(63)打开 zazhi. fla，点击【文件】|【另存为】，名称为 news，并保存在与 index. fla 同一目录下。

(64)将图层 ZZ 重命名为图层 NEW。双击库中的【bg】图形元件，对其元件进行编辑。在属性面板中，修改其填充颜色为＃666666。

(65)返回场景 1 中，选中舞台上左边的【up】按钮，再点击鼠标右键，选择【动作】，将里面的代码全部替换为

on (release) {loadMovie("media1. swf", mg)；}

(66)再接着选中右边的【down】按钮，点击鼠标右键，选择【动作】，将里面的代码全部替换为

on (release) {loadMovie("media2. swf", mg)；}

(67)再点击图层 AS 的第 1 帧，点击鼠标右键，选择【动作】，将里面的代码全部替换为

loadMovie("media1. swf. swf", mg)；

(68)点击【控制】|【测试影片】，将在目录下生成 SWF 文件，即 news. swf。

(69)点击【文件】|【保存】，于是子级页面媒体报道的制作就算是全部完成了。

9.6.6　网站的整合与发布

(1)打开 index. fla 文件。

(2)选中图层 BTN 的第 1 帧，用选择工具 将库中的【butten】按钮拖入舞台中，点击鼠

标右键，选择【代码】，添加代码：

```
on (rollOver) {gotoAndPlay(2);}
on (rollOut) {gotoAndPlay(6);}
on (release) {loadMovieNum("hot.swf", 1);}
```

在属性面板中，修改其坐标为 X:86.8，Y:49.5。

(3)总共要在舞台上放7个这样的按钮，剩下的6个按钮，就按照步骤(2)的做法，反复操作即可。现在给出第2～7个按钮所需要的数据。只需要记住，先添加代码，再修改坐标参数，这样会比较方便一些。

第2个按钮(坐标参数:X:86.8，Y:111.0)：

```
on (rollOver) {gotoAndPlay(2);}
on (rollOut) {gotoAndPlay(6);}
on (release) {loadMovieNum("product.swf", 1);}
```

第3个按钮(坐标参数:X:86.8，Y:141.0)：

```
on (rollOver) {gotoAndPlay(2);}
on (rollOut) {gotoAndPlay(6);}
on (release) {loadMovieNum("product2.swf", 1);}
```

第4个按钮(坐标参数:X:86.8，Y:200.0)：

```
on (rollOver) {gotoAndPlay(2);}
on (rollOut) {gotoAndPlay(6);}
on (release) {loadMovieNum("weibo.swf", 1);}
```

第5个按钮(坐标参数:X:86.8，Y:232.0)：

```
on (rollOver) {gotoAndPlay(2);}
on (rollOut) {gotoAndPlay(6);}
on (release) {loadMovieNum("tianmao.swf", 1);}
```

第6个按钮(坐标参数:X:86.8，Y:292.0)：

```
on (rollOver) {gotoAndPlay(2);}
on (rollOut) {gotoAndPlay(6);}
on (release) {loadMovieNum("zazhi.swf", 1);}
```

第7个按钮(坐标参数:X:86.8，Y:322.0)：

```
on (rollOver) {gotoAndPlay(2);}
on (rollOut) {gotoAndPlay(6);}
on (release) {loadMovieNum("news.swf", 1);}
```

最终效果如图9-6-34所示。

(4)新建图层AS，点击图层AS的第1帧，点击鼠标右键，选择【动作】，添加代码：

```
loadMovieNum("hot.swf", 1);
```

(5)点击【控制】|【测试影片】，将在目录下生成SWF文件，即index.swf。

(6)点击【文件】|【发布】，将在目录下生成HTML文件，即index.html。

(7)最后再点击【文件】|【保存】，至此，FLASH商业网站的制作全部完成。

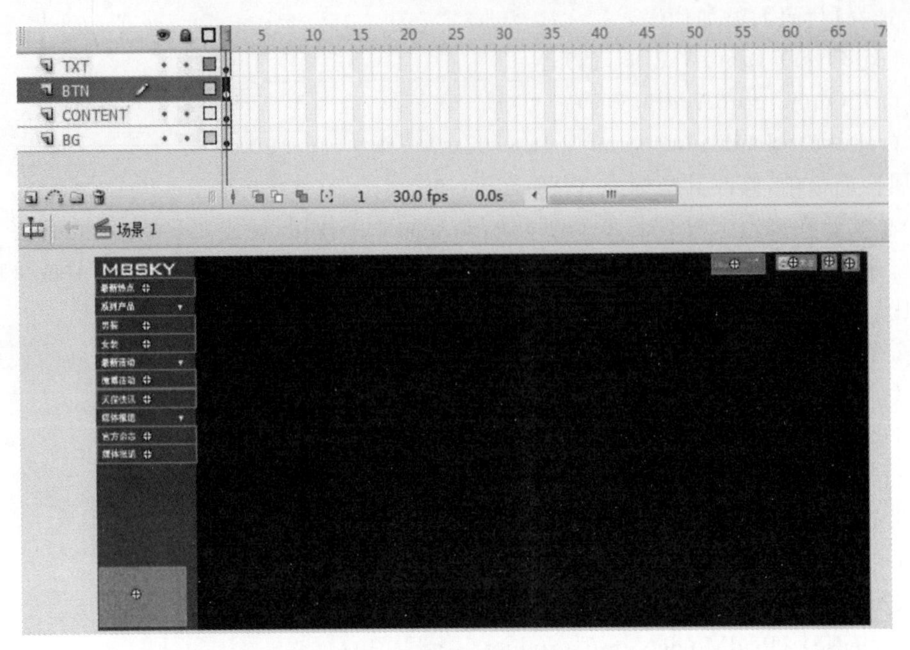
5 10 15 20 25 30 35 40 45 50 55 60 65
TXT
BTN
CONTENT
BG
1 30.0 fps 0.0s
场景 1
MBSKY

图 9－6－34　最终效果

参考文献

［1］ 倪洋.网页设计[M].上海:上海人民美术出版社,2012.

［2］ 邓凯,唐勇,秦云霞,等.电子商务网站建设与网页设计[M].北京:人民邮电出版社,2019.

［3］ 陈根.图解情感化设计及案例点评[M].北京:化学工业出版社,2016.

［4］ 鲍嘉,卢坚.Dreamweaver 8 全新网站大制作[M].北京:中国青年出版社,2006.